高职高专工学结合教改规划教材系列

食品药品微生物检验技术

范建奇　主编

ZHEJIANG UNIVERSITY PRESS
浙江大学出版社

内容提要

本书从微生物检验的基础技术、产品中指标菌及常见致病菌的检验技术、微生物检验综合技能实训三个教学情境十一个实用项目出发,介绍了常用仪器设备的准备与消毒灭菌、培养基的配制、微生物形态的观察、微生物的分离纯化培养与保藏、微生物生长的测定、检验样品的采集与处理、菌落总数测定、大肠菌群测定、常见致病菌检测、药品微生物学检验、微生物检验综合技能实训等方面的知识。内容详略深浅适宜,图文并茂,既重视理论性,又突出实践性。每个项目中的任务,十分注重技能训练、应用能力与综合素质的培养。

本书可作为食品类、生物技术类高职高专院校的教学用书,也可供相关专业和领域的师生及实践操作人员参考。

图书在版编目 (CIP) 数据

食品药品微生物检验技术 / 范建奇主编. —杭州:
浙江大学出版社,2013.8(2018.7 重印)
　　ISBN 978-7-308-12011-1

　　Ⅰ.①食… Ⅱ.①范… Ⅲ.①食品检验—微生物检定
—高等职业教育—教材②药品检定—微生物检定—高等职
业教育—教材 Ⅳ.①TS207.4②R927.1

　　中国版本图书馆 CIP 数据核字 (2013) 第 184409 号

食品药品微生物检验技术

范建奇　主编

责任编辑	张凌静(zlj@zju.edu.cn)
封面设计	姚燕鸣
出版发行	浙江大学出版社
	(杭州市天目山路 148 号　邮政编码 310007)
	(网址:http://www.zjupress.com)
排　　版	杭州中大图文设计有限公司
印　　刷	浙江新华数码印务有限公司
开　　本	787mm×1092mm　1/16
印　　张	13.5
字　　数	337 千
版 印 次	2013 年 8 月第 1 版　2018 年 7 月第 3 次印刷
书　　号	ISBN 978-7-308-12011-1
定　　价	29.00 元

编 委 会

前　言

食品药品安全是天大的事。"民以食为天,药以安为先",这深刻道出了食品药品对人类生存发展的重要性,因为食品药品安全关系到人民群众的身体健康和生命安全,事关经济发展和社会稳定大局,关系国家和地方政府形象。随着经济的发展和社会的进步,人民群众对食品药品有了更高的要求和期盼,可以说食品药品安全问题引起了社会各界的广泛关注。当前,我国已进入经济转轨和社会转型的关键时期,食品药品安全问题形势严峻,微生物污染问题突出,每年食品药品事件发生数量、受害人数、死亡人数,以及造成的经济损失都是非常大的。我国如此,发达国家同样也深受其害。掌握好食品药品微生物检验技术是食品药品从业人员和食品药品卫生监督工作者的神圣职责;是贯彻执行卫生法,提高食品药品质量必不可少的技术保证;是保证食品药品安全卫生的重要手段。

高等职业教育面向生产和服务第一线,培养实用型的高级专门人才。因此,本教材的指导思想是突出高职特色,着力体现实用性和实践性,着重培养学生的应用能力,将理论与实践相结合;以典型工作领域的职业能力为培养重点,淡化学科意识,以真实工作任务及工作过程为依据重构教学内容,以典型工作任务及工作过程为载体进行能力本位的项目化教学设计。以"实践技能培训为主导、理论知识够用"的原则,以新的《中华人民共和国食品安全法》和《食品安全国家标准——食品微生物学检验标准汇编GB4789系列(2010版)》为依据,注重微生物学基础实验与专业实验的有机衔接和微生物学检验原理与技能的兼容,学生修完本课程后,可独立完成微生物基础实验和符合相关国家标准要求的微生物检测方案设计、采样与处理、检验与分析、数据记录与报告等。

随着科学技术的发展,食品药品微生物检测新技术、新方法层出不穷,授课教师应及时了解和掌握学科前沿,根据教学内容更新快的特点,及时补充新知识,掌握先进的检测方法,使学生在系统掌握国家标准教学内容的基础上,及时了解微生物检测的发展动向和未来的发展趋势。

本教材由范建奇主编,参编者根据各自的专长承担相关的编写任务,具体分工如下:范建奇(嘉兴职业技术学院)编写绪论,项目三、四、五、六、七、八及项目十一的任务3,向天勇(嘉兴职业技术学院)编写项目五,张建群(嘉兴职业技术学院)编写项目一,郁辉(嘉兴职业技术学院)编写项目二,郑步云(嘉兴市食品卫生监督所)编写项目九,章展辉(嘉兴市药品检验所)编写项目十,董甘霖(浙江嘉善黄酒股份有限公司)编写项目十一的任务1、任务2。范建奇负责全书的统稿。在编写过程中,得到了浙江大学出版社的大力支持,在此致以衷心的感谢。

本教材在编写过程中参阅了大量书籍,并得到了各编委及有关专家、同仁的大力支持,在此表示感谢。另外,本教材的出版也得到了嘉兴职业技术学院重点课程建设的经费资助,也表示衷心的感谢。

由于水平有限,时间仓促,书中缺点和不足之处在所难免,敬请广大师生和专家、读者提出宝贵意见,以便完善。

编　者

2013 年 5 月

目 录

CONTENTS

绪　论

【知识目标】

1）了解微生物的主要类群,掌握微生物的主要特点。

2）掌握微生物检验的任务及意义。

3）了解微生物检验的对象。

4）了解微生物检验的发展趋势。

【能力目标】

1）能够根据微生物的特点理解自然界中微生物分布的广泛性,并具有认识、分析产品中微生物可能来源的能力。

2）建立在产品的原料、生产、包装、运输、储藏、销售等各环节都需要进行微生物控制的产品质量意识。

3）能够正确认识微生物检验工作的重要性。

【素质目标】

培养学生对微观事物科学的、实事求是的、认真细致的学习和工作态度。

【案例导入】

微生物是星球上最早出现的生命有机体,生命存在的任何一个角落都有微生物的踪迹,而且其数量比任何动植物的数量都多,可能是地球上生物总量的最大组成部分。微生物与人类社会和文明的发展有着极为密切的关系。中国劳动人民在史前就利用微生物酿酒,积累了极为丰富的酿酒理论与经验,创造了人类利用微生物实践的辉煌。早在2000多年前,祖先就用长在豆腐上的霉菌来治疗疮疖等疾病。荷兰安东尼·万·列文虎克(1632—1723)被称为"显微镜之父",他的伟大发现缘于他对显微镜的喜爱。列文虎克于1674年用自制的放大系数约为270倍的显微镜观察一滴水时,发现水滴内有一个完全意想不到的富有生命的世界。他看到水滴内有各种各样的不停扭动的"非常小的动物"。这就是偶然发现的"微生物"。1928年,英国的科学家Fleming等人发明了青霉素,从此揭示了微生物产生抗生素的奥秘,其后应用于临床,效果非常显著,开辟了世界医疗史上的新纪元。

一、什么是微生物

1. 概念

微生物是一类形体微小、单细胞或个体较为简单的多细胞,甚至无细胞结构的低等生物的总称。简单地说,微生物是人们对肉眼看不见的细小生物的总称。

2. 微生物的种类

1）原核类:细菌、放线菌等。

2）真核类:酵母菌、霉菌。

3）非细胞类：病毒、类病毒、拟病毒、朊病毒。

4）原生生物类：单细胞藻类、原生动物。

二、微生物特点

微生物虽然个体小，结构简单，但它们具有与高等生物相同的基本生物学特性。遗传信息都是由 DNA 链上的基因所携带的，除少数特例外，微生物的初级代谢途径如蛋白质、核酸、多糖、脂肪酸等大分子物质的合成途径基本相同；微生物的能量代谢都以 ATP 作为能量载体。微生物作为生物的一大类，除了与其他生物共有的特点外，还具有其本身的特点及其独特的生物多样性：种类多、数量大、分布广、繁殖快、代谢能力强等，是自然界中其他任何生物不可比拟的，而且这些特性归根结底与微生物体积小、结构简单有关。

1. 代谢活力强

微生物体积虽小，但有极大的比表面积，如大肠杆菌的比表面积可达 30 万。因而微生物能与环境之间迅速进行物质交换，吸收营养和排泄废物，而且有最大的代谢速率。从单位重量来看，微生物的代谢强度比高等生物大几千倍到几万倍。如在适宜环境下，大肠杆菌每小时可消耗的糖类相当于其自身重量的 2000 倍。以同等体积计，一个细菌在 1h 内所消耗的糖即可相当于人在 500 年内所消耗的粮食。

微生物的这个特性为它们的高速生长繁殖和产生大量代谢产物提供了充分的物质基础，从而使微生物有可能更好地发挥"活的化工厂"的作用。

2. 繁殖快

微生物繁殖快，易培养，是其他生物不能比拟的。如在适宜条件下，大肠杆菌 37℃ 时世代时间为 18min，每 24h 可分裂 80 次，每 24h 的增殖数为 1.2×10^{24} 个。枯草芽孢杆菌 30℃ 时的世代时间为 31min，每 24h 可分裂 46 次，增殖数为 7.0×10^{13} 个。

事实上，由于种种客观条件的限制，细菌的指数分裂速度只能维持数小时，因而在液体培养中，细菌的浓度一般仅能达到每毫升 $10^8 \sim 10^9$ 个。

3. 种类多，分布广

微生物在自然界是一个十分庞杂的生物类群。迄今为止，我们所知道的微生物达近 10 万种，现在仍然以每年发现几百至上千个新种的趋势在增加。它们具有各种生活方式和营养类型，大多数是以有机物为营养物质，还有些是寄生类型。微生物的生理代谢类型之多，是动、植物所不及的。分解地球上贮量最丰富的初级有机物——天然气、石油、纤维素、木质素的能力，属微生物专有。

4. 适应性强，易变异

微生物对外界环境适应能力特强，这都是为了保存自己，是生物进化的结果。有些微生物体外附着一层保护层，如荚膜等，这样一是可以营养供给，二是可以抵御吞噬细胞对它的吞噬。细菌的休眠芽孢、放线菌的分子孢子等对外界的抵抗力比其繁殖体要强很多倍。有些极端微生物都有相应特殊结构的蛋白质、酶和其他物质，使之能适应恶劣环境。

由于微生物表面积和体积的比值大，与外界环境的接触面大，因而受环境影响也大。一旦环境变化，不适于微生物生长时，很多的微生物即死亡，少数个体发生变异而存活下来。利用微生物易变异的特性，在微生物工业生产中进行诱变育种，可获得高产优质的菌种，提高产品产量和质量。

三、微生物与食品、药品安全

近年来,食品质量安全问题日益突出,已经成为一大社会问题,有人甚至将食品安全列为资源、环境、人口之后的第四大社会问题。食品安全方面的恶性、突发性事件屡屡发生,食源性疾病造成的死亡人数逐年上升。食品安全问题已经成为国际组织、各国政府和广大消费者关注的焦点。根据世界卫生组织(WHO)的估计,全球每年发生食源性疾病约10亿人次。在食源性疾病危害因素中,微生物性食物中毒仍是首要危害。沙门氏菌是世界上引发食源性疾病最常见的病原菌,也是全球报告最多的、公认的食源性疾病的首要病原菌。根据FAO/WHO微生物危险性评估专家组织报告的资料,沙门氏菌在各国发病率分别为:澳大利亚每10万人中38例,德国每10万人中120例,日本每10万人中73例,荷兰每10万人中16例,美国每10万人中14例。而近年来空肠弯曲菌引起疾病的危险性在国际范围内受到广泛关注,很多发达国家,如美国、丹麦、芬兰、爱尔兰、荷兰、瑞典、瑞士、英国等,都有空肠弯曲菌病流行的报道。在我国沿海地区和大部分内地省区,副溶血性弧菌引起的食物中毒已跃居沙门氏菌之上,其次是葡萄球菌肠毒素、变形杆菌、蜡样芽孢杆菌、致病性大肠埃希氏菌等。

药品是特殊商品,药品质量直接关系到用药者的安全和疗效。药品的生物测定是药品质量的重要组成部分,药品污染微生物不仅直接影响药品的有效性,而且更有可能危及用药人的生命安全。近几年我国出现了很多药品安全问题,许多都与微生物安全指标有关。对药品的生物测定可以反映药品生产工艺的科学性、合理性及质量管理水平。

四、微生物检验的目的、意义和任务

1. 微生物检验的定义

微生物检验是基于微生物学的基本理论,利用微生物检验技术,根据各类产品卫生标准的要求,研究产品中微生物的种类、性质、活动规律等,用以判断产品卫生质量的一门应用技术。

2. 微生物检验的目的

微生物检验的目的为生产安全、卫生、合格、符合标准的食品药品提供科学依据。

3. 微生物检验的意义

食品与药品是人类赖以生存所必需的物质之一,是保证人类生存和身体健康的基本要求。随着人们生活水平的提高,食品药品安全逐渐成为政府和民众关注的焦点。食品药品微生物检验是食品安全监测必不可少的重要组成部分,在众多食品药品安全相关项目中,微生物及其产生的各类毒素引发的污染备受重视。在食品药品加工过程中,微生物常常会随原料的生产、成品的加工、包装与制品贮运进入食品药品中,造成食品药品污染,影响消费者与患者的安全。微生物超标,食品会在短期内变质,失去食用价值,严重的还可能产生毒素,对人体造成伤害。药品污染的严重后果,若注射了被微生物污染了的针剂会导致局部感染、菌血症或败血症;使用了受污染的软膏或乳膏会引起皮肤和黏膜感染;服用了受沙门氏菌等致病菌污染的制剂会导致肠道传染病的发生和流行,甚至发生化学和物理化学变化而变质,使药品失效或产生毒害作用。因此,食品药品微生物检验工作就成为保证食品药品安全可靠的重要手段。

1)食品药品微生物检验既是衡量食品和药品卫生质量的重要指标,又是判定被检食品或药品能否使用的科学依据。

2)食品药品微生物检验有助于判断食品和药品加工原料、生产环境卫生情况,以及对成品被污染的程度作出正确的评价,为卫生管理工作提供科学依据。

3)微生物检验贯彻"预防为主"的卫生方针,可以有效地防止或减少食物中毒、药品毒害、人畜共患病的发生,保障人民的身体健康。

4)对原材料、生产过程、产品环境等各个环节进行监测,保证产品的质量,避免经济损失,保证出口等方面具有重要意义。

4. 微生物检验的基本任务

1)研究各类产品的样品采集、运送、保存及预处理方法,提高检出率。

2)根据各类产品的卫生标准要求,选择适合不同产品、针对不同检测目标的最佳检测方法,探讨影响产品卫生质量的有关微生物的检测、鉴定程序以及相关质量控制措施;利用微生物检验技术,正确进行各类样品的检验。

3)正确、快速检测影响产品卫生质量的有关微生物,正确使用自动化仪器,并认真分析检验结果,评价试验方法。

4)及时对检验结果进行统计、分析、处理,并及时准确地进行结果报告。

5)对影响产品卫生质量及人类健康的相关环境的微生物进行调查、分析与质量控制。

五、检验对象

1)食品的微生物学检验:

我国前卫生部颁布的食品微生物指标有菌落总数、大肠菌群和致病菌三项。

2)化妆品的微生物学检验:

目前我国对进出口化妆品规定一律按《化妆品卫生规范》进行检验。

3)药品的微生物学检验:

药品的微生物检验包括药品无菌检查、微生物限度检查,采用药典规定的方法进行检测。

4)一次性用品及其他生活用品的微生物学检验:

检测项目包括菌落总数、真菌总数、大肠菌群和致病菌的检测。

5)应实施检疫的出口动物产品的微生物学检验。

6)环境的微生物学检测。

7)有关国际条约或其他法律、法规规定的强制性卫生检验的进出口商品,应按要求进行相关微生物学检验。

六、微生物检验的发展趋势

传统的微生物检验以分离纯化培养为基础,在细胞水平上,从形态特征、生化反应、生态学特征,以及血清学反应、对噬菌体的敏感性等诸方面鉴别微生物。

目前我国食品药品卫生微生物学检验机构所采用的常规检测方法主要是传统的培养法,如平皿培养法、发酵法等,然后进行菌落计数、形态结构观察、生化试验、血清学分型、噬菌体分型、毒性试验、血清凝聚等。这些检测程序存在操作繁琐、费时、手工操作为主、卫生指导反馈慢等缺点,不能满足产品生产、流通和消费的需求。

现代微生物检验融合了微生物学、生理学、生物化学、免疫学、分子生物学等学科的最新理论和先进技术,把对微生物的鉴别深入到了遗传学特性的测定、细胞组分的精确分析、利用电子计算机进行数值分类研究等新领域,使微生物检验技术向快速、灵敏、特异的方向发展。

近年来,随着分子生物学和微电子技术的发展,快速、准确、特异检测微生物的新技术、新方法不断涌现,微生物检测技术由培养水平向分子水平迈进,并向仪器化、自动化、标准化方向发展,从而提高了微生物检测工作的效率、准确度和可靠性。

学习情境一　微生物检验基础技术

项目一　常用仪器设备的准备与消毒灭菌

【知识目标】

1)掌握消毒、灭菌等概念。

2)掌握不同消毒灭菌方法的工作原理及适用范围。

3)掌握玻璃器皿的洗涤与包扎方法。

【能力目标】

1)能进行微生物检验前的玻璃器皿等物品准备。

2)能够根据工作目标选择合理的消毒灭菌方法。

3)能够熟练掌握几种常用的消毒灭菌技术,完成工作任务。

【素质目标】

能够根据处理对象和处理目的选择合理的消毒灭菌方法,增强实验室安全意识,正确、规范地使用仪器设备。

【案例导入】

1998年4月至5月,××市妇儿医院发生了严重的医院感染暴发事件,给患者带来痛苦和损害,造成重大经济损失,引起社会各界和国内外的强烈反响。现将有关情况通报如下:

该院1998年4月3日至5月27日,共计手术292例,截至8月20日,发生感染166例,切口感染率为56.85%。事件发生后,××市妇儿医院未及时向上级卫生行政部门报告,在自行控制措施未果、感染人数多达30余人的情况下,于5月25日报告××市卫生局。××市卫生局指示停止手术,查找原因。

经××市卫生局、××省卫生厅组织国内外有关专家的积极治疗,目前大部分患者伤口闭合,对其余患者的治疗和对全部手术病的追踪观察仍在继续进行中。××市卫生局对有关责任人进行了严肃处理,院长××被免去院长职务,直接责任人主管药师××被开除公职,其他有关人员由医院进行处理。

此次感染是以龟型分枝杆菌为主的混合感染,感染原因是浸泡刀片和剪刀的戊二醛因配制错误未达到灭菌效果。该院长期以来,在医院感染管理和控制方面存在着严重漏洞。这是这次感染人数多、后果严重的医院感染暴发事件发生的根本原因。

任务1 常用玻璃器皿的清洗、包扎与消毒

一、任务目标

1)学会玻璃器皿的无害化处理、洗涤、包扎、灭菌等准备工作。
2)掌握玻璃器皿的洗涤方法。
3)掌握微生物接种所用的接种工具种类。
4)熟悉玻璃器皿灭菌的原理及方法。

二、任务相关知识

1.玻璃器皿的循环使用过程(见图 1-1)

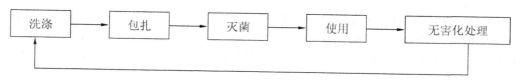

图 1-1　玻璃器皿的循环使用过程

2.玻璃器皿的无害化处理及洗涤

微生物学实验中常用的培养皿、试管和三角瓶等玻璃器皿的洗涤、消毒质量,直接影响实验结果,因此,这项工作不容忽视。

(1)新购置的玻璃器皿的洗涤法

因含有游离碱,一般在 2% 的盐酸溶液中浸泡数小时后再用清水洗净,也可在洗衣粉水中煮 30～60min,取出用清水洗净。

(2)带菌玻璃器皿的洗涤法

经 121℃高压蒸汽灭菌 20min 后,趁热倒去内容物,再用洗衣粉水刷洗干净,以水在内壁均匀分布成一薄层而不出现水珠为油污除尽的标准。

(3)含有琼脂培养基的玻璃器皿的洗涤法

先用小刀或铁丝将器皿中的琼脂培养基刮下。如果琼脂培养基已经干燥,可将器皿放在水中蒸煮,使琼脂融化后趁热倒出,用水洗涤,并用刷子蘸肥皂擦洗内壁,然后用自来水洗去肥皂。是否已将油污完全除去,可以这样检查:即将瓶子或试管的外壁擦干,如果水在内壁均匀地分布一薄层,可以认为是将油污除去了。如果经过这样洗涤的器皿,油污还未洗净,就需用洗涤液来清洗。

经过这样洗涤的器皿可盛一般实验的培养基和无菌水等。如果器皿要盛高纯度的化学药品或者做较精确的实验,在自来水洗涤之后,还需用蒸馏水淋洗 3 次,烘干备用。

盛用液体培养物的器皿,应先将培养物倒在废液缸中,然后按上法洗涤。切忌将培养液倒入洗涤槽中,否则会逐渐阻塞下水道。

（4）载玻片及盖玻片的洗涤法

新的载玻片和盖玻片先在 2％的盐酸溶液中浸 1h，然后用自来水冲洗 2～3 次，最后用蒸馏水换洗 2～3 次。也可用 1％的洗衣粉洗涤，新载玻片用洗衣粉洗涤时，先将洗衣粉液煮沸，然后将要洗的新载玻片散入煮沸液中，持续煮沸 15～20min（注意煮沸液一定要浸没玻片，否则会使玻片钙化变质），待冷却后用自来水冲洗至中性。新盖玻片用洗衣粉洗涤时，将盖玻片散入 1％的洗衣粉液中，煮沸 1min，待沸点泡平下后，再煮沸 1min，如此 2～3 次（如煮沸时间过长会使玻片钙化变白且变脆易碎）。待冷却后用自来水冲洗干净。

用过的载玻片和盖玻片，应用纸擦去油污，再放在 5％的肥皂水（或 1％的苏打液）中煮，10min 后，立即用自来水冲洗，然后放在洗涤液（注意用稀配方洗液）浸泡 2h，再用自来水冲洗至无色为止。如用洗衣粉洗涤，也须先用纸擦去油污，然后将玻片浸入洗衣粉液中，方法同新载玻片洗衣粉液洗涤法，只不过时间要长些（30min 左右）。

（5）带油污玻璃器皿的洗涤法

先将倒空的玻璃器皿用 10％的氢氧化钠溶液中浸泡 0.5h 或放在 5％的苏打液内煮 2 次，去掉油污，再用洗衣粉和热水刷洗。

（6）吸管的清洗

吸管的洗涤比较困难，可先用细铁丝将管口的棉塞捅出，接着将其浸泡于 5％热肥皂水中，在细铁丝的一端缠上少许棉花或纱布，在管中来回移动，以除去管内的油渍和污垢，然后用洗耳球一吸一挤反复冲洗数次，再用清水和蒸馏水反复冲洗数次，倒立于垫有纱布的金属丝篓中干燥。

经以上处理的玻璃器皿，可满足一般实验之用。少数实验对玻璃器皿清洁度要求较高，除用上述方法外，还应先用 2％的 HCl 溶液浸泡数十分钟，再用自来水冲洗，用蒸馏水淋洗 2～3 次。有的尚需超纯水淋洗然后烘干备用。

此外，正确掌握棉塞的制作和包装技巧也是从事微生物学实验工作的重要基础。由于微生物分布广泛，所以在进行环境中的微生物监测时，必须排除监测工作各环节使用的器皿和溶液所含微生物对监测结果的干扰。

3.接种工具的使用

接种环，也叫白金耳或铂耳，是微生物工作中接种分离或挑取菌落菌液不可缺少的工具。它由金属丝和接种柄两部分组成，金属丝安插在接种柄上，最好用铂丝，因为铂的化学稳定性最好，且散热和吸热快。铂丝昂贵，故而也可用市售的镍铬丝或电炉丝代替。金属丝长 60～80mm，一端制成直径 2～4mm 的圆环，不可有缺口，否则不易蘸取液体材料，另一端装在接种柄上。接种柄多为铝质并装有塑料握套。

在接种柄上安插一根金属丝，称接种针；安插一个金属钩，称接种钩；在固体培养基表面要将菌液均匀涂布则需要用到涂布棒。接种环、接种针、接种钩、玻璃涂布棒等接种工具如图 1-2 所示。

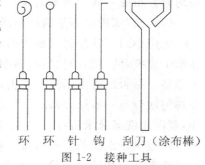

环　环　针　钩　刮刀（涂布棒）

图 1-2　接种工具

三、任务所需器材

1)仪器:烘箱、电热鼓风干燥箱。

2)玻璃器皿:培养皿(∅90mm)、试管(180mm×18mm)、小倒管、移液管(1mL 和 10mL)、锥形瓶(250mL)、广口试剂瓶(250mL)等。

3)其他物品:量杯、记号笔、纱布、全脂棉花、棉线、报纸(或牛皮纸)等。

以上器材均是为细菌菌落总数、总大肠菌群、耐热大肠菌群、大肠埃希氏菌等项目的检测作准备,数量根据所测样品数确定。

四、任务技能训练

微生物检验中的各种玻璃器皿常常需要作灭菌处理,为了使其灭菌后仍能保持无菌状态,在灭菌之前必须对需灭菌的器皿进行包扎。

(一)物品的准备

1.培养皿的包扎

一套培养皿由一底一盖组成,洗净、干燥后,每 10 套(也可少一些,但不要太多,以免不便放入烘箱或不便包扎)叠放在一起,用报纸(或牛皮纸)包好,如图 1-3 所示。包装后的培养皿须经过灭菌后才能使用,而灭菌后的培养皿,使用时才能打开牛皮纸,以免微生物再次污染。

图 1-3 培养皿的包扎方法

2.吸管的包扎

用细铁丝将少许棉花塞入吸管的吸端,在距管口 0.5cm 处构成 1～1.5cm 疏松的棉塞(避免外界杂菌吸入管内)。棉塞要塞得松紧适宜,保证通气良好又不会滑入管内。将吸管的尖端,放在 4～5cm 宽的长纸条的一端,使管与纸条成 20°～30°的夹角,折叠包装纸包住尖端,左手压紧吸管,在桌面上向前搓转,以螺旋式包扎起来,余下的纸条折叠打结,准备灭菌。根据实验所需,可单支也可多支包扎,如图 1-4 所示。

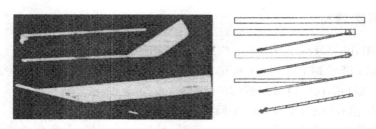

图 1-4　吸管包扎方法

3. 棉塞制作及试管、锥形瓶的包扎

为了培养好气性微生物,需提供优良的通气条件,同时防止杂菌污染,必须对通入试管或锥形瓶内空气预先进行过滤除菌。常用方法是在试管及锥形瓶口加上棉塞等。

制作棉塞时,应选用一块大小、厚薄适中的棉花,用折叠卷塞法制作棉塞,如图 1-5 所示。

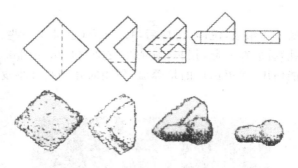

图 1-5　棉塞的制作过程

按管口及瓶口大小制作的棉塞,应紧贴管壁和瓶壁,不留缝隙,以防空气中的微生物沿缝隙侵入。棉塞塞得不宜过松或过紧,以手提棉塞,器皿不掉为准。棉塞的 2/3 应在管内或瓶内,1/3 露在口外,以便拔塞。塞好棉塞后,在棉塞外包一层报纸或牛皮纸(避免灭菌时冷凝水淋湿棉塞),并用细棉线捆扎好。

目前也可采用金属或塑料试管帽代替棉塞,直接盖在试管口上,灭菌待用。

4. 试管的包扎

洗净、干燥的试管塞上合适的棉塞,同规格的数支试管用棉绳捆扎在一起,试管上半部分外包纱布和牛皮纸,再用棉绳捆扎紧后准备灭菌,灭菌后,用时再开扎。

5. 采样瓶的包扎

将几粒玻璃珠置于广口试剂瓶内,盖上瓶盖,用报纸包住瓶盖连同瓶上部,灭菌待用。

(二)物品灭菌

玻璃器皿,如试管、培养皿、三角瓶、移液管等的灭菌,可采用干热灭菌法,具体利用电热鼓风干燥箱的高温干燥空气(160～170℃)加热灭菌 1～2h。

五、任务考核指标

器皿包扎及棉塞制作的考核表见表 1-1。

表 1-1　器皿包扎及棉塞制作考核表

考核内容	考核指标	分　值
移液管包扎	移液管包扎方向是否正确	10
	移液管包扎是否紧凑	
平皿包扎	平皿方向是否一致	40
	平皿包扎方法是否正确	
	平皿包扎后是否出现暴露部分	
	平皿包扎后是否紧凑	
试管包扎	试管包扎方法是否正确	20
	试管捆扎方法是否正确	
	试管包扎效果	
棉塞制作	棉花铺底是否均匀	30
	棉塞卷曲制作过程是否正确	
	棉塞捆扎是否规范	
	棉塞制作效果	
合计	——	100

任务 2　干燥箱与高压蒸汽天菌器的使用

一、任务目标

1）了解干热灭菌和高压蒸汽灭菌技术的原理。

2）掌握操作流程和技术要点。

3）学会使用干热灭菌箱和高压蒸汽灭菌器。

二、任务相关知识

能使动物、植物、人和其他微生物致病的微生物通称为病原微生物或致病性微生物。空气、水体、土壤、生物均可作为病原微生物驻留的场所与传播媒介。

借助不同的消毒和灭菌技术手段,可不同程度地减少或完全杀灭环境中的微生物,这是从事微生物工作的基础。如通过高温灭菌以杀死培养基内和所用器皿中的一切微生物,是分离和获得微生物纯培养的必要条件;借助紫外线的杀菌作用,可进行工作室、接种室的空气消毒;许多化学药剂对微生物有毒害和致死作用,常用作灭菌剂及消毒剂等。可以说消毒灭菌技术是控制微生物最基本的技术之一。

控制微生物的措施归纳如下。

$$微生物 \begin{cases} 杀灭 \begin{cases} 彻底杀灭——灭菌 \\ 部分杀灭——消毒 \end{cases} \\ 抑制：抑制微生物生长——防腐 \end{cases}$$

灭菌——应用物理或化学技术杀死或除去物品上或环境中所有微生物的方法称为灭菌。经过灭菌以后的物品,应该不存在具有生命力的微生物营养体及其芽孢、孢子,即处于无菌状态,否则就是灭菌不彻底。在微生物教学实验、科研、发酵工业中,培养基和所用一切器皿都要灭菌后才能使用。

消毒——应用物理或化学技术杀死物体上或环境中绝大部分微生物(特别是病原微生物)的方法称为消毒。物品作消毒处理后,虽仍有少数微生物未被杀死,但已不致引起有害作用,故消毒实际上是不彻底的灭菌。具有消毒作用的物质称为消毒剂。消毒剂的杀菌作用是有限的,并不是所有的消毒剂都能将各种病原微生物杀死。

防腐——利用某种物理、化学因素完全抑制微生物生长繁殖的方法称为防腐。所用的药物称为防腐剂,许多药物在低浓度时有抑菌作用,提高浓度和延长作用时间时有杀菌作用。

无菌——指没有具有生命力的微生物存在。只有通过彻底灭菌,才能达到无菌要求。因此,灭菌是指对物品的作用,而无菌则是描述物品的状态。灭菌是无菌的先决条件,无菌是灭菌后的结果。无菌操作是防止微生物进入其他物品中的操作技术。微生物实验室的许多操作都是无菌操作,而食品包装和检验(奶粉、酸奶等)也要求在无菌条件下进行,以防止微生物污染。

除菌——利用过滤等技术除去液体或空气中存在的微生物的方法称为除菌。

(一)利用高温技术进行消毒灭菌

利用高温技术进行灭菌、消毒或防腐,是最常用而又方便有效的方法。

高温,指高于微生物最适温度的温度。当温度超过微生物的最高生长温度时,微生物就不能存活。因为高温可引起细胞中的大分子物质如蛋白质、核酸和其他细胞组分的结构发生不可逆的改变而丧失参与生化反应的功能(如鸡蛋煮熟后不能孵化出小鸡)。同时,高温使细胞膜中的脂类融化,使膜产生小孔,引起细胞内含物外溢导致微生物死亡。

利用高温来杀灭微生物的方法有干热灭菌法和湿热灭菌法两大类。

1.干热灭菌法

干热灭菌法的种类很多,包括火焰灼烧和电热干燥灭菌器(常用的烘箱、热烤箱、干燥箱等)的灭菌。

(1)灼烧灭菌法

利用火焰直接把微生物烧死。此法彻底可靠,灭菌迅速,但易焚毁物品,所以使用范围有限。在实验室内常用酒精灯火焰或煤气灯火焰来灼烧接种环、接种针、试管口、瓶口、镊子等工具或物品以灭菌,使其满足无菌操作的要求,确保纯培养物免受污染。此法还适于试验动物尸体等的灭菌。

(2)干热空气灭菌法

干热灭菌是在烘箱/烤箱内利用热空气进行灭菌。将待灭菌的物品用牛皮纸、布袋或金属桶包装好后放入烘箱内,由于微生物细胞内蛋白质在无水时于160℃开始凝固,所以在烘箱内进行干热灭菌时,需加热到 $160\sim170℃$,维持 $1\sim2h$,才能够达到完全灭菌的效果。此法适用于玻璃器皿、金属用具等耐热物品的灭菌,而培养基、橡胶制品、塑料制品等都不适合干热灭菌。

干热空气灭菌时要注意:灭菌温度不能超过 $170℃$;灭菌物品不能有水;灭菌物品不能直接放入电烤箱的底板上;灭菌物品不要堆放太满、太紧;灭菌后,待电烤箱内温度降至 $60℃$ 方可取出灭菌物品。

2.湿热灭菌法

在同样温度下,湿热灭菌的效果比干热灭菌的好。这是因为一方面细胞内蛋白质含水量高,容易变性;另一方面高温水蒸气对蛋白质有高度的穿透力,从而加速蛋白质变性而使菌体迅速死亡。

因温度、处理时间及方式的不同,湿热法可分为以下几种。

(1)巴氏消毒法

有些食物高温消毒会破坏营养成分或影响质量,如牛奶、酱油、啤酒等,所以只能用较低的温度来杀死其中的病原微生物,这样既能保持食物的营养和风味,又能消毒,保证食品卫生。巴氏消毒法杀菌温度在水沸点以下,普通使用范围为 $60\sim90℃$,应用温度必须与时间相适应。温度高时间短,温度低则时间长。一般 $62℃$、$30min$ 即可达到消毒目的。此法为法国微生物学家巴斯德首创,故称为巴氏消毒法。

对果汁等易受热变质的流质食品在高温下短时间杀菌的方法称高温短时杀菌,由巴氏消毒法演变而来。主要目的除了杀灭微生物营养体外,还需钝化果胶酶及过氧化物酶,两者的钝化温度分别是 $88℃$ 和 $90℃$,故常用的杀菌温度不得低于 $88℃$ 或 $90℃$,如柑橘汁常用 $93.3℃$、$30s$。

(2)煮沸消毒法

直接将要消毒的物品放入清水中,煮沸 $15min$,即可杀死细菌的全部营养体和部分芽孢。若在清水中加入 1%碳酸钠或 2%的苯酚(石碳酸),则效果更好。此法适用于注射器、毛巾及解剖用具的消毒。

(3)间歇灭菌法

巴氏消毒法和煮沸消毒法在常压下,只能起到消毒作用,很难实现完全无菌。若采用间歇灭菌的方法,就能杀灭物品中所有的微生物。具体做法是:将待灭菌的物品加热至 $80\sim100℃$、$15\sim60min$,杀死其中的营养体。然后冷却,放入 $37℃$恒温箱中过夜,让残留的芽孢萌发成营养体。次日再重复上述步骤,如此连续重复 3 次,即可达到灭菌的目的。此法不需加压灭菌锅,适于推广,但操作麻烦,所需时间长。适合于不耐高压的培养基灭菌。例如,培养硫细菌的含硫培养基就必须用间歇灭菌法灭菌,因为其中的硫元素在高压灭菌时会发生融化。

(4)高压蒸汽灭菌法

一般情况下,微生物的营养细胞在水中煮沸后即可被杀死,但细菌的芽孢有较强的抗热性,开水中煮沸 $10min$,甚至 $1\sim2h$,也不能完全杀死。因此,有效、彻底地灭菌则需要更高的温度,并要求能在较短的时间内达到灭菌的目的。高压蒸汽灭菌是最简便、最有效的湿热灭菌方法,可以一次达到完全灭菌的目的。它适用于各种耐热、体积大的培养基的灭菌,也适用于玻璃器皿、工作服等物品的灭菌。

高压蒸汽灭菌是在密闭的高压蒸汽灭菌器(锅)中进行的。其原理在于水在密闭的加压蒸汽灭菌器(锅)中煮沸,产生蒸汽,驱除锅内空气后,使蒸汽不能逸出,因而增加了锅中的蒸汽压力。随着蒸汽压力的提高,水的沸点上升,因而能够获得比100℃更高的蒸汽温度,用来进行有效的灭菌(见表1-2)。

表 1-2　蒸汽压力与温度的关系

蒸汽压力		相对温度(℃)
1bf/in²	MPa	
0	0	100
5	0.3445	107.7
10	0.6890	115.5
15	0.1033	121.5
20	0.1378	126.6
25	0.1723	130.5
30	0.2067	134.4

在使用高压蒸汽进行灭菌时,灭菌器内冷空气的排除程度直接影响着灭菌效果。因为空气的膨胀压力大于水蒸气的膨胀压力,所以当水蒸气中含有空气时,压力表所表示的压力是水蒸气压力和部分空气压力的总和,不是水蒸气的实际压力,它所显示的温度与灭菌器内的温度是不一致的,这是因为在同一压力下的实际温度,含空气的蒸汽低于饱和蒸汽(见表1-3)。

表 1-3　高压蒸汽灭菌器中空气排出程度与灭菌器内温度的关系

空气排除的程度	压力			器内温度(℃)
	MPa	kgf/cm²	1bf/in²	
完全排除	0.103	1.05	15	121
排除 2/3	0.103	1.05	15	115
排除 1/2	0.103	1.05	15	112
排除 1/3	0.103	1.05	15	109
完全未排除	0.103	1.05	15	100

由表1-3可看出:如不将灭菌器中的空气排除干净,尽管压力表显示的压力达到了灭菌要求的0.103MPa(151bf/in²),但灭菌器内达不到灭菌所需的实际温度,因此必须将灭菌器内的冷空气完全排除,才能达到完全灭菌的目的。

实验室广泛采用此种灭菌方法,常用的压力是0.10MPa,此时的温度是121℃,维持15～30min,即可达到完全灭菌的要求。可用于培养基、生理盐水、废弃的培养物以及耐高热药品、纱布、采样器械等灭菌。但对某些体积较大或蒸汽不易穿透的物体,如固体曲料、土壤、草炭等,则应适当延长灭菌时间,或将气压提高到0.14MPa,使水蒸气参数温度达到126.5℃,保持1～2h。使用时必须严格遵守操作规程,否则易发生爆炸或蒸汽烫伤等事故。

(5)连续加压灭菌法

连续加压灭菌法是大规模发酵工厂中常用的培养基灭菌方法,俗称"连消法"。将培养基在发酵罐外连续加热、维持和冷却,然后再装入发酵罐。加热一般用高温蒸汽,要求达到135～140℃,保持5～15s(故又称高温瞬时灭菌)。该法的优点是:既可杀灭微生物,又可减少营养成分的破坏,从而提高原料的利用率;在发酵罐外灭菌,缩短了发酵罐的占用时间;蒸汽负荷均匀,提高了锅炉的利用率;自动化操作降低了工人的劳动强度。

3.影响灭菌效果的因素

微生物对高温的抵抗能力与其种类、数量、生理状态、有无芽孢以及环境的pH有关。

(1)结构

多数细菌和真菌的营养细胞在60℃处理5～10min后即可杀死,酵母菌和真菌的孢子稍耐热些,要用80℃以上的温度处理才能杀死,而细菌的芽孢最耐热,一般要在121℃下处理15min才能杀死。

(2)菌龄

一般幼龄菌比老龄菌抗热能力差。例如,在53℃加热大肠杆菌15min,菌龄为62h的,活菌数下降至原菌数的8.3%,而菌龄为2.75h的,活菌数则下降至原菌数的0.004%。

(3)菌体含水量

干细胞(如孢子)比湿细胞更抗热,因为蛋白质凝固温度与菌体蛋白质含水量有关,含水量为50g/100g的蛋白质在56℃就凝固,含水量为18g/100g的蛋白质在80～90℃才凝固,不含水的蛋白质的凝固温度高达160℃。

(4)pH

通常在酸性条件下细菌易被杀死,pH小于6.0的环境中,细菌易被高温致死;pH为6.0～8.0时,微生物死亡相对较少。

(二)利用辐射技术进行消毒灭菌

有非电离辐射与电离辐射两种:前者有紫外线、红外线和微波,后者包括两种射线的高能电子束(阴极射线)。利用辐射进行灭菌消毒,可以避免高温灭菌或化学药剂消毒的缺点,所以应用越来越广。目前主要应用在以下几个方面。

1.紫外线

紫外线是一种杀菌率较强的物理因素,波长240～300nm的紫外线都具有杀菌能力,其中以265nm波长的杀菌力最强。

紫外线灭菌是用紫外灯进行的,常采用超剂量辐射去处理待灭菌的物品或材料。紫外线的杀菌效率与强度和时间的乘积成正比,即与所用紫外灯的功率、照射距离和照射时间有关。当紫外灯和照射距离固定时,其杀菌效果与照射时间的长短呈线性关系,即照射时间越长,其照射范围内的微生物细胞所接受的辐射剂量越高,杀菌率也越高。一般的无菌操作室,一支30W紫外线灯管,照射20～30min就能杀死空气中的微生物。

(1)紫外线杀菌的机理

目前认为,紫外线杀菌的机理是:诱导同链DNA的相邻嘧啶形成嘧啶二聚体,减弱双链间氢键的作用,引起双链结构扭曲变形,影响DNA的复制和转录,从而可引起突变或死亡。此外,紫外线辐射能使空气中的O_2变成O_3,或使H_2O氧化生成H_2O_2,由O_3和H_2O_2发挥杀菌作用。

(2)紫外线杀菌的特点

1)穿透性差。紫外线的杀菌力虽强,但穿透性很差,300nm以下者不能透过2mm厚的普通玻璃。因此只有表面杀菌能力。

2) 光复活作用。把紫外线照射后的微生物立即暴露在可见光下时,可明显降低其死亡率,这种现象称为光复活作用。这是因为含有胸腺嘧啶二聚体的 DNA 分子结合有光激活酶,此酶获得光能后可使胸腺嘧啶二聚体分解成单体。光复活的程度与暴露于可见光下的时间、强度和温度有关,因此,经紫外线灭菌后的物品不应立即暴露在可见光之下,就是为防止受损伤的细菌因光复活作用又恢复正常活力。因为一般的微生物都有光复活的可能,所以在利用紫外线诱变育种时,只能在红光下照射及处理照射后的菌液。

3) 暗复活作用。暗复活作用又称切除修复,是一些活细胞内修复被紫外线等诱变剂损伤的 DNA 的机制,通常是一些在暗处发挥作用的修复酶。与光复活作用不同,这种修复作用与光全然无关。目前认为,在修复过程中,有 4 种酶参与:内切核酸酶在嘧啶二聚体聚合部位的一侧打开缺口;外切核酸酶将嘧啶二聚体聚合部分切除;DNA 聚合酶利用互补链为模板重新合成缺失的部分;DNA 连接酶将新合成的部分与原链连接,形成正常的 DNA,从而完成了修复作用。因此,用紫外线处理微生物时,只有当它引起的损伤超过修复能力时,才能使微生物死亡。

(3) 紫外线的应用

在波长一定的条件下,紫外辐射的杀菌效率与强度和时间的乘积成正比。紫外线对不同种微生物照射的致死量不一样。革兰氏阳性杆菌对紫外线较敏感;革兰氏阴性球菌、芽孢、病毒对紫外线抵抗力较强。对紫外线的耐受力以真菌孢子最强,细菌芽孢次之,细菌繁殖体最弱,仅少数例外。在紫外线照射下,一般细菌 5min 死亡,而芽孢需 10min。

1) 空气消毒。无菌室、无菌箱、医院手术室均装有紫外辐射杀菌灯进行空气消毒。一般无菌室内紫外辐射杀菌灯的功率为 30W,无菌箱内紫外辐射杀菌灯的功率为 15W,照射 20~30min 即可杀死空气中微生物。要注意的是紫外线会损伤皮肤和眼结膜,所以在有人员操作时就要关掉紫外线灯。空气中尘埃及相对湿度可降低其杀菌效果。对水的穿透力随深度和浊度而降低。

2) 表面消毒。对不能用加热或化学药品消毒的器具(如胶质的离心管、药瓶、牛奶瓶等),可在距离物品 1m 高度处,用 30W 紫外辐射杀菌灯照射 20~30min 消毒。

3) 诱变育种。用低于死亡剂量的紫外线照射可引起微生物某些特性或性状的改变,称为紫外线诱变。

紫外线照射人体会致皮肤红斑、紫外线眼炎和臭氧中毒等,故使用时人应避开紫外线,或采取相应的保护措施。

2. 其他射线

X 射线和 γ 射线均能使被照射的物体产生电离作用,故称为电离辐射。它们的穿透力很强。低剂量照射,会促进微生物生长或引起微生物变异;高剂量照射,对微生物有致死作用,原因是辐射引起水分解,产生游离的 H^+,进而与溶解氧生成 H_2O_2 等强氧化剂,使酶蛋白的—SH 氧化,导致细胞各种病理变化。

3. 微波和超声波的影响

微波对微生物的杀灭作用是通过热效应进行的。微波产生热效应的特点是加热均匀,加热时间短。一般认为,微波杀菌的原理是在微波作用下,微生物体内的极性分子发生振动,因摩擦产生高热,高热导致微生物死亡。此外,微波可以加速分子运动,形成冲击性破坏而致微生物死亡。

超声波具有强烈的生物学作用,几乎所有的菌体都会被其破坏,只是敏感程度不一。超声波的杀菌效果与超声波的频率、作用时间以及微生物的大小、形状有关,频率高杀菌效果好。杆菌比球菌易被杀死,大杆菌比小杆菌易被杀死。

(三)利用生物技术进行灭菌防腐

除了环境因素会影响微生物外,其他微生物和各类更高级生物也会影响我们所研究的微生物,即形成所谓生物间的相互关系。一般认为,生物间的相互关系有共生关系、互生关系、拮抗关系、寄生关系四种。可以利用生物间的拮抗关系、寄生关系来抑制或杀死有害微生物。

1.拮抗关系

一种微生物的某些代谢物质对另一种(或一类)微生物产生抑制或杀灭作用,叫拮抗关系。拮抗关系可分为非特异性拮抗关系和特异性拮抗关系两种。

非特异性拮抗关系是无选择性的。如乳酸菌代谢物乳酸会使环境的 pH 下降,较低的 pH 能抑制腐败细菌生长。

特异性拮抗关系是某种微生物产生的特殊化学物质对别种微生物的生长有抑制或致死作用。如青霉分泌的青霉素能破坏革兰氏阳性菌细胞壁,使菌体失去保护而死。

生物之间的捕食关系也属于拮抗关系。在生物处理中,原生动物吞食细菌、真菌、藻类,大原生动物吞食小原生动物,微型后生动物吞食原生动物、细菌、真菌、藻类等。原生动物、微型后生动物的捕食作用使处理后的出水中的游离菌数量大大降低,对提高出水水质很有益。

2.寄生关系

一种生物从另一种生物体内或体表摄取营养得以生长繁殖,称为寄生关系。前者为寄生物,后者为寄主或宿主。如噬菌体与细菌、真菌、放线菌、藻类之间就存在寄生关系。寄生物一般对寄主不利,会引起寄主的损伤或死亡。

三、任务所需器材

任务所需器材包括电烘箱、牛皮纸、线绳、高压蒸汽灭菌锅等。

四、任务技能训练

(一)物品的干热灭菌

1.装入待灭菌物品

将包装好的待灭菌物品放入电烘箱内。常用的干热灭菌烘箱(见图1-6)是金属制的长方形箱体,双层壁的箱体间含有石棉,以防热散失;箱顶设有排气装置与插温度计的小孔;箱内底部夹层内装有通电加温的电热丝;箱内有放置灭菌物品的隔板和温控调节及鼓风等装置。

物品不要摆得太挤,一般不能超过总容量的2/3,灭菌物之间应稍留间隙,以免妨碍热空气流通,影响温度均匀上升。同时,灭菌物品也不要与电烘箱内壁的铁板接触,因为铁板温度一般高于箱内空气温度(温度计指示温度),触及则易烘焦着火。

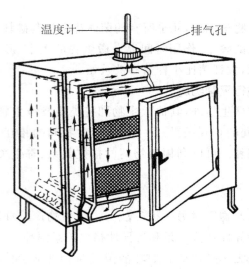

温度计————　　————排气孔

图 1-6　干热灭菌用的烘箱

2. 升温

关好电烘箱门,插上电源插头,拨动开关,旋动恒温调节器至红灯亮,让温度逐渐上升。如果红灯熄灭、绿灯亮,表示箱内已停止加温,此时如果还未达到所需的 160～170℃,则需转动调节器使红灯再亮,如此反复调节,直至达到所需温度。

升温或灭菌物有水分需要迅速蒸发时,可旋转调气阀(位于干燥箱顶部或背面),打开通气孔,排除箱内冷空气和水汽,待温度升至所需温度后,将通气孔关闭,使箱内温度一致。

3. 恒温

当温度升到 160～170℃时,借恒温调节器的自动控制,保持此温度 2h。

灭菌温度以控制在 165℃维持 2h 为宜。超过 170℃,包装纸即变黄;超过 180℃,纸或棉花等就会烤焦甚至燃烧,酿成意外事故。如因不慎或其他原因导致烘箱内发生烤焦或燃烧事故时,应立即关闭电源,将通气孔关闭,待其自然降温至 60℃以下时才能打开箱门进行处理,切勿在未切断电源前打开箱门。

4. 降温

切断电源,自然降温。

5. 开箱取物

待电烘箱内温度降到 60℃以下后,打开箱门,取出灭菌物品。注意电烘箱内温度未降到 60℃以前,切勿自行打开箱门,以免玻璃器皿炸裂。

灭菌后的物品,使用时再从包装内取出。

(二)高压蒸汽灭菌技术

1. 加水

使用前在外层锅内加入适量的水,水量与三角搁架相平为宜,不可过少,否则易将灭菌锅烧干引起爆炸事故。

2. 装锅、加盖

将内锅放在三角搁架上。将待灭菌的物品放在内锅里,放置不要过满,以免妨碍蒸汽流而影响灭菌效果。盖锅盖时将盖上的排气软管插到内锅的排气槽内,然后将锅四周的固定螺旋以两两对称的方式旋紧,打开排气阀。

3. 加热排气

加热并同时打开排气阀,待锅内沸腾并有大量蒸汽自排气阀冒出时,维持 5min 以上,以排除锅内冷空气,然后将排气阀关闭。如灭菌物品较大或不易透气,应适当延长排气时间,务必使冷空气充分排除。

4. 保温保压

当压力升至 0.10MPa、温度达到 121℃时,应控制热源、保持压力,维持 20～30min 后,切断电源,让灭菌锅自然降温。

5. 出锅

当压力表降至"0"处后,打开排气阀,随即旋开固定螺旋,开盖,取出灭菌物。注意:切勿在锅内压力尚在"0"以上时开启排气阀,否则会因压力骤然降低,而造成培养基剧烈沸腾冲出管口或瓶口,污染棉塞,以后培养时引起杂菌污染。

灭菌后的培养基,一般需进行无菌检查。将做好的斜面、平板、培养基等置于 37℃恒温箱中培养 1～2d,确定无菌后方可使用。

6. 高压灭菌锅保养

灭菌完毕取出物品后,将锅内余水倒出,以保持内壁及搁架干燥,盖好锅盖。

五、任务考核指标

灭菌技能的考核见表 1-4。

表 1-4　灭菌技能考核表

考核内容	考核指标	分　值
干法灭菌	物品放置	35
	温度调节	
	接通电源	
	保温控制及保温时间	
	开箱取物条件	
高压灭菌	加水量	50
	物品装锅	
	加盖	
	接通电源	
	排气	
	保温控制及保温时间	
	出锅条件	
	高压灭菌锅保养	

续表

考核内容	考核指标	分 值
简答题	干热灭菌完毕后,在什么情况下才能开箱取物?为什么?	15
	高压蒸汽灭菌开始前,为什么要将锅内冷空气排尽?	
	在使用高压蒸汽灭菌锅灭菌时,怎样杜绝一切不安全的因素?	
合计	——	100

任务3 环境的化学试剂消毒

一、任务目标

1)掌握消毒技术中常用的化学试剂操作流程和技术要点。

2)学会于不同场合采用不同化学试剂消毒。

二、任务相关知识

(一)化学消毒技术

化学物质对微生物的影响非常复杂,一种化学物质在极低浓度时,可能刺激微生物的生长发育;浓度略高时,可能抑菌;浓度极高时,可能有杀菌作用。而不同的微生物种类,对化学物质的敏感性也不同。化学物质抑菌或杀菌,主要是造成微生物大分子结构的变化,包括损伤细胞壁,使蛋白质变性失活,诱发核酸改变。

根据对病原体蛋白质的不同作用,可分为以下几类。

1.凝固蛋白消毒剂

包括酚类、酸类和醇类。

(1)酚类

主要有酚、来苏儿、六氯酚等。具有特殊气味,杀菌力有限。可使纺织品变色,橡胶类物品变脆,对皮肤有一定的刺激,故除来苏外应用者较少。

1)酚(石炭酸):无色结晶,有特殊臭味,受潮呈粉红色,但消毒力不减。其为细胞原浆毒,对细菌繁殖型 1:(80～110)溶液,20℃保持 30min 可杀死,但不能杀灭芽孢和抵抗力强的病毒。加肥皂可皂化脂肪,溶解蛋白质,促进其渗透,加强消毒效应,但毒性较大,对皮肤有刺激性,具有恶臭,不能用于皮肤消毒。

2)来苏儿(甲酚皂液):以 47.5%甲酚和钾皂配成。红褐色,易溶于水,有去污作用,杀菌力较石炭酚强 2～5 倍。常用为 2%～5%水溶液,可用于喷洒、擦拭、浸泡容器、洗手等。细菌繁殖型 10～15min 可杀灭,对芽孢效果较差。

3)六氯酚:六氯酚为双酚化合物,微溶于水,易溶于醇、酯、醚,加碱或肥皂可促进溶解,毒性和刺激性较少,但杀菌力较强。主要用于皮肤消毒。以 2.5%～3%六氯酚肥皂洗手可减少皮肤细菌80%～90%,有报告可产生神经损害,故不宜长期使用。

（2）酸类

对细菌繁殖体及芽孢均有杀灭作用。但易损伤物品,故一般不用于居室消毒。5%盐酸可消毒洗涤食具和水果,加15%食盐于2.5%盐酸溶液可消毒皮毛及皮革。乳酸常用于空气消毒,100m³空间用10g乳酸熏蒸30min,即可杀死葡萄球菌及流感病毒。

（3）醇类

乙醇(酒精):75%浓度可迅速杀灭细菌繁殖型,对一般病毒作用较慢,对肝炎病毒作用不肯定,对真菌孢子有一定杀灭作用,对芽孢无作用。用于皮肤消毒和体温计浸泡消毒。因不能杀灭芽孢,故不能用于手术器械浸泡消毒。异丙醇对细菌杀灭能力大于乙醇,经肺吸收可导致麻醉,但对皮肤无损害,可代替乙醇应用。

2.溶解蛋白消毒剂

主要为碱性药物,常用的有氢氧化钠、石灰等。

（1）氯氧化钠

白色结晶,易溶于水,杀菌力强,2%～4%溶液能杀灭病毒及细菌繁殖型,10%溶液能杀灭结核杆菌,30%溶液能于10min杀灭芽孢,因腐蚀性强,故极少使用,仅用于消灭炭疽菌芽孢。

（2）石灰

遇水可产生高温并溶解蛋白质,杀灭病原体。常用10%～20%石灰乳消毒排泄物,用量须是排泄物的2倍,搅拌后作用4～5h。20%石灰乳用于消毒炭疽菌污染场所,每4～6h喷洒一次,连续2～3次。刷墙2次可杀灭结核芽孢杆菌。因性质不稳定,故应用时应新鲜配制。

3.氧化蛋白类消毒剂

氧化蛋白类消毒剂包括含氯消毒剂和过氧化物类消毒剂。因消毒力强,故目前在医疗防疫工作中应用最广。

（1）漂白粉

应用最广。主要成分为次氯酸钙[$Ca(ClO)_2$],含有效成分25%～30%,性质不稳定,可被光、热、潮湿及CO_2所分解。故应密闭保存于阴暗干燥处,时间不超过1年。有效成分次氯酸可渗入细胞内,氧化细胞酶的—SH,破坏胞浆代谢。酸性环境中杀菌力强而迅速,高浓度能杀死芽孢。粉剂用于粪、痰、脓液等器皿的消毒。每升水加干粉200g,搅拌均匀,放置1～2h;每升尿加干粉5g,放置10min即可。10%～20%乳剂除消毒排泄物和分泌物的器皿外,可用以喷洒厕所和污染的车辆等。如存放日久,应测实际有效氯含量,校正配制用量。漂白粉精的粉剂和片剂含有效氯可达60%～70%,使用时可按比例减量。

（2）氯胺-T

为有机氯消毒剂,含有效氯24%～26%,性能较稳定,密闭保持1年,仅丧失有效氯0.1%。微溶于水(12%),刺激性和腐蚀性较小,作用较次氯酸缓慢。0.2%的浓度1h可杀灭细菌繁殖型,5%的浓度2h可杀灭结核杆菌,杀灭芽孢需10h以上。各种铵盐可促进其杀菌作用。1%～2.5%溶液对肝炎病毒亦有作用。活性液体用前1～2h配制,时间过久,杀菌作用降低。

（3）二氯异氰尿酸钠

又名优氯净,为应用较广的有机氯消毒剂,含氯60%～64.5%。具有高效、广谱、稳定、溶解度高、毒性低等优点。水溶液可用于喷洒、浸泡、擦抹,亦可用干粉直接消毒污染物,处理粪便等排泄物,用法同漂白粉。直接喷洒地面,剂量为 $10\sim20g/m^2$。与多聚甲醛干粉混合点燃,气体可用熏蒸消毒,可与 92 号混凝剂(羟基氯化铝为基础加铁粉、硫酸、过氧化氢等合成)以 1:4 混合成为"遇水清",作饮水消毒用。并可与磺酸钠配制成各种消毒洗涤液,如涤静美、优氯净等。对肝炎病毒有杀灭作用。

此外,与氯化磷酸三钠、氯溴二氰尿酸等效用相同。

(4)过氧乙酸

又名过氧醋酸,为无色透明液体,易挥发有刺激性酸味,是一种高效速效消毒剂,易溶于水和乙醇等有机溶剂,具有漂白和腐蚀作用,性能不稳定,遇热、有机物、重金属离子、强碱等易分解。$0.01\%\sim0.5\%$ 保持 $0.5\sim10min$ 可杀灭细菌繁殖体,1% 浓度 5min 可杀灭芽孢,常用浓度为 $0.5\%\sim2\%$,可通过浸泡、喷洒、擦抹等方法进行消毒,在密闭条件下进行气雾(5% 浓度,$2.5mL/m^2$)和熏蒸($0.75\sim1.0g/m^3$)消毒。

(5)过氧化氢

$3\%\sim6\%$ 溶液,10min 可以消毒。$10\%\sim25\%$ 浓度保持 60min 可以灭菌,用于不耐热的塑料制品、餐具、服装等消毒。10% 过氧化氢气溶胶喷雾消毒室内污染表面,$180\sim200mL/m^3$ 保持 30min 能杀灭细菌繁殖体,$400mL/m^3$ 保持 60min 可杀灭芽孢。

(6)高锰酸钾

$1\%\sim5\%$ 浓度浸泡 15min,能杀死细菌繁殖体,常用于食具、瓜果消毒。

4.阳离子表面活性剂

阳离子表面活性剂主要有季铵盐类,高浓度凝固蛋白,低浓度抑制细菌代谢。杀菌浓度小,毒性和刺激性小,无漂白及腐蚀作用,无臭、稳定、水溶性好。但杀菌力不强,尤其对芽孢效果不佳,受有机物影响较大,配伍禁忌较多。国内生产有新洁尔灭、消毒宁(度米苍)和消毒净,以消毒宁杀菌力较强,常用浓度为 $0.5\%\sim1.0\%$,可用于皮肤、金属器械、餐具等的消毒,不宜作排泄物及分泌物消毒用。

5.烷基化消毒剂

(1)福尔马林

福尔马林为 $34\%\sim40\%$ 甲醛溶液,有较强杀菌作用。$1\%\sim3\%$ 溶液可杀死细菌繁殖型;5% 溶液 90min 或杀死芽孢;室内熏蒸消毒一般用 $20mL/m^3$ 加等量水,持续 10h;消除芽孢污染,则需 $80mL/m^3$ 24h,适用于皮毛、人造纤维、丝织品等不耐热物品。因其穿透力差、刺激性大,故消毒物品应摊开,房屋须密闭。

(2)戊二醛

戊二醛的作用似甲醛。在酸性溶液中较稳定,但杀菌效果差,在碱性液中能保持 2 周,但若需提高杀菌效果,通常在 2% 戊醛内加 0.3% 碳酸氢钠溶液,校正 pH 为化合物(杀菌效果增强,可保持稳定性 18 个月)。无腐蚀性,有广谱、速效、高热、低毒等优点,可广泛用于细菌、芽孢和病毒消毒。不宜用作皮肤、黏膜消毒。

(3)环氧乙烷

低温时为无色液体,沸点 10.8℃,故常温下为气体灭菌剂。其作用为通过烷基化,破坏微生物的蛋白质代谢。一般应用是在 15℃ 时 $0.4\sim0.7kg/m^2$,持续 $12\sim48h$。温度升高 10℃,杀菌力可增强 1 倍以上,相对湿度 30% 灭菌效果最佳。具有活性高、穿透力强、不损伤物品、不留残毒等优点,可用于纸张、书籍、布、皮毛、塑料、人造纤维、金属品的消毒。因穿透力强,故需在密闭容器中进行消毒。同时,需避开明火以防爆,消毒后通风防止吸入。

6. 其他

(1)碘

通过卤化作用,干扰蛋白质代谢。作用迅速而持久,无毒性,受有机物影响小。常有碘酒、碘伏(碘与表面活性剂为不定型结合物)。常用于皮肤黏膜消毒,医疗器械应急处理。

(2)洗必泰

洗必泰为双胍类化合物。对细菌有较强的消毒作用。可用于手、皮肤、医疗器械、衣物等的消毒,常用浓度为 0.2‰~1‰。

常用的消毒剂见表 1-5。

表 1-5 常用的消毒剂

类别	实例	常用浓度	应用范围
醇类	乙醇	70%~75%	皮肤及器械消毒
酸类	乳酸	0.33~1mol/L	空气消毒(喷雾或熏蒸)
	食醋	3~5mL/m³	熏蒸空气消毒,可预防流感
碱类	石灰水	1%~3%	地面消毒、粪便消毒等
酚类	石炭酸	5%	空气消毒、地面或器皿消毒
	来苏儿	2%~5%	空气消毒、皮肤消毒
醛类	甲醛(福尔马林)	40%溶液或 2~6mL/m³	接种室、接种箱或器皿消毒
重金属离子	升汞	0.05%~0.1%	非金属器皿消毒,不能与碘酒同时使用
	红汞	2%	皮肤黏膜小创伤消毒,不能与碘酒同时使用
	硫柳汞	0.01%~0.1%	生物制品防腐,皮肤、手术部位消毒
氧化剂	高锰酸钾	0.1%	皮肤尿道消毒,蔬菜水果消毒,需新鲜配制
	过氧化氢	3%	口腔黏膜消毒,冲洗伤口,防止厌氧菌感染
	过氧乙酸	0.1%~0.5%	塑料、玻璃、人造纤维、皮毛、食具消毒,原液有腐蚀性
	氯气	0.2~0.5mg/L	饮水及游泳池消毒,对金属有腐蚀性
	漂白粉	10%~20%	地面、厕所及排泄物消毒,饮水消毒
染料	龙胆紫	2%~4%	浅表创伤消毒,对葡萄球菌作用强
表面活性剂	新洁尔灭	1:20 水溶液	皮肤及不能遇热器皿的消毒
季铵盐类	度米芬(消毒宁)	0.05%~0.1%	皮肤创伤冲洗,棉织品、塑料、橡胶物品的消毒
烷基化合物	环氧乙烷	50mg/100mL	手术器械、敷料、搪瓷类物品的灭菌
金属螯合物	8-羟喹啉硫酸盐	0.1%~0.2%	外用清洗消毒

(二)防腐技术

1. 低温

一般而言,温度降低,微生物的代谢水平下降,可处于休眠状态。

中温微生物通常在低于 5℃时停止生长但不死亡,一旦获得适宜温度,即可恢复活性,以正常的速度生长繁殖。实验室用冰箱在 4℃ 左右保存菌种就是利用这个特性。

嗜冷微生物能在低温环境中生长,只有冻结才能抑制微生物的生长。因此,在低温下冷藏的肉、牛奶、蔬菜、水果等仍有可能因被嗜冷微生物污染而变质,甚至腐烂。频繁结冰和解冻过程,会使细胞破坏而致微生物死亡。

2.干燥

水分是微生物生命活动的必需条件,对活细胞而言,水分重要性表现为:缺水干燥诱导休眠,水分运动调节渗透压。

缺水干燥诱导休眠,但不同微生物对干燥的抵抗能力不同。一般没有荚膜、芽孢的细菌对干燥比较敏感;而具有芽孢的细菌、藻类和真菌的孢子,以及原生动物的胞囊都具有很强的抗干燥能力,如果没有高热和其他不利条件的影响,它们在干燥的环境中可以保持休眠状态达几十年,一旦环境变湿润,即可萌发复活。

由于在极度干燥的环境中微生物不生长,因而人们广泛运用干燥法来贮藏食物,防止食品腐败。

3.高渗透压

微生物细胞的细胞膜是一种半透膜,能满足细胞内外渗透压平衡调节的需要,而水分在膜两侧的运动是渗透压变化的主要原因,对微生物在不同环境中的生存至关重要。

质量浓度为 $5\sim8.5g/L$ 的 NaCl 溶液为等渗溶液。在等渗溶液中,微生物形态及大小均不变,且生长良好。

高于上述浓度的溶液,称高渗溶液。在高渗环境中,微生物体内的水分子向细胞外渗出,使细胞出现"生理干燥",严重时细胞发生质壁分离,造成细胞活动呈抑制状态,甚至死亡。

在生活或食品加工业中,常用高渗溶液保存食品,以防止腐败。例如,用质量浓度为 $50\sim300g/L$ 的食盐溶液浸渍鱼、肉,用质量浓度为 $300\sim800g/L$ 的糖溶液制作蜜饯。但也有微生物可在质量浓度为 $150\sim300g/L$ 的盐溶液中生活,这样的微生物可以用于处理高浓度含盐废水。

4.真空包装

真空包装的主要作用是除氧,以利于防止食品变质,其原理也比较简单,因食品霉腐变质主要由微生物活动造成,而大多数微生物(如霉菌和酵母菌)生存是需要氧气的,而真空包装就是运用这个原理,把包装袋内和食品细胞内的氧气抽掉,使微生物失去生存的环境。实验证明:当包装袋内的氧气浓度≤1%时,微生物的生长和繁殖速度就急剧下降,氧气浓度≤0.5%时,大多数微生物生长将受到抑制而停止繁殖。但真空包装不能抑制厌氧菌的繁殖和酶反应引起的食品变质和变色,因此还需与其他辅助方法结合保藏食品,如冷藏、速冻、脱水、高温杀菌、辐照灭菌、微波杀菌、盐腌制等。

(三)病毒的杀灭技术

病毒的存活受物理因素和化学因素的影响。

1.物理因素

温度是影响病毒存活的重要因素。在高温下蛋白质与核酸会变性失活,因此病毒不耐高温,一般情况下,60℃加热 30min 可使大多数病毒失活,但也有少数病毒的耐热性强,如乙肝病毒要在 100℃ 高温下加热 10min 才失去传染性;低温不能使病毒死亡。此外,紫外线、X射线、γ射线等的照射可破坏病毒核酸,使其死亡。使用沉淀、吸附、过滤等方法可以从水中除去病毒,但不能杀死病毒。

2.化学因素

病毒的最适pH是5~9,强酸、强碱均可使病毒失活;石灰、乙醇、甲醛等消毒剂可以杀灭某些病毒;病毒通常对氧化剂敏感,故高锰酸钾、过氧化氢、漂白粉、二氧化氯等都可用来灭活病毒。病毒对常见的抗生素不敏感。

某些病毒在水中可存活较长时间,如脊髓灰质炎病毒,因此净化水时应重视病毒的去除,沉淀法最多可除去50%的病毒,二级处理可去除60%~90%的病毒。某些环境中的病毒含量会很高,如活性污泥法的剩余污泥中的病毒含量比原废水中的病毒含量高10~100倍,故如果不加处理地将这些污泥用作肥料,将起到散布病毒的作用。厌氧消化可以灭活污泥中的病毒,特别是50~60℃下的高温消化,几乎可以杀灭全部病毒和致病菌。

(四)病原微生物及消毒技术

1.空气中的病原微生物及防治措施

空气中的病原微生物指存在于空气中或可通过空气传播引起疾病的病原微生物。空气中的病原微生物有绿脓杆菌、结核分枝杆菌、破伤风杆菌、百日咳杆菌、白喉杆菌、溶血链球菌、金黄色葡萄球菌、肺炎杆菌、脑膜炎球菌、感冒病毒、流行性感冒病毒、麻疹病毒等。

空气中病原微生物多以寄生方式生活,不能在空气中繁殖,加上大气稀释、空气流动和日光照射等影响,病原微生物数量较少。

(1)空气中病原微生物的传播途径

1)附着于尘埃上。较大的尘埃颗粒可迅速落到地面,随清扫或通风而传播;直径在10μm以下的较小的尘埃,可较长时间悬浮于空气中。

2)附着于飞沫小滴上。人们咳嗽与打喷嚏时,可有无数细小飞沫喷出,其直径小于5μm的占90%以上,可长期漂浮于空气中。

3)附着于飞沫核上。较小的飞沫喷出后,水分迅速蒸发而形成飞沫核。飞沫核比飞沫小滴更小,因而所含细菌较少,但扩散距离更远。

病原微生物在飞沫核或飞沫小滴内的存活时间及数量,受飞沫中的营养物及外界因素如温度、湿度等的影响。温度高则存活率低,这一点与经空气飞沫传播的传染病在寒冷季节发病较多相符。

4)附着于污水喷灌产生的气溶胶上。如果污水中存在病原微生物,在喷灌时所形成的气溶胶中可以带菌,污染空气,传播疾病。

(2)防止空气中病原微生物传播的措施

1)加强通风换气。开启门窗后,由于空气的流通稀释,室内空气中的细菌数可以显著减少。对于人口密集的公共场所,如影剧院、舞厅等,采用此种方法简便易行,可收到良好的效果。

2)空气过滤。空气过滤在微生物学上又称生物洁净技术,指采用多级过滤器除尘以达到除菌、创造"生物洁净室"的目的。滤床以撞击吸附、微孔拦截等方式除去气流中的尘粒,末级过滤器常采用玻璃纤维或玻璃纤维制品为滤料,除菌效率极高。

空气过滤在对空气质量有特殊要求的部门和场所(如制药、食品、生物、电子、钟表、宇航等行业和医院手术室、婴儿室、无菌操作室)广泛使用。生物洁净室需要经常进行室内微生物的检验和消毒。

3)空气消毒。①物理学方法。通常指紫外线照射,适用于手术室、病房、无菌实验室等处的灭菌,用市售的波长为250nm紫外线灭菌灯即可。强烈直射的日光因含有紫外线也具有较好的杀菌作用。②化学方法。即常说的空气药品消毒。常用的空气消毒药品是过氧乙酸,对细菌及其芽孢、病毒、真菌等都有杀灭作用。其优点是分解产物乙酸、过氧化氢、水与氧等对人体无害;其缺点是稀释的过氧乙酸易分解,故需现用现配。此外,高浓度的过氧乙酸溶液对金属和纺织物有一定的腐蚀作用。

化学方法消毒空气可采用两种方式:喷雾法和熏蒸法。喷雾法利用过氧乙酸在常温下挥发的特点,用5%~10%过氧乙酸,按100~200mL/80m³进行喷雾,喷雾后密闭1h即可。熏蒸法按0.75~18g/m³的用量将过氧乙酸水溶液置于耐腐蚀的容器中加热,产生过氧乙酸蒸汽和水蒸气,进行空气消毒,药品全部蒸发后密闭1h即可。由于过氧乙酸及其分解物有刺激性,因此消毒时人不宜留在室内,消毒后须经通风换气,人才能进入室内。

(3)传染性非典型肺炎的预防措施

1)选择合理的消毒剂和器械。针对"非典"疫区内广泛大剂量、长时间、连续性消毒,需要集中投入大量化学消毒剂,不仅要注意消毒效果,还应考虑到长期环境污染问题。所以,在确保消毒效果的基础上,首选消毒效果好、作用快、消毒剂本身及其分解产物不会给环境造成长期污染的消毒剂。根据各类化学消毒剂的化学性质和消毒效果,针对疫情的实际情况选择以下消毒剂:

● 过氧化物类消毒剂。过氧乙酸、过氧化氢和臭氧为过氧化物类消毒剂的主要品种,因其均为强氧化剂,分子量小,化学性质不稳定,可迅速分解成无害物质而不会造成环境污染。研究和应用证明,杀菌效果可靠,尤其对空气消毒有其独特的优越性,应作为此次首选的消毒剂。臭氧可以在准确控制下,用于空气消毒。此外,臭氧水可用于水果、蔬菜的消毒。

● 二氧化氯消毒剂。二氧化氯属于高效消毒剂之一,杀菌效果可靠,可杀灭各种微生物,化学性质活泼,不稳定、容易分解,即使排放到水中也不会产生很多有害物质,现广泛应用于各种消毒实践中。目前,二氧化氯消毒剂有各种各样的稳定型制剂,有液体和固体制剂。

● 含氯消毒剂。含氯消毒剂是目前使用最广泛的一类,杀菌效果可靠,品种多,剂型多,平时使用不会造成很大问题,但如果超大剂量使用应考虑到其排放到地下水源或地面水中形成对人体有害的氯甲烷类物质,造成长远影响。

● 乙醇-氯己定制剂。乙醇-氯己定复方制剂(一般为体积分数50%~70%乙醇或异丙醇内含3000~5000mg/L氯己定)广泛用于皮肤消毒,对除细菌芽孢以外的多数细菌和病毒具有良好的杀灭效果。目前,不仅适用于医护人员手及皮肤消毒,亦可广泛用于各行各业人员手的卫生消毒,对预防疾病接触传播有很好的作用。

2)消毒处理技术。

消毒处理技术主要有以下用途。

● 室内空气消毒。预防性空气消毒,适用于没有明确传染源活动或接触的环境内空气,如医院门诊大厅、候诊室、病房、过道、教室等。可用1000mg/L过氧乙酸或15000mg/L过氧化氢水溶液,也可用500mg/L二氧化氯水溶液,均按20~40mL/m³用液量,用气溶胶喷雾器进行喷雾。常温下密闭作用60min即可。喷雾方法:采用气溶胶空气喷雾法,由里到外,从上至下顺序喷雾,使喷雾场所形成浓雾。无人条件下密闭空间,也可用20mg/m³的臭氧气体熏蒸 30min 消毒。

● 对疫源地室内表面-空间联合消毒。疫源地指存在或曾经存在传染源的场所。对疫源地必须进行终末消毒,适用于有传染源即患者居住或接触过的场所,如病房、病家及其接触过的环境和救护车等交通工具的消毒处理,处理措施应同时兼顾表面和空气消毒。可用 5000～8000mg/L 过氧乙酸或 60000mg/L 过氧化氢水溶液,也可用 1000mg/L 二氧化氯水溶液,按 20～40mL/m³ 用液量,用气溶胶喷雾器进行喷雾,常温下密闭作用 60min 即可。喷雾方法可采用表面-空间喷雾法,首先从入口处地面向里喷湿一条通道,然后由里到外,先向物体表面作定向喷雾,喷雾距离 1.5～2m,使之获得足够的喷雾量,再向空间喷雾,形成浓雾。

● 地面及粗糙表面喷洒消毒。对疫源地内污染地面、粗糙墙面及特殊吸湿性物体表面可用 5000mg/L 过氧乙酸水溶液或 10000mg/L 二氧化氯水溶液,也可用含有效氯 5000mg/L 的含氯消毒剂直接喷雾或喷洒,喷雾距离应在 1.5～2m,用液量 100～200mL/m²,即喷湿为止,作用时间＞30min。可使用气溶胶喷雾器,也可使用普通喷雾器。喷雾方法是先从入口处地面向内喷出一条通道,然后再由自上而下、从左到右、由内向外的顺序喷雾,均匀喷湿但不流水。

● 表面擦拭消毒。对疫源地内物体表面进行擦拭消毒,适用于各种场所内喷雾不易喷到的处所或不可作喷雾消毒的物品。可以用 2000mg/L 过氧乙酸水溶液或 500～1000mg/L 有效氯的含氯清洗消毒剂擦拭两遍,并保持作用时间＞10min。

● 对患者衣物及其他怕热物品的消毒。"非典"患者入院后换下的衣物需要进行消毒处理,常用方法是经过＞90℃加热洗涤,然后烘干熨烫即可;也可用含有效氯 250mg/L 含氯清洗消毒剂浸泡 30min,然后清洗烘干熨烫;对已沾染患者分泌物或排泄物的衣物,应进行更严格的消毒,如压力蒸汽灭菌或煮沸＞10min。污染的书籍、文件等怕热物品,无需保留者作焚烧处理,必须保留者只能用环氧乙烷熏蒸消毒。

● 污染废物消毒处理。对患者用过的医疗性废弃物应收集到专用防渗漏垃圾袋内,按危险垃圾进行专门处理,如在隔离区内经压力蒸汽灭菌处理,在确保安全的条件下送焚化炉焚烧。患者的排泄物、分泌物、胸腹水等,收集后,在严格防护条件下,直接加入 20000mg/L 有效氯的优氯净或漂白粉混合搅拌均匀,作用时间＞120min 即可。

● 医护人员的手卫生消毒。在隔离区域内的医护人员应按全封闭隔离措施,应戴隔离手套;在非隔离区人员手必须消毒时,可用 2000mg/L 过氧乙酸水溶液浸泡 1min 消毒,也可以使用自动或半自动瓶装乙醇-氯己定复方消毒剂擦拭消毒;门诊医护人员在诊治每个患者之后,均可采用乙醇-氯己定复方消毒剂擦手两遍消毒,比较符合门诊实际情况。

● 应注意的几个问题。配制过氧乙酸和过氧化氢时,应注意皮肤和眼睛的防护,若不慎将浓溶液溅到皮肤上,应立即用清水冲洗;过氧乙酸浓度＞2000mg/L,不可用在大理石面上,亦不可用于手消毒;作室内气溶胶喷雾时,应将精密仪器用布单或塑料膜罩上,以防止腐蚀损坏;化学消毒剂喷雾多数情况下均为无人条件,只有用 1000mg/L 过氧乙酸或 15000mg/L 过氧化氢水溶液气溶胶喷雾可以有人在,但不宜老人、儿童及有呼吸道疾病患者在场。

2. 水中的病原微生物及防治措施

随垃圾、人畜粪便及某些工农业废弃物进入水体的病原菌,有些因不适应于水环境而逐渐死亡,也有一部分可在水环境中生活较长时间。

水中常见的病原体有伤寒杆菌、痢疾杆菌、致病性大肠杆菌、鼠疫杆菌、霍乱弧菌、脊髓灰质炎病毒、甲型肝炎病毒等。

（1）污水的处理

污水排放前应加氯消毒或加明矾、石灰、铁盐等絮凝剂后再砂滤以除去大部分的病毒及病原菌。

（2）做好水源的卫生防护

围绕水源确定防护地带，建立相应的卫生制度，使水源、水处理设施、输水总管等不受污染，从而保证生活饮用水的质量。

（3）生活饮用水的消毒

饮用水的消毒是防止肠道传染病的一个重要环节。饮用水的消毒方法很多，物理法有煮沸、紫外线照射等，化学法有加氯、加臭氧等。

1）加氯消毒。加氯消毒是较有效和经济的消毒方法。常用液氯、漂白粉、二氧化氯等；水中加氯后，生成具有氧化能力的 HOCl。HOCl 是中性分子，易渗入细菌体内，氧化破坏酸类，使细菌死亡。安全消毒的要求是：氯加入水中接触 $30\sim60min$ 后，水中应保持游离性余氯 $0.3\sim0.5mg/L$，配水管网末梢的游离性余氯也不能低于 $0.05mg/L$。但水中存在某些微量的有机物可与氯化物形成致突变作用的卤代物。

2）臭氧消毒。因不会产生致突变物而受欢迎。臭氧为强氧化剂，加入水中后可放出具强氧化能力的新生氧，氧化水中有机物并杀死细菌及芽孢，还可除去水中的色、嗅、味。臭氧用量为 $1\sim3mg/L$，与水接触时间需 $10\sim15min$。但臭氧无持续杀菌作用，且成本较高。

3）紫外线消毒。紫外线消毒是适用于少量清水的消毒方法，利用紫外灯进行即可。经过消毒的水化学性质不变，不会产生臭味和有害健康的产物，但因悬浮物和有机物的干扰会使杀菌效果不强，且费用较高。

除上述方法外，在一些特殊场所还使用微电解法、过氧化氢法、高锰酸钾法、加溴或碘等消毒方法。

3. 土壤中的病原微生物及防治措施

土壤中的病原微生物指存在于土壤中或可通过土壤而传播引起疾病的病原微生物。土壤中除有病原微生物外，还有寄生虫卵。

土壤中的病原微生物有粪链球菌、沙门氏菌、志贺氏菌、结核杆菌、霍乱弧菌、致病性大肠杆菌、炭疽杆菌、破伤风杆菌、肠道病毒等。

（1）土壤中的病原微生物的来源

1）用未经彻底无害化处理的人畜粪便施肥。

2）用未经处理的生活污水、医院污水和含有病原体的工业废水进行农田灌溉或利用其污泥施肥。

3）病畜尸体处理不当。

（2）防止土壤生物性污染的主要措施

先将人畜粪便、污水及污泥无害化处理后，再施加于土壤中。粪便、污水及污泥的无害化方法有高温堆肥法、化粪池、药物灭卵法、沼气发酵法等。

三、任务所需器材

需要 $3\%\sim5\%$ 石炭酸溶液、$2\%\sim3\%$ 来苏儿等。

四、任务技能训练

无菌室消毒处理常采用以下方法。

(一)石炭酸喷洒消毒

常用 3%～5% 的石炭酸溶液进行空气的喷雾消毒。喷洒时,用手推喷雾器在房间内由自上而下、由里至外的顺序进行喷雾,最后退出房间,关门,作用几小时就可使用了。需要注意的是石炭酸对皮肤有强烈的毒害作用,使用时不要接触皮肤。喷洒石炭酸可与紫外线杀菌结合使用,这样可增加其杀菌效果。

(二)甲醛熏蒸消毒

先将室内打扫干净,打开进气孔和排气窗通风干燥后,重新关闭,进行熏蒸灭菌。

1. 加热熏蒸

常用的灭菌药剂为福尔马林(含 37%～40% 甲醛的水溶液),按 6～10mL/m³ 的标准计算用量,取出后,盛在小铁筒内,用铁架支好,在酒精灯内注入适量酒精(估计能蒸干甲醛溶液所需的量,不要超过太多)。将室内各种物品准备妥当后,点燃酒精,关闭门窗,任甲醛溶液煮沸挥发。酒精灯最好能在甲醛溶液蒸完后即自行熄灭。

2. 氧化熏蒸

称取高锰酸钾(甲醛用量的 1/2)于一瓷碗或玻璃容器内,再量取定量的甲醛溶液。室内准备妥当后,把甲醛溶液倒在盛有高锰酸钾的器皿内,立即关门。几秒钟后,甲醛溶液即沸腾而挥发。高锰酸钾是一种强氧化剂,与一部分甲醛溶液作用时,由氧化作用产生的热可使其余的甲醛溶液挥发为气体。

甲醛液熏蒸后关门密闭应保持 12h 以上。甲醛对人的眼、鼻有强烈的刺激作用,在相当时间内不能入室工作。为减弱甲醛对人的刺激作用,在使用无菌室前 1～2h 在一搪瓷盘内加入与所用甲醛溶液等量的氨水,迅速放入室内,使其挥发中和甲醛,同时敞开门窗以放出剩余有刺激性气体。

五、任务考核指标

消毒技能的考核见表 1-6。

表 1-6 消毒技能考核表

考核内容	考核指标	分值
石炭酸喷洒消毒	浓度	40
	喷洒顺序	
	封闭时间	
甲醛熏蒸消毒	浓度	40
	用药剂量	
	封闭时间	
简答题	可采用哪些方法对无菌室进行处置	20
	对通过空气传播的病原菌如何消毒	
合计	—	100

任务4 液体样品的过滤除菌

一、任务目标

1）了解液体过滤除菌方法的种类及细菌过滤器的主要类型。

2）掌握液体过滤除菌技术及无菌检查操作。

二、任务相关知识

过滤除菌法是指将含菌的液体或气体通过一个被称作细菌滤器的装置，使杂菌受到机械的阻力而留在滤器或滤板上，从而达到去除杂菌的目的。此法常用于许多不宜作加热灭菌的液体物质，如抗生素、血清、疫苗、毒素、维生素、糖类溶液等，可用过滤方法得到无菌溶液。它的最大优点是不破坏液体中各种物质的化学成分；但是比细菌还小的病毒、支原体等仍然能留在液体内，有时会给试验带来一定的麻烦。用于除菌的细菌过滤器一般多采用抽气减压的方法进行操作。

细菌过滤器的主要类型有硅藻土滤器、陶瓷滤器、石棉板滤器、玻璃滤器、微孔滤膜等。过滤除菌用的各种滤器在使用前后都要彻底洗涤干净，新滤器在使用前应先在流水中浸泡洗涤后，再放在 0.1% 盐酸中浸洗数小时，最后用流水冲洗干净使用。

过滤除菌法可将细菌与病毒分开，因而广泛应用于病毒和噬菌体的研究工作中。此外，微生物工业生产上所用的大量无菌空气及微生物工作使用的超净工作台都是根据过滤除菌原理设计的。

三、任务所需器材

1）蔡氏滤器、抽滤装置一套、石棉滤板、无菌纤维滤膜、无菌样品收集管等。

2）待过滤的抗生素液，2% 尿素水溶液等。

四、任务技能训练

以小组为单位完成以下操作：对蔡氏滤器的清洗与灭菌，过滤装置连接，对尿素溶液的除菌操作。

（一）蔡氏滤器的清洗与灭菌

1）清洗。将蔡氏滤器拆开，用水流冲洗并刷净各个部件。

2）组装与包扎。将洗净晾干后的滤器按序组装，把一定孔径的石棉滤板（或滤膜）装入金属筛板上，拧上螺旋（因需灭菌而不宜拧得太紧），然后插入抽滤瓶口的软木塞上的小孔内，织成抽滤瓶装置（滤瓶内含一支收集液试管，正好与蔡氏滤器抽滤管相衔接），再在金属滤器口用纸包扎后灭菌。在抽滤瓶的抽气接口端塞上过滤棉絮后用纸包扎好，并另外备好收集管的棉塞后一起灭菌待用。

3）灭菌。将上述装置与材料灭菌（121℃，20min）。

(二)过滤装置预检测

过滤除菌负压抽滤装置如图 1-7 所示。

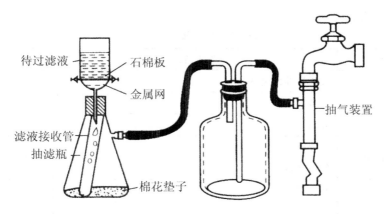

图 1-7　过滤除菌负压抽滤装置

1)抽滤安装。过滤前应先将过滤器和收集滤液的试管按图 1-7 所示连接,防止因各接头部位的渗漏而影响抽滤效率或导致收集样品液的污染。

2)装上安全瓶。可在水流负压泵与抽滤装置间安装上一只安全瓶,用于抽滤中的缓冲。

3)负压测试。为加快过滤速度,一般用负压抽气过滤,即在自来水龙头上装一玻璃或金属性抽气负压装置,利用自来水流造成负压加快蔡氏滤器过滤除菌时的流速。随时检查过滤装置各连接处是否漏气,以防污染。

(三)尿素溶液的除菌

1.安装滤器

移去蔡氏滤器口的包装纸等,立即拧紧其上的三只螺旋,严防漏气。

2.连接装置

解开抽滤瓶抽气口的包扎纸,与安全瓶胶管紧密连接,将安全瓶与负压抽气泵连接,注意两者间的密封性能。

3.加入滤样

向蔡氏滤器的金属圆筒内倒入待除菌的尿素溶液,随后打开水龙头减压抽滤。

4.负压抽滤

样品抽滤完毕,先将抽滤瓶与安全瓶间的连接脱开,然后关闭水龙头(否则易导致水流倒流入安全瓶)。

5.取样品收集管

旋松与打开抽滤器的软木瓶塞,在火焰旁以无菌操作取出收集的无菌尿素液试管,迅速塞上备用的无菌塞子。

6.拆洗滤器

打开蔡氏细菌滤器螺旋,弃去用过的石棉滤板或滤膜,将滤器洗刷干净后晾干。

7.包装灭菌

待换上新的石棉滤板或滤膜,重新组装、包扎和灭菌备用。

五、任务考核指标

过滤技能的考核见表1-7。

表 1-7　过滤技能考核表

考核内容	考核指标	分值
准备工作	蔡氏滤器的清洗	15
	组装与包扎	
	灭菌	
过滤装置预检测	安装	10
	负压测试	
过滤除菌	安装装置	60
	加滤样	
	负压抽滤	
	样品收集	
	滤器的处置	
简答题	滤体过滤除菌的原理是什么	15
	抽滤中应注意哪些环节	
	常见除菌装置有哪些？选用时应注意哪些问题	
合计	—	100

项目二 培养基的配制

【知识目标】

1)掌握微生物营养物质种类及微生物营养类型。

2)掌握培养基配制方法和综合利用原则。

【能力目标】

1)培养具备常见培养基的制备和灭菌能力。

2)培养实践操作技能和动手能力。

【素质目标】

培养学生对微观事物科学的、实事求是的、认真细致的学习和工作态度。

【案例导入】

中国 3000 多万学生享受"营养餐"

营养餐,有几种意思。一是目前各级政府、教育机构为解决农村、农民工子女中小学生在校(住校)期间的营养问题,专项拨款,特设专项资金,购买食物,合理搭配,制作午餐,以提高学生身体素质。二是指由糙米粉、麦片、麦芽精、玉米、黄豆、薏仁、莲子、螺旋藻等组成,含有全面的、科学的、均衡的自然植物或天然物质营养。据教育部副部长鲁昕在"农村义务教育学生营养改善计划 2013 年春季视频调度会议"上介绍,目前国家试点已覆盖 699 个集中连片特困县(含兵团 19 个团场)、近 10 万所学校,惠及约 2300 万名学生。同时,还有 15 个省份的 483 个县开展了地方试点,覆盖 3 万多所学校,惠及 900 多万名学生。全国有超过 1/3 的县实施了营养改善计划,超过 1/4 的农村义务教育学生享受营养补助政策。

任务 微生物营养及培养基的制备

一、任务目标

1)掌握微生物的营养物质及营养类型。

2)掌握培养基的分类、配置原则及方法。

二、任务相关知识

培养基是供微生物生长、繁殖、代谢的混合养料。由于微生物具有不同的营养类型,对营养物质的要求也各不相同,加之实验和研究的目的不同,所以培养基的种类很多,使用的原料也各有差异,但从营养角度分析,培养基中一般含有微生物所必需的碳源、氮源、无机盐、生长素、水分等。正确掌握培养基的配制方法是从事微生物学实验工作的重要基础。由于微生物种类及代谢类型的多样性,因而用于培养微生物培养基的种类也很多,它们的配方各有差异。

(一)微生物的营养物质

1.水

水是微生物的重要组成部分,在代谢中占有重要地位。水在细胞中有两种存在形式:结合水和游离水。结合水与溶质或其他分子结合在一起,很难加以利用。游离水(或称为非结合水)则可以被微生物利用。

2.碳源

碳在细胞的干物质中约占50%,所以微生物对碳的需求最大。作为微生物细胞结构或代谢产物中碳架来源的营养物质,称为碳源。

作为微生物营养的碳源物质种类很多,从简单的无机物(CO_2、碳酸盐)到复杂的有机含碳化合物(糖、糖的衍生物、脂类、醇类、有机酸、芳香化合物及各种含碳化合物)。但不同微生物利用碳源的能力不同,假单胞菌属可利用90种以上的碳源;甲烷氧化菌仅利用两种有机物:甲烷和甲醇;某些纤维素分解菌只能利用纤维素。

大多数微生物是异养型,以有机化合物为碳源。能够利用的碳源种类很多,其中糖类是最好的碳源。

异养微生物将碳源在体内经一系列复杂的化学反应,最终用于构成细胞物质,或为机体提供生理活动所需的能量。所以,碳源往往也是能源物质。

自养菌以CO_2、碳酸盐为唯一或主要的碳源。CO_2是被彻底氧化的物质,它转化成细胞成分是一个还原过程。因此,这类微生物同时需要从光或其他无机物氧化获得能量。这类微生物的碳源和能源分别属于不同物质。

3.氮源

构成微生物细胞的物质或代谢产物中氮元素来源的营养物质,称为氮源。细胞干物质中氮的含量仅次于碳和氧。氮是组成核酸和蛋白质的重要元素,氮对微生物的生长发育有着重要作用。从分子态的N_2到复杂的含氮化合物都能够被不同微生物所利用,而不同类型的微生物能够利用的氮源差异较大。

固氮微生物能利用分子态N_2合成自己需要的氨基酸和蛋白质,也能利用无机氮和有机氮化物,但在这种情况下,它们便失去了固氮能力。此外,有些光合细菌、蓝细菌和真菌也有固氮作用。

许多腐生细菌和动植物的病原菌不能固氮,一般利用铵盐或其他含氮盐作为氮源。硝酸盐必须先还原为NH_4^+后,才能用于生物合成。以无机氮化物为唯一氮源的微生物都能利用铵盐,但它们并不都能利用硝酸盐。

有机氮源有蛋白胨、牛肉膏、酵母膏、玉米浆等,工业上能够用黄豆饼粉、花生饼粉和鱼粉等作为氮源。有机氮源中的氮往往是蛋白质或其降解产物。

氮源一般只提供合成细胞质和细胞中其他结构的原料,不作为能源。只有少数细菌,如硝化细菌利用铵盐、硝酸盐作氮源和能源。

4.无机盐

无机盐也是微生物生长所不可缺少的营养物质。其主要功能是:构成细胞的组成成分;作为酶的组成成分,维持酶的活性;调节细胞的渗透压、氢离子浓度和氧化还原电位;作为某些自氧菌的能源。

磷、硫、钾、钠、钙、镁等盐参与细胞结构组成,并与能量转移、细胞透性调节功能有关。微生物对它们的需求量较大($10^{-3} \sim 10^{-1}$ mol/L),称为"宏量元素"。没有它们,微生物就无法生长。铁、锰、铜、钴、锌、钼等盐一般是酶的辅因子,需求量不大($10^{-8} \sim 10^{-6}$ mol/L),所以称为"微量元素"。不同微生物对以上各种元素的需求量各不相同。铁元素介于宏量和微量元素之间。

在配制培养基时,可通过添加有关化学试剂来补充宏量元素,其中首选是 K_2HPO_4 和 $MgSO_4$,它们可提供需要量很大的元素:K、P、S 和 Mg。微量元素在一些化学试剂、天然水和天然培养基组分中都以杂质等状态存在,在玻璃器皿等实验用品上也有少量存在,所以不必另行加入。

5. 生长因子

一些异养型微生物在一般碳源、氮源和无机盐的培养基中培养不能生长或生长较差。当在培养基中加入某些组织(或细胞)提取液时,这些微生物就生长良好,说明这些组织或细胞中含有这些微生物生长所必需的营养因子,这些因子称为生长因子。

生长因子可定义为:某些微生物本身不能从普通的碳源、氮源合成,需要额外少量加入才能满足需要的有机物质,包括氨基酸、维生素、嘌呤、嘧啶及其衍生物,有时也包括一些脂肪酸及其他膜成分。

(二)培养基类型及应用

培养基种类繁多,根据其成分、物理状态和用途可将培养基分成多种类型。

1. 根据对培养基成分的了解划分

根据对培养基成分的了解,可将培养基分为天然培养基、合成培养基和复合培养基。

(1)天然培养基

天然培养基是利用动、植物或微生物体或其提取物制成的培养基,其成分复杂且难以确定。常用的天然有机物有牛肉膏、蛋白胨、酵母膏、麦芽汁、玉米粉、牛奶等。天然培养基的优点是取材方便、营养丰富、种类多样、配制方便;缺点是成分不稳定也不甚清楚,因而在做精细的科学实验时,会引起数据不稳定。因此,天然培养基只适合配制实验室用的各种基本培养基及扩大生产中的种子培养基或发酵培养基之用。

(2)合成培养基

合成培养基用多种高纯度化学试剂配制而成的、各成分的量都确切知道的培养基。例如葡萄糖铵盐培养基、高氏一号培养基和蔡氏培养基。合成培养基的优点是成分精确、重复性高;缺点是价格较贵、配制较麻烦。因此,一般仅用于作营养、代谢、生理、生化、遗传、育种、菌种鉴定和生物测定等定量要求较高的研究工作。

(3)复合培养基

复合培养基是既含有天然成分又含有高纯度化学试剂的培养基。例如,培养真菌用的马铃薯蔗糖培养基等。严格地说,凡是含有未经特殊处理的琼脂的任何合成培养基,实质上都只能看作是一种复合培养基。

2. 根据培养基外观的物理状态划分

根据培养基外观的物理状态,可将培养基分为固体培养基、半固体培养基和液体培养基三种类型。

（1）固体培养基

在培养液中加入一定量的凝固剂，使之凝固成为固体状态即为固体培养基。目前实验室用的凝固剂种类有琼脂、明胶和硅胶。

硅胶是由无机的硅酸钠（Na_2SiO_3）及硅酸钾（K_2SiO_3）被盐酸及硫酸中和时凝聚而成的胶体。硅胶因不含有机物，适用于配制培养自养型微生物的培养基。

明胶是最早用作凝固剂的物质，但由于其凝固点太低，且易被一些细菌和许多真菌液化，目前已较少作为凝固剂。

对绝大多数微生物而言，琼脂是最理想的凝固剂。琼脂是海藻的提取物，其主要化学成分为聚半乳糖硫酸酯，溶点为 96℃，凝固温度为 40℃，绝大多数微生物不能分解琼脂，但在 pH＜4 时能被水解，具很强的耐加压灭菌能力，常用浓度 1.5％～2％。

固体培养基常用来进行菌种的分离、鉴定、菌落计数与菌种等。

此外，麸皮、米糠、木屑、纤维、稻草等天然固体状基质也可以直接制成培养基。

（2）半固体培养基

在液体培养基中加入少量琼脂（一般为 0.2％～0.7％）的培养基为半固体培养基。半固体培养基常用来观察细菌的运动能力、鉴定微生物呼吸方式、保藏菌种等。

（3）液体培养基

液体培养基是指常温下呈液体状态的培养基。主要用来进行各种生理、代谢研究和获取大量菌体，在生产实践上，绝大多数发酵培养基都采用液体培养基。

3. 根据培养基的用途划分

根据培养基的用途，可将培养基分为基础培养基、加富培养基、选择培养基和鉴别培养基。

（1）基础培养基

尽管不同生物的营养需求各不相同，但大多数微生物所需的基本营养物质是相同的。基础培养基是含有一般微生物生长繁殖所需的基本营养物质的培养基，牛肉膏蛋白胨培养基是最常用的基础培养基。

（2）加富培养基

在基础培养基中加入某些特殊营养物质以促使一些营养要求苛刻的微生物快速生长而配制的培养基。这些特殊营养物质包括血液、血清、酵母浸膏、动植物提取液、土壤浸出液等。

（3）选择培养基

选择培养基是根据某种微生物的特殊营养要求或其对某化学、物理因素的抗性而设计的培养基，其功能是使混合菌样中的劣势菌变成优势菌，从而提高该菌的筛选效率。例如，以纤维素为唯一碳源的培养基，可以从混杂的微生物群体中分离出分解纤维素的微生物；用缺乏氮源的培养基，可分离固氮微生物；用加入青霉素、四环素的培养基，抑制细菌、放线菌，可分离出酵母菌和霉菌等。

（4）鉴别培养基

鉴别培养基是用于鉴别不同类型微生物的培养基。微生物在培养基中生长所产生的某种代谢物，可与加入培养基中的特定试剂或药品反应，产生明显的特征性变化。根据这种特征性变化，可将该种微生物与其他微生物区分开来。鉴别培养基主要用于微生物的快速分类鉴定，以及分离和筛选某种代谢物的微生物菌种。

例如,最常见的鉴别培养基是伊红美蓝(EMB)培养基,其中的伊红和美蓝两种苯胺染料可抑制革兰氏阳性细菌和一些难培养的革兰氏阴性细菌。在低酸度时,这两种染料结合形成沉淀,起着产酸指示剂的作用。多种肠道菌会在伊红美蓝培养基上产生相互易区分的特征菌落,因而易于辨认。尤其是大肠杆菌,可分解乳糖产生大量的混合酸,使菌体带 H^+,故可染上酸性染料伊红,又因伊红与美蓝结合,所以菌落呈深紫红色,从菌落表面的反射光中还可看到绿色金属光泽;肠杆菌属、沙雷氏菌属、克雷伯氏菌属虽能发酵乳糖,但产酸力弱,菌落呈棕色;变形杆菌、沙门氏菌属、志贺氏菌属不能发酵乳糖、不产酸,菌落无色透明。

以上关于选择培养基和鉴别培养基的区分也只是人为的、理论上的,在实际应用时,这两种功能常结合在一种培养基中,例如上述 EMB 培养基除有鉴别不同菌落的作用外,同时还有抑制革兰氏阳性细菌和选择革兰氏阴性细菌的作用。

(三)培养基的配置原则

1.选择适宜的营养物质

根据不同微生物的营养需要,配制不同的培养基。如配制自养型微生物的培养基完全可以由简单的无机物组成。而配制异养型微生物的培养基则至少有一种有机物。例如,培养化能异养型细菌可采用牛肉膏蛋白胨培养基,培养放线菌可采用高氏一号合成培养基,培养酵母菌用麦芽汁培养基,培养霉菌可采用蔡氏合成培养基。

如果要试某物质能否成为微生物的碳源,可以进行生长谱实验。其基本操作是:先准备一个不加碳源的琼脂培养基,待融化并冷却至45℃左右时,混入微生物的菌悬液,摇匀后倒成琼脂平板,凝固后,将待试碳源用小镊子夹取少许均匀放在平板上。经培养箱培养适当时间后,凡在待试碳源周围出现微生物的"生长圈"者,即为该微生物可利用的碳源。用同样的原理也可寻找合适氮源和生长因子。

2.营养物质浓度及配比合适

培养基中营养物质浓度合适时微生物才能生长良好,营养物质浓度过低时不能满足微生物正常生长所需,浓度过高时则可能对微生物生长起抑制作用,例如高浓度糖类物质、无机盐、重金属离子等不仅不能维持和促进微生物的生长,反而起到抑菌或杀菌的作用。另外,培养基中营养物质间的浓度配比特别是碳与氮或碳、氮、磷比例要恰当。如利用微生物进行谷氨酸发酵,C∶N=4∶1时,菌体大量增殖;C∶N=3∶1时,菌体繁殖受抑制,而谷氨酸大量增加。

3.控制 pH 条件

各类微生物一般都有它们适合的生长 pH 范围,故培养基的 pH 必须控制在一定的范围内。培养细菌与放线菌的 pH 在 7.0~8.0,培养酵母菌的 pH 则在 3.6~6.0,培养霉菌的 pH 在 4.0~5.8。由于在培养微生物的过程中会产生有机酸、CO_2 和 NH_3,前两者为酸性物质,后者为碱性物质,它们会改变培养基的 pH。所以,在连续培养中需加入缓冲剂,如 K_2HPO_4、KH_2PO_4、$CaCO_3$、Na_2CO_3、$NaHCO_3$ 等,它们可在培养过程中调整 pH 的改变。

4.经济节约

经济节约主要指在设计生产实践中需使用大量培养基质时应遵循的原则。这方面的潜力是极大的,综合各方面的实际经验,经济节约的原则大体可分为以下八个方面。

(1)以粗代精

精营养料(如白糖)对微生物往往是一种不完全的养料,而粗营养料(如红糖),对微生物反倒是一种较完全的养料。

(2)以"野"代"家"

用野生植物养料代替栽培植物养料。如利用富含淀粉的野生植物取代粮食。许多含纤维素、半纤维素和木质素等的植物秸秆,可以作为栽培食用菌的良好养料。

(3)以废代好

以工、农业生产中的废弃物作为微生物的养料,既可以消除环境污染,又可以生产微生物蛋白质。

(4)以简代繁

可试用稀薄的培养基或成分较少的培养基来代替营养丰富、含量高的培养基,有时也能达到很好的效果。

(5)以烃代粮

以石油或天然气代替糖质原料来培养微生物。不仅能获取石油蛋白,而且还能将石油氧化成醇、醛、酸等化工产品。

(6)以纤代糖

我国每年有大量的稻草、麦秆、玉米芯、稻壳、棉籽壳等含纤维素丰富的资源,如果能充分利用,将是一个巨大的生物资源库。微生物可以利用纤维素来代替淀粉生产葡萄糖、乙醇、有机酸等。

(7)以氮代肮(蛋白质)

以大气氮、铵盐、硝酸盐或尿素等非蛋白质或非氨基酸原料用作发酵培养基中的氮源,让微生物转化成菌体蛋白或含氮的发酵产物供人们利用。

(8)以"国"代"进"

以国产原料代替进口原料。

三、任务所需器材

1.试剂

待配制各种培养基的组成成分,如牛肉膏、蛋白胨、NaCl、琼脂、10% HCl 溶液、10% NaOH 溶液、蒸馏水等。

2.仪器

天平、电炉、高压蒸汽灭菌锅、电烘箱、电冰箱等。

3.玻璃器皿

试管(180mm×18mm)、锥形瓶(250mL)、烧杯、培养皿、1000mL 量杯、量筒、玻璃棒、玻璃漏斗等。

4.其他物品

药匙、称量纸、pH 试纸(6.4～8.4)、记号笔、纱布、棉塞、棉花、报纸(或牛皮纸)、麻绳、吸管、试管架、分装器、注射器、镊子等。

四、任务技能训练

(一)培养基制备的基本方法和注意事项

1.培养基配方的选定

同一种培养基的配方在不同著作中常会有所差别。因此,除所用的标准方法应严格按其规定进行配制外,一般均应尽量收集有关资料,加以比较核对,再依据自己的使用目的,加以选用,并记录其来源。

2.培养基的制备记录

每次制备培养基应有记录,包括培养基名称、配方及其来源,各种成分的牌号,最终 pH,消毒的温度和时间,制备的日期、制备者等。记录应复制一份,原记录保存备查,复制记录随制好的培养基一同存放,以防混淆。

3.培养基成分的称取

培养基的各种成分必须精确称取,并注意防止错乱,最好一次完成,不要中断。可将配方置于旁侧,每称完一种成分即在配方处做出记号,并将所需称取的药品一次取齐,置于左侧,每种称取完毕后,即移放于右侧。完全称取完毕后,还应进行一次检查。

4.培养基各成分的混合和融化

培养基所用化学药品均应是纯的。使用的蒸煮锅不得为铜锅或铁锅,以防有微量铜和铁混入培养基中,使细菌不易生长。最好使用不锈钢锅加热融化,可放入大烧杯或大烧瓶中,置高压蒸汽灭菌器或流动蒸汽消毒器中蒸煮融化。在锅中融化时,可先用温水加热并随时搅动,以防焦化,如发现有焦化现象,该培养基即不能使用,应重新制备。待大部分固体成分融化后,再用较小火力使所有成分完全融化,直至煮沸。如为琼脂培养基,则将琼脂单独融化 30min,用一部分水融化其他成分,然后将两溶液充分混合。在加热融化过程中,因蒸发而丢失的水分,最后必须加以补足。

5.培养基 pH 的初步调整

因培养基在加热消毒过程中,pH 会有所改变,培养基各成分充分溶解后,应进行 pH 的初步调整。例如牛肉浸液 pH 约可降低 0.2,而肠浸液 pH 却会有显著的升高。因此,对这个步骤,操作者应随时注意探索经验,掌握培养基的最终 pH,保证培养基的质量。pH 调整后,还应将培养基煮沸数分钟,以利于沉淀物的析出。

6.培养基的过滤澄清

液体培养基必须绝对澄清,琼脂培养基也应透明无显著沉淀,因此,需要采用过滤或其他澄清方法以达到此项要求。一般液体培养基可用滤纸过滤法,滤纸应折叠成折扇或漏斗形,以避免因液压不均匀而引起滤纸破裂。

琼脂培养基可用清洁的白色薄绒布趁热过滤。亦可用中间夹有薄层吸水棉的双层纱布过滤。新制肉、肝、血、土豆等浸液时,则须先用绒布将碎渣滤去,再用滤纸反复过滤。如过滤法不能达到澄清要求,则需用蛋清澄清法,即将冷却至 55~60℃ 的培养基放入大的三角瓶内,装入量不得超过烧瓶容量的 1/2,每 1000mL 培养基加入 1~2 个鸡蛋的蛋白,强力振摇 3~5min,置高压蒸汽灭菌器中,121℃ 加热 20min,取出趁热用绒布过滤即可。

7.培养基的分装

培养基应按使用的目的和要求分装于试管、烧瓶等适当容器内。分装量不得超过容器装盛量的 2/3。容器口可用垫有防湿纸的棉塞封堵,其外还须用防水纸包扎(现试管一般多有用螺旋盖)。分装时最好能使用半自动或电动的定量分装器。分装琼脂斜面培养基时,分装量应以能形成 2/3 底层和 1/3 斜面的量为恰当。分装容器应预先清洗干净并经干烤消毒,以利于培养基的彻底灭菌。每批培养基应另外分装 20mL 于小玻璃瓶中,随该批培养基同时灭菌,为测定该批培养基最终 pH 之用。

8. 培养基的灭菌

一般培养基可采用 121℃ 高压蒸汽灭菌 15min 的方法。在各种培养基制备方法中,如无特殊规定,即可用此法灭菌。

琼脂斜面培养基应在灭菌后,冷却至 55～60℃ 时,摆置形成适当斜面,待其自然凝固。

9. 培养基的质量测试

每批培养基制备好后,应仔细检查一遍,如发现破裂、水分浸入、色泽异常、棉塞被培养基沾染等,均应挑出弃去,并测定其最终 pH。

将全部培养基放入恒温培养箱(36℃±1℃)过夜,如发现有菌生长,即弃去。

用有关的标准菌株接种 1～2 管(瓶)培养基,如培养 24～48h,如无菌生长或生长不好,应追查原因并重复接种一次,如结果仍同前,则该批培养基应弃去,不能使用。

10. 培养基的保存

培养基应存放于冷暗处,最好能放于普通冰箱内。放置时间不宜超过一周,倾注的平板培养基不宜超过 3d。每批培养基均必须附有该批培养基制备记录附页或明显标签。

(二)培养基的配置流程

1)按需要量计算并称取各种营养物质,放入蒸馏水中,加热溶解。

2)培养基在沸腾状态下小火保持 30min,溶解过程注意不断地搅拌和补足蒸发的水分。

3)溶解完以后用 10% NaOH 溶液和 10% HCl 溶液调整 pH。

4)分装入锥形瓶中,注意玻棒引流以免污染瓶口。

5)塞上棉塞,包扎后待灭菌。

五、任务考核指标

培养基配置技能的考核见表 2-1。

表 2-1　培养基配置技能考核表

考核内容	考核指标	分值
称量	托盘不洁净	25
	未检查天平是否平衡	
	称量操作不对	
	读数错误	
	读数及记录不正确	
	称量后,砝码不归位	
	称量后,托盘不进行清洁	
加热融化	加水时,未用量筒校对刻度	40
	加热时,长时间不搅拌	
	煮沸后,未调小火导致培养基外溢	
	加热过程中,未进行补水	
	加热过程中,补水刻度不正确	

续表

考核内容	考核指标	分值
pH 调节	加热后直接进行分装,未进行 pH 调节	15
	pH 判断错误	
	加 NaOH 溶液或 1% HCl 溶液过量	
分装	未用玻棒引流	10
	分装时瓶口沾有培养基	
包装	未加棉塞或未用纸包装好	10
	未标明培养基名称及相关信息	
合计	—	100

项目三　微生物形态的观察

【知识目标】

1）熟知细菌、放线菌、酵母菌、霉菌、病毒的大小与形态。

2）掌握细菌、放线菌、酵母菌、霉菌、病毒的结构及其功能。

3）掌握几类主要微生物的繁殖方式和菌落特征。

【能力目标】

1）根据微生物的结构特点理解其功能特点，理解结构与功能的对应性。

2）能够以微生物形态、结构、培养特征的理论知识为基础，具有识别、区分产品中几类主要微生物的能力。

【素质目标】

通过了解显微技术的发展，认识工具对微生物学研究的重要性，培养通过实验验证微小事物存在的素质。

【案例导入】

安东·列文虎克（Antony van leeuwenhoek，1632—1723）出生在荷兰东部一个名叫德尔福特的小城市，16岁便在一家布店里当学徒，后来自己在当地开了家小布店。当时人们经常用放大镜检查纺织品的质量，列文虎克从小就迷上了用玻璃磨放大镜。正好他得到一个兼做德尔福特市政府管理员的差事，这是一个很清闲的工作，所以他有很多时间用来磨放大镜，而且放大倍数越来越高。因为放大倍数越高，透镜就越小，为了用起来方便，他用两个金属片夹住透镜，再在透镜前面按上一根带尖的金属棒，把要观察的东西放在尖上观察，并且用一个螺旋钮调节焦距，制成了一架显微镜。连续好多年，列文虎克先后制作了400多架显微镜，最高的放大倍数达到200～300倍。列文虎克用这些显微镜观察过雨水、污水、血液、辣椒水、腐败了的物质、酒、黄油、头发、精液、肌肉、牙垢等许多物质，清楚地看见了细菌和原生动物。首次揭示了一个崭新的生物世界——微生物界。从列文虎克写给英国皇家学会的200多封附有图画的信里，人们可以断定他是全世界第一个观察到球形、杆状和螺旋形的细菌和原生动物，以及第一次描绘了细菌运动的人。

列文虎克活到91岁。直到逝世，他除了用自己制作的显微镜观察和描绘观察结果外，别无爱好。虽然他活着的时候就看到人们承认了他的发现，但要等到100多年以后，当人们在用效率更高的显微镜重新观察列文虎克描述的形形色色的"小动物"，并知道它们会引发人类严重疾病和产生许多有用物质时，才真正认识到列文虎克对人类认识世界所作出的伟大贡献。列文虎克是微生物学的开拓者。

任务1 微生物形态特征及普通显微镜的使用

一、任务目标

1)掌握普通光学显微镜的基本构造,了解普通光学显微镜的原理。
2)掌握光学显微镜的使用。
3)掌握光学显微镜观察样品的制备。

二、任务相关知识

微生物种类繁多,根据有无细胞及细胞结构的差异,可将微生物分成非细胞型微生物、原核微生物、真核微生物三大类群。原核微生物的细胞核发育不完全,没有核仁,没有核膜包裹核物质,核物质与细胞质没有明显的界限,细胞内其他结构的分化水平低;真核微生物细胞内具有发育完好的细胞核,有核膜包裹核物质,其他细胞器高度分化。

(一)细菌

细菌(bacteria)是一类个体微小、形态结构简单的单细胞原核微生物。在自然界中,细菌分布最广、数量最多,细菌几乎可以在地球上的各种环境下生存,一般每克土壤中含有的细菌数可达数十万个到数千万个。又因为细菌菌体的营养和代谢类型极为多样,所以它们在自然界的物质循环中,在食品及发酵工业、医药工业、农业、环境保护中都发挥着极为重要的作用。如用醋酸杆菌酿造食醋、生产葡萄糖酸和山梨糖,用乳酸菌做酸奶。另一方面,不少细菌是人类和动植物的病原菌,有的致病菌产生毒素引起寄主患病,如肉毒梭菌,在灭菌不彻底的罐头中厌氧生长产生剧毒的肉毒毒素(1g 足以杀死 100 万人);有的细菌如肺炎链球菌虽不产生任何毒素,但能在肺组织中大量繁殖,导致肺功能障碍,严重时引起寄主死亡。

1. 细菌的形态

(1)细菌的形态(见图 3-1)

细菌种类繁多,就单个菌体而言,细菌有三种基本形态:球状、杆状、螺旋状,分别称球菌、杆菌、螺旋菌。其中以杆菌最为常见,球菌次之,螺旋菌较少。在一定条件下,各种细菌通常保持其各自特定的形态,可作为分类和鉴定的依据。

1)球菌(Coccus)。

球菌是一类菌体呈球形或近似球形的细菌,按分裂后细胞的排列方式不同,可分为 6 种不同的排列方式。

● 单球菌。又称微球菌或小球菌。细胞在一个平面上分裂,且分裂后的细胞分散而单独个体存在。如尿素小球菌(*Micrococcus ureae*)。

● 双球菌。细菌沿一个平面分裂,且分裂后菌体成对排列。如肺炎双球菌(*Diplococcus pneumoniae*)。

● 链球菌。细菌在一个平面上分裂,且分裂后多个菌体相互连接成链状排列。如乳链球菌(*Streptococcus lactis*)。

● 四联球菌。细菌在两个相互垂直的平面上分裂,分裂后每四个菌体呈正方形排列在一起。如四联小球菌（*Micrococcus tetragenus*）。

● 八叠球菌。细菌在三个相互垂直的平面分裂,分裂后每八个菌体在一起成立方体排列。如乳酪八叠球菌（*Sarcina casei*）。

● 葡萄球菌。细菌在多个不规则的平面上分裂,且分裂后的菌体无规则在一起呈葡萄串状。如金黄色葡萄球菌（*Staphylococcus aureus*）。

2）杆菌（Bacillus）。

杆菌细胞呈杆状或圆柱状。各种杆菌的长短、大小、粗细、弯曲程度差异较大,有长杆菌、杆菌和短杆菌。有的杆菌,其两端或一端有平截状、圆弧状（或称钝圆状）、分枝状或膨大呈棒槌状,称为棒状杆菌。

杆菌在培养条件下,有的呈单个存在,如大肠杆菌（*Escherichia coli*,*E. coli*）；有的呈链状排列,如枯草芽孢杆菌（*Bacillus subtilis*）；有的呈栅状排列或"V"排列,如棒状杆菌（*Corynebacterium*）。

3）螺旋菌（Spirilla）。

菌体呈弯曲状,根据其弯曲程度不同可分成弧菌与螺旋菌。

● 弧菌。菌体仅一个弯曲,形态呈弧形或逗号形。

● 螺旋菌。菌体有多个弯曲,回转呈螺旋状。

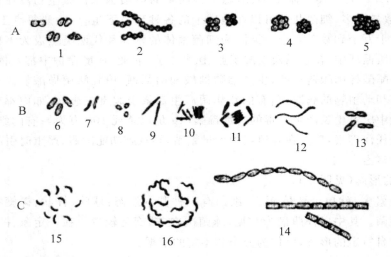

A.球菌；1.双球菌；2.链球菌；3.四联球菌；4.八叠球菌；5.葡萄球菌。B.杆菌；6.杆菌（端钝圆）；7.杆菌（菌体稍弯）；8.短杆菌；9.杆菌（端尖）；10.分枝杆菌；11.棒状杆菌；12.长丝状杆菌；13.双杆菌；14.链杆菌（端钝圆和平截）。C.螺旋菌；15.弧菌；16.螺菌

图 3-1　各种细菌的形态和排列

在正常生长条件下,不同种的细菌形态是相对稳定的。但如果培养时间、温度、pH 及培养基的组成与浓度等环境条件发生改变,就有可能引起细菌形态的改变。即使在同一培养基中,细胞也常出现不同大小的球状、长短不一的杆状及不规则的多边形态。有的细菌具有一定的生活周期,即在不同的生长阶段表现出不同的形态,如放线菌等。一般在幼龄阶段或生长条件适宜时,细菌形态正常表现出自身特定的形态,在较老的菌龄或不正常的培养条件下,细菌常出现不正常的形态。

(2)细菌细胞的大小

细菌的个体通常很小,常用微米(μm)作为测量其长度、宽度和直径的单位。由于细菌的形态和大小受培养条件的影响,因此测量菌体大小应以最适培养条件下培养的细菌为准。多数球菌的直径为 $0.5 \sim 2.0 \mu m$;杆菌的大小(长×宽)为 $(0.5 \sim 1.0) \mu m \times (1 \sim 5) \mu m$;螺旋菌的大小(宽×长)为 $(0.25 \sim 1.7) \mu m \times (2 \sim 60) \mu m$。螺旋菌的长度是菌体两端点间的距离,不是其实际的长度,所以说螺旋菌的长度时仅指其两端的空间距离。在进行形态鉴定时,其真正的长度按螺旋的直径和圈数来计算。

2.细菌细胞的结构与功能

细菌细胞的结构包括基本结构和特殊结构。基本结构是各种细菌所共有的,包括细胞壁、细胞膜、细胞质和内含物、拟核及核糖体。特殊结构只是某些细菌具有的,包括芽孢、荚膜、鞭毛等。细菌细胞的结构如图 3-2 所示。

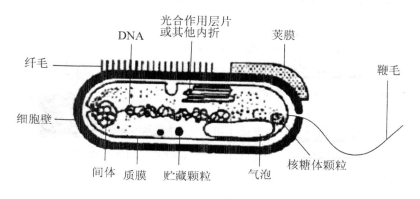

图 3-2 细菌细胞结构

(1)细胞壁

细胞壁是包围在细胞最外面的一层坚韧且略具弹性的结构层。它约占菌体干重的 $10\% \sim 25\%$。细胞壁的主要功能是维持细胞形状;提高机械强度、保护细胞免受机械性或其他破坏;阻拦酶蛋白和某些抗生素等大分子物质进入细胞,保护细胞免受溶菌酶、消化酶等有害物质的损伤等。

细菌细胞壁的主要化学组成是肽聚糖和少量的脂类。肽聚糖是原核微生物细胞壁所特有的成分。由 N-乙酰葡萄糖胺(NAG)、N-乙酰胞壁酸(NAM)和短肽聚合而成的多层网状结构的大分子化合物。不同细菌的细胞壁的化学组成和结构不同。通过革兰氏染色法可将大多数的细菌分为革兰氏阳性菌(G^+)和革兰氏阴性菌(G^-)两大类。

革兰氏染色法是 1884 年丹麦病理学家 Christain Gram 发明的一种细菌鉴别方法,也是细菌学中最常用、最重要的一种鉴别染色法,染色过程如下:

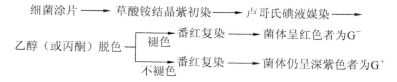

1)G^+细菌的细胞壁。一层,厚约 $20 \sim 80nm$,由肽聚糖、磷壁酸和少量脂类组成。其中

肽聚糖含量高,约占细胞壁干重的 40%～90%,且网状结构致密。

2)G⁻细菌的细胞壁。分两层,厚约 20nm,结构较 G⁺细菌复杂。外层为脂蛋白和脂多糖层,内层为肽聚糖层。肽聚糖含量低,约占细胞壁干重的 5%～10%,且网状结构疏松。

经电子显微镜及化学分析发现,G⁺细菌和 G⁻细菌在细胞壁的化学组成与结构上有显著差异(见表 3-1 和图 3-3)。

表 3-1　G⁺和 G⁻细胞壁化学组成及结构比较

细菌类群	壁厚度 (nm)	肽聚糖			磷壁酸	蛋白质 (%)	脂多糖	脂肪(%)
		含量(%)	层次	网格结构				
G⁺	20～80	40～90	单层	紧密	+	约 20	−	1～4
G⁻	10	5～10	多层	疏松	−	约 60	+	11～22

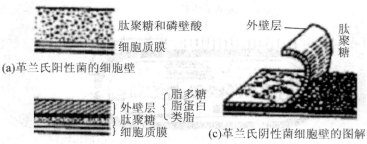

(a)革兰氏阳性菌的细胞壁

(b)革兰氏阴性菌的细胞壁

(c)革兰氏阴性菌细胞壁的图解

图 3-3　细菌细胞壁的结构

革兰氏染色的机理。关于革兰氏染色的机理有许多学说,目前一般认为与细菌细胞壁的化学组成、结构和渗透性有关。在革兰氏染色过程中,细胞内形成了深紫色的结晶紫-碘的复合物,这种复合物可被酒精(或丙酮)等脱色剂从革兰氏阴性菌细胞内浸出,而革兰氏阳性菌则不易被浸出。这是由于革兰氏阳性菌的细胞壁较厚,肽聚糖含量高且网格结构紧密,脂类含量极低,当用酒精(或丙酮)脱色时,引起肽聚糖层脱水,使网格结构的孔径缩小,导致细胞壁的通透性降低,从而使结晶紫-碘的复合物不易被洗脱而保留在细胞内,使菌体仍呈深紫色。反之,革兰氏阴性菌因其细胞壁肽聚糖层薄且网格结构疏松,脂类含量又高,当酒精(或丙酮)脱色时,脂类物质溶解,细胞壁通透性增大,使结晶紫-碘复合物较易被洗脱出来。所以,菌体经番红复染后呈红色。

(2)细胞膜

细胞膜又称细胞质膜、内膜或原生质膜,是外侧紧贴细胞壁,内侧包围细胞质的一层柔软而富有弹性的半透性薄膜,厚度一般为 7～8nm。其基本结构为双层单位膜:内外两层磷脂分子,含量为 20%～30%;蛋白质有些穿透磷脂层,有些位于表面,含量为 60%～70%;另外有少量多糖(约 2%)。细胞膜的基本结构如图 3-4 所示。

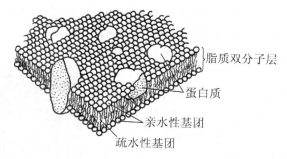

图 3-4 细胞膜的基本结构

细胞膜是具有高度选择性的半透膜,含有丰富的酶系和多种膜蛋白。具有重要的生理功能,主要有:

1)选择渗透性。在细胞膜上镶嵌有大量的渗透蛋白(渗透酶)控制营养物质和代谢产物的进出,并维持着细胞内正常的渗透压。

2)参与细胞壁各种组分及糖等的生物合成。

3)参与产能代谢。在细菌中,电子传递和 ATP 合成酶均位于细胞膜上。

（3）细胞质及内含物

1)细胞质。细胞质是细胞膜以内,核以外的无色透明、黏稠的复杂胶体,亦称原生质。其主要成分为蛋白质、核酸、多糖、脂类、水分和少量无机盐类。细胞质中含有许多的酶系,是细菌新陈代谢的主要场所。细胞质中无真核细胞所具有的细胞器,但含有许多内含物,主要有核糖体、液泡和贮藏性颗粒。由于含有较多的核糖核酸(特别在幼龄和生长期含量更高),所以呈现较强的嗜碱性,易被碱性和中性染料染色。

2)核糖体。核糖体是分散在细胞质中沉降系数为 70S 的亚显微颗粒物质,是合成蛋白质的场所。化学成分为蛋白质(40%)和 RNA(60%)。

3)贮藏性颗粒。贮藏性颗粒是一类由不同化学成分累积而成的不溶性的沉淀颗粒。主要功能是贮藏营养物质,如聚-β-羟基丁酸、异染粒、硫粒、肝糖粒和淀粉粒。这些颗粒通常较大,并为单层膜所包围,经适当染色可在光学显微镜下观察到,它们是成熟细菌细胞在其生存环境中营养过剩时的积累,营养缺乏时又可被利用。

4)液泡(气泡)。一些细菌如无鞭毛运动的水生细菌,生长一段时间,在细胞质出现几个甚至更多的圆柱形或纺锤形气泡。其内充满水分和盐类或一些不溶性颗粒。气泡使细菌具有浮力,漂浮于水面,以便吸收空气中的氧气供代谢需要。

（4）原核（拟核）

细菌细胞核因无核仁和核膜,故称为原核或拟核。它是由一条环状双链的 DNA 分子(脱氧核糖核酸)高度折叠缠绕而形成。每个细胞所含的核区数与该细菌的生长速度有关,生长迅速的细胞在核分裂后往往来不及分裂,一般在细胞中含有 1~4 个核区。以大肠杆菌为例,菌体长度仅 1~2μm,而它的 DNA 长度可达 1100μm,相当于菌体长度的 1000 倍。

原核是重要的遗传物质,携带着细菌的全部遗传信息。它的主要功能是决定细菌的遗传性状和传递遗传信息。

除染色体 DNA 外,很多细菌含有一种自我复制、稳定遗传和表达的染色体外的遗传因子——质粒。细菌质粒为小型环状 DNA 分子。根据其功能的不同可分为三类:①致育因子

（F 因子），与有性接合有关；②抗药性质粒（R 因子），与抗药性有关；③降解性质粒，与降解污染物有关。质粒既能自我复制，稳定地遗传，也可插入细菌 DNA 中；既可单独转移，也可携带细菌 DNA 片段一起转移。质粒的有无与细菌的生存无关。

（5）荚膜

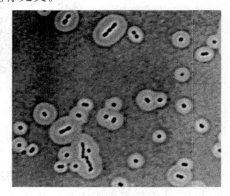

荚膜是细菌的特殊结构。某些细菌在新陈代谢过程中产生的覆盖在细胞壁外的一层疏松透明的黏液状物质（见图 3-5）。一般厚约 200nm。荚膜使细菌在固体培养基上形成光滑型菌落。根据荚膜的厚度和形状不同又可分为：

1）大荚膜。具有一定的外形、厚约 200 nm，较稳定地附着于细胞壁外，并且与环境有明显的边缘。

2）黏液层。没有明显的边缘且扩散在环境中。

3）菌胶团。若许多细菌的荚膜物质相互融合，使菌体连为一体。

图 3-5　细菌荚膜

细菌失去荚膜仍然能正常生长，所以不是生命活动中所必需的。荚膜的形成与否主要由菌种的遗传特性决定，也与其生存的环境条件有关。如肠膜明串珠菌（*Leuconostoc*）在碳源丰富、氮源不足时易形成荚膜；而炭疽杆菌（*Bacillus anthracis*）则只在其感染的宿主体内或在二氧化碳分压较高的环境中才能形成荚膜。产生荚膜的细菌并不是在整个生活期内都能形成荚膜，如某些链球菌在生长早期形成荚膜，后期则消失。

荚膜的主要成分为多糖，少数含多肽、脂多糖等，含水量在 90％以上。荚膜的主要功能有：①保护作用。可保护细菌免受干旱损伤，对于致病菌来说，则可保护它们免受宿主细胞的吞噬。②贮藏养料。营养缺乏时可作为细胞外碳（或氮）源和能源的贮存物质；③表面吸附作用。其多糖、多肽、脂多糖等具有较强的吸附能力。④作为透性屏障。可保护细菌免受重金属离子的毒害。

荚膜折光率很低，不易着色，必须通过特殊的荚膜染色法，即使背景和菌体着色，衬托出无色的荚膜，才可在光学显微镜下观察到。

在食品工业中，由于产荚膜细菌的污染，可造成面包、牛奶、酒类、饮料等食品的黏性变质。肠膜明串珠菌是制糖工业的有害菌，常在糖液中繁殖，使糖液变得黏稠而难以过滤，因而降低了糖的产量。另一方面，可利用肠膜明串珠菌将蔗糖合成大量的荚膜物质——葡聚糖。再利用葡聚糖来生产右旋糖酐，作为代血浆的主要成分。此外，还可从野油菜黄单胞菌（*Xanthomonas campestris*）的荚膜中提取黄原胶（Xanthan），作为石油钻井液、印染、食品等的添加剂。

（6）芽孢

芽孢是细菌的特殊结构。某些细菌生长到一定阶段，在细胞内形成一个圆形、椭圆形或圆柱形，厚壁，含水量极低，抗逆性强的休眠孢子，称为芽孢，又叫内生孢子。

芽孢具极强的抗热、抗辐射、抗化学药物、抗静水压等特性。如一般细菌的营养细胞在 70～80℃时 10min 就死亡，而在沸水中，枯草芽孢杆菌的芽孢可存活 1h，破伤风芽孢杆菌的芽孢可存活 3h，肉毒梭菌的芽孢可忍受 6h。一般在 121℃条件下，需 15～20min 才能杀死芽孢。

细菌的营养细胞在 5％苯酚溶液中很快死亡,芽孢却能存活 15d。芽孢抗紫外线辐射的能力一般要比营养细胞强 1 倍,而巨大芽孢杆菌芽孢的抗辐射能力要比大肠杆菌营养细胞强 36 倍。因此在微生物实验室或工业发酵中常以是否杀死芽孢作为杀菌指标。

芽孢的休眠能力也是十分惊人的,在休眠期间,代谢活力极低。一般的芽孢在普通条件下可保存几年至几十年的活力。有些湖底沉积土中的芽孢杆菌经 500～1000 年后仍有活力,还有经 2000 年甚至更长时间仍保持芽孢生命力的记载。

芽孢之所以具有较强的抗逆境能力与其含水量低(38％～40％)、壁厚而致密(分三层)、芽孢中 2,6-吡啶二羧酸含量高以及含耐热性酶等多种因素有关。芽孢可帮助细菌度过不良环境,在适宜条件下,一个芽孢可重新萌发一个菌体。故芽孢只是休眠体而不是繁殖体。

用孔雀绿将芽孢进行染色,在光学显微镜下观察其存在。芽孢在细胞中的位置、形状与大小因菌种不同而异,是分类鉴定的重要依据之一。如枯草芽孢杆菌(*Bacillus subtilis*)等细菌的芽孢位于细胞中央或近中央,直径小于细胞宽度。而破伤风梭状芽孢杆菌的芽孢则位于细胞一端,且直径大于细胞宽度,呈鼓槌状。芽孢的形态和着生位置如图 3-6 所示。

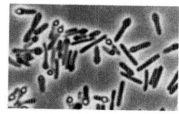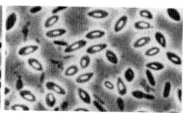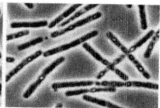

图 3-6　芽孢的形态和着生位置

芽孢的结构主要由孢外壁、芽孢衣、皮层和核心组成。从图 3-7 可知成熟的芽孢具有多层结构。其中芽孢核心是原生质部分,含 DNA、核糖体和酶类。皮层是最厚的一层,在芽孢形成过程中产生一种高度抗性物质——2,6 吡啶二羧酸;孢外壁(芽孢壳)是一种类似角蛋白的蛋白质,非常致密,无通透性,可抵抗有害物质的侵入。因而成熟的芽孢结构特点是含水少、壁致密、含大量的抗性物质。因此芽孢具有高度的耐热性、抗性、休眠等特性。

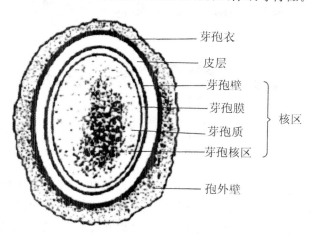

图 3-7　芽孢的结构模式

49

细菌能否形成芽孢除遗传因素外,与环境条件如气体、养分、温度、生长因子等密切相关。菌种不同所需环境条件也不相同,大多数细菌的芽孢在营养缺乏、代谢产物积累、温度较高等生存环境较差时形成。少数菌种如苏云芽孢杆菌(Bacillus thuringiensis)则在营养丰富、温度、氧气均适宜时形成芽孢。芽孢极强的抗逆性、休眠的稳定性、复苏的快捷性为我们对有芽孢的细菌进行纯种分离、分类鉴定及研究、应用提供了帮助。

(7)鞭毛

鞭毛是细菌的特殊结构,是某些运动细菌菌体表面着生的一根或数根由细胞内生出的细长而呈波状弯曲的丝状结构。鞭毛起源于细胞膜内侧,直径12~18nm,长度可超过菌体数倍到几十倍。其特点是极易脱落而且非常纤细,需经特殊染色方可在光学显微镜下观察到。

大多数的球菌没有鞭毛;杆菌有的生鞭毛,有的不生鞭毛;螺旋菌一般都有鞭毛。根据鞭毛数量和排列情况,可将细菌鞭毛分为以下类型:

鞭毛的化学组成主要是蛋白质、少量多糖、脂类和核酸。鞭毛的结构由鞭毛基体、鞭毛钩和鞭毛丝三部分组成。革兰氏阴性菌的鞭毛最典型。鞭毛是负责细菌运动的结构,一般幼龄细菌在有水的适温环境中能进行活跃的运动,衰老菌常因鞭毛脱落而运动不活跃。另外,鞭毛与病原微生物的致病性有关。细菌鞭毛的着生类型如图3-8所示。鞭毛的着生位置、数量和排列方式因菌种不同而异,常用来作为分类鉴定的重要依据。

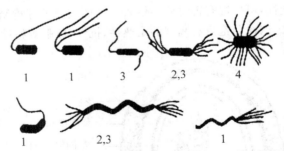

1.一端生鞭毛 2.两端丛生鞭毛 3.两端鞭毛 4.周生鞭毛

图3-8 鞭毛着生方式

(8)纤毛

纤毛又称菌毛、伞毛、须毛等,是某些革兰氏阴性菌和少数革兰氏阳性菌细胞上长出的数目较多、短而直的蛋白质丝或细管。分布于整个菌体。不是细菌的运动器官。有纤毛的细菌以革兰氏阴性致病菌居多。纤毛有两种:一种是普通纤毛,能使细菌黏附在某物质上或液面上形成菌膜;另一种是性纤毛,又称性菌毛(F⁻菌毛),它比普通菌毛长,数目较少,为中空管状,一般常见于G⁻菌的雄性菌株中,其功能是细菌在接合作用时向雌性菌株传递遗传物质。有的性毛还是噬菌体吸附于寄主细胞的受体。

3.细菌的繁殖

二分分裂繁殖是细菌最普遍、最主要的繁殖方式。在分裂前先延长菌体,染色体复制为二,然后垂直于长轴分裂,细胞赤道附近的细胞质膜凹陷生长,直至形成横膈膜,同时形成横膈壁,这样便产生两个子细胞(见图3-9)。

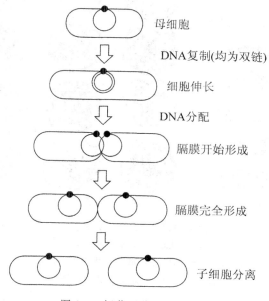

图3-9 杆菌二分裂过程模式

4.细菌菌落的形成及其特征

将分散的细胞接种到培养基上,如果条件适宜,便迅速生长繁殖,由于细胞受到固体培养基表面或深层的限制,繁殖的菌体常以母细胞为中心聚集在一起,形成一个肉眼可见的、具有一定形态结构的子细胞群体,称为菌落。或者说,生长在固体培养基上、来源于一个细胞、肉眼可见的细胞群体叫做菌落。

细菌菌落常表现为湿润、黏稠、光滑、较透明、易挑取、质地均匀、菌落正反面或边缘与中央部位颜色一致等。细菌的菌落特征因种而异。各种细菌,在一定条件下形成的菌落特征具有一定的稳定性和专一性,这是衡量菌种纯度,辨认和鉴定菌种的重要依据。菌落特征包括大小、形态(圆形、假根状、不规则状等),隆起程度(扩展、台状、低凸、凸面、乳头状等),边缘情况(整齐、波状、裂叶状、锯齿状等),表面状态(光滑、皱褶、颗粒状、龟裂状、同心环状等),表面光泽(闪光、金属光泽、无光泽等),质地(油脂状、膜状、黏、脆等),颜色,透明程度等(见图3-10)。

菌落特征,取决于组成菌落的细胞结构和生长行为。肺炎双球菌有荚膜,菌落表面光滑黏稠,为光滑型;无荚膜的菌株,菌落表面干燥皱褶,为粗糙型;蕈状芽孢杆菌等的细胞呈链状排列,菌落表面粗糙、卷曲,菌落边缘有毛状突起。扫描电子显微镜观察结果,也表明菌落特征与其中的细胞形状和排列密切有关。有的菌落有颜色,其色素有的是不溶性的,存在于细胞内;有的是可溶性的,扩散至培养基中。

菌落形态大小也受邻近菌落影响。菌落靠得太近,由于营养物有限,有害代谢物的分泌与积累,生长受到抑制。因此,以划线法分离菌种时,相互靠近的菌落较小,分散的菌落较大。

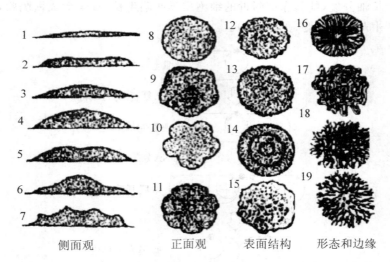

侧面观　　　　正面观　　　表面结构　　　形态和边缘

纵剖面:1.扁平;2.隆起;3.低凸起;4.高凸起;5.脐状;6.草帽状;7.乳头状表面结构、形状及边缘;8.圆形,边缘整齐;9.不规则,边缘波浪;10.不规则;11.规则,放射状,边缘花瓣形;12.规则,边缘整齐,表面光滑;13.规则,边缘齿状;14.规则,有同心环,边缘完整;15.不规则似毛毯状;16.规则似菌丝状;17.不规则,卷发状,边缘波状;18.不规则,丝状;19.不规则,根状

图 3-10　常见细菌菌落的特征

　　由此可知,细菌菌落形态是细胞表面状况、排列方式、代谢产物、好气性和运动性的反映;并受培养条件,尤其是培养基成分的影响;培养时间的长短也影响菌落应有特征的表现,观察时务必注意。一般细菌需要培养3~7d甚至10d观察,同时还应选择分布比较稀疏处的单个菌落观察。

　　如果一个菌落是由一个细菌繁殖而来,则为纯培养。每种菌在一定条件下的菌落特征是一定的,在相同条件下菌落特征的改变,常标志着细菌生理性状发生了变异,如光滑型变成了粗糙型。但环境条件的改变也会引起菌落性状的改变,因此,在不同条件下,菌落特征所出现的微小差异不能误认为菌株发生了变异。

　　在平皿培养上形成的菌落往往有表面菌落、深层菌落和底层菌落三种情况。前面介绍的菌落特征,主要指表面菌落。有的细菌,由于培养基凝固剂的种类、用量及接种方法不同可表现出不同的群体特征。

　　若以穿刺法接种于半固体琼脂试管培养基中,不仅可观察群体特征,而且还可借以判断该菌是否具运动性。若以明胶代替琼脂,同样以穿刺法接种,如果该菌含明胶酶则能水解明胶,并形成液态的液化区。此法也常用于细菌的鉴定。

　　也可用固体琼脂试管斜面,以划线法接种,培养3~5d后观察群体生长特征。

　　在液体培养基中,经1~3d培养,细菌生长的结果,使培养基混浊,或在表面形成菌环、菌膜或菌醭,或产生絮状沉淀(见图3-11)。有的产生气泡,甚至色素等。

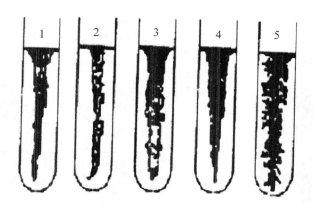

1,2.不运动性好氧菌;3.不运动性兼性菌;4.运动性好氧菌;5.运动性兼性菌

图 3-11 细菌在半固体上的生长特征

(二)放线菌

放线菌是介于细菌与丝状真菌之间而又接近于细菌的一类丝状原核生物(有人认为它是细菌的一类),因菌落呈放射状而得名。1877 年由合兹(Harz)首先发现一种寄生于牛体的厌气性牛型放线菌,从此便引用了 *Actinomyces* 这个属名,后来又发现了好气性腐生的种类,也叫放线菌。1984 年,是美国学者瓦克斯曼(Waksman)把好气性腐生放线菌另立为链霉菌属,以与放线菌属相区别,而将厌气性寄生的种类仍保留原名——放线菌属(*Actinomyces*)。我国现在也采用此分类系统。苏联学者拉西里尼科夫则将两者均归入放线菌属,这种系统只有苏联和东欧一些国家采用。

放线菌多为腐生,少数寄生,与人类关系十分密切。腐生型在自然界物质循环中起着相当重要的作用,而寄生型可引起人、动物、植物的疾病。这些疾病可分为两大类:一类是放线菌病,由一些放线菌引起,如马铃薯疮痂病、动物皮肤病、肺部感染、脑膜炎等;另一类为诺卡氏菌病,由诺卡氏菌引起的人畜疾病,如皮肤病、肺部感染、足菌病等。此外,放线菌具有特殊的土霉味,易使水和食品变味。有的能破坏棉毛织品、纸张等,给人类造成经济损失。只要掌握了有关放线菌的知识,充分了解其特性,就可控制、利用和改造它们,使之更好地为人类服务。

放线菌最突出的特性之一是能产生大量的、种类繁多的抗生素。人们在寻找、生产抗生素的过程中,逐步积累了有关放线菌的生态、形态、分类、生理特性及其代谢等方面的知识。据估计,全世界共发现 4000 多种抗生素,其中绝大多数由放线菌产生。这是其他生物难以比拟的。抗生素是主要的化学疗剂,现在临床所用的抗生素种类,例如井冈霉素、庆丰霉素,我国用的菌肥"5406"也是由泛阳链霉菌制成;有的放线菌还用于生产维生素、酶制剂。此外,在甾体转化、石油脱蜡、烃类发酵、污水处理等方面也有应用。在理论研究中也有重要意义。因此,近 30 多年来,放线菌在微生物中特别受到重视。

1.放线菌的形态与结构

放线菌菌体为单细胞,大多由分枝发达的菌丝组成,最简单的为杆状或具原始菌丝。菌丝直径与杆状细菌差不多,大约 $1\mu m$(见图 3-12)。细胞壁化学组成中亦含原核生物所特有的胞壁酸和二氨基庚二酸,不含几丁质或纤维素。革兰氏染色阳性反应,极少阴性。有许多放线菌对抗酸性染色亦呈阳性反应,像诺卡氏放线菌。它与结核杆菌相比,如果脱色时间太长也可成为阴性,这是诺卡氏菌与结核杆菌的区别之一。

放线菌菌丝细胞的结构与细菌基本相同。根据菌丝形态和功能可分为营养菌丝、气生丝和孢子丝三种(见图 3-13)。

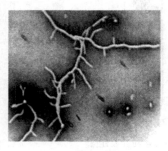

图 3-12　放线菌菌丝

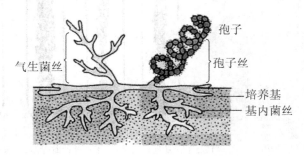

图 3-13　放线菌分化后的菌丝

(1)营养菌丝

营养菌丝又叫初级菌丝或一级菌丝,匍匐生长于培养基内,主要生理功能是吸收营养物,故亦称基内菌丝。营养菌丝一般无隔膜,即使有也非常少;直径 $0.2\sim0.8\mu m$,但长度差别很大,短的小于 $100\mu m$,长的可达 $600\mu m$ 以上;有的无色素,有的产生黄、橙、红、紫、蓝、绿、褐、黑等不同色素,若是水溶性的色素,还可透入培养基内,将培养基染上相应的颜色,如果是非水溶性(或脂溶性)色素,则使菌落仅呈现相应的颜色。因此,色素是鉴定菌种的重要依据。

(2)气生菌丝

气生菌丝又称二级菌丝。营养菌丝发育到一定时期,长出培养基外并伸向空间的菌丝为气生菌丝。它叠生于营养菌丝上,甚至可覆盖整个菌落表面。在光学显微镜下,颜色较深,直径比营养菌丝粗,约 $1\sim1.4\mu m$,两者长度则更悬殊。直形或弯曲而分枝,有的产生色素。

(3)孢子丝

孢子丝当气生菌丝发育到一定程度,其上分化出可形成孢子的菌丝即孢子丝,又名产孢丝或繁殖菌丝。孢子丝的形状和在气生菌丝上的排列方式,随菌种而异。

孢子丝的形状有直形、波曲和螺旋形等各种形态(见图 3-14)。螺旋状孢子丝的螺旋结构与长度均很稳定,螺旋数目、疏密程度、旋转方向等都是种的特征。螺旋数目通常为 5～10 转,也有少至 1 个多至 20 个的;旋转方向多为逆时针,少数种是顺时针的。孢子丝的排列方式,有的交替着生,有的丛生或轮生。孢子丝从一点分出 3 个以上的孢子枝者,叫做轮生枝。它有一级轮生和二级轮生。上述特征,皆可作为菌种鉴定的依据。

孢子丝生长到一定阶段可形成孢子。在光学显微镜下,孢子呈球形、椭圆形、杆状、瓜子状等;在电子显微镜下还可看到孢子的表面结构,有的光滑,有的带小疣,有的生刺(不同种的孢子,刺的粗细长短不同)或有毛发状物。孢子表面结构也是放线菌种鉴定的重要依据。孢子的表面结构与孢子丝的形状、颜色也有一定关系,一般直形或波曲状的孢子丝形成的孢子表面光滑;而螺旋状孢子丝的形状、颜色也有一定关系,一般直形或波曲状的孢子丝形成的孢子表面光滑;而螺旋状孢子丝形成的孢子,有的光滑,有的带刺或毛;白色、黄色、淡绿、灰黄、淡紫色的孢子表面一般都是光滑型的,粉红色孢子只有极少数带刺,黑色孢子绝大部分都带刺和毛发。

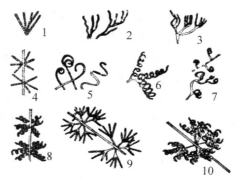

1.直的;2.丛生、弯曲的;3.成囊;4.单轮生、无螺旋;5.开环、原始螺形、钩形;6.松螺旋;7.紧螺旋成团
8.带螺旋单轮生;9.无螺旋的二级轮生;10.带螺旋的二级轮生

图 3-14　放线菌孢子丝的不同形态

由于孢子含有不同色素,成熟的孢子堆也表现出特定的颜色,而且在一定条件下比较稳定,故也是鉴定菌种的依据之一。应指出的是,孢子的形态和大小不能笼统地作为分类鉴定的重要依据。因为,即使从一个孢子丝分化出来的孢子,形状和大小可能也有差异。

放线菌的发育周期是一个连续的过程。现以链霉菌为例,将放线菌生活史概括如下:孢子在适宜条件下萌发,长出 1~3 个芽管;芽管伸长,长出分枝,分枝越来越多形成营养菌丝体;营养菌丝体发育到一定阶段,向培养基外部空间生长成为气生菌丝体;气生菌丝体发育到一定程度,在它的上面形成孢子丝;孢子丝以一定方式形成孢子。如此周而复始,得以生存发展。

2.放线菌的菌落特征

放线菌的气生菌丝较细,生长缓慢,分枝的菌丝互相交错缠绕,因而形成的菌落小且质地致密,表面呈紧密的绒状或坚实、干燥、多皱(见图 3-15)。由于放线菌的基内菌丝长在培养基内,故菌落一般与培养基结合紧密,不易挑起,或整个菌落被挑起而不致破碎。只有放线菌中的诺卡氏菌,其菌丝体生长 15h~4d 时,菌丝将产生横膈膜,分枝的菌丝体全部断裂成杆状、球状或带权的杆状,这时的菌落质地松散,易被挑取。

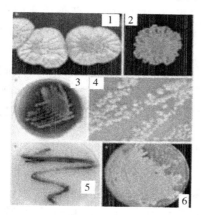

(a)放线菌的菌落特征

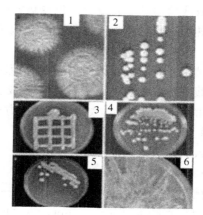

(b)产抗菌素的放线菌的菌落特征

放线菌的菌落特征:1.诺尔斯氏链霉菌;2.皮疽诺卡氏菌;3.酒红指孢囊菌;4.游动放线菌;5.小单胞菌;6.皱双孢马杜拉放线菌。产抗菌素的放线菌的菌落特征:1.卡特利链霉菌;2.弗氏链霉菌;3.吸水链霉菌金泪亚种;4.卡那霉素链霉菌;5.除虫链霉菌;6.生磺酸链霉菌

图 3-15　菌落特征

幼龄菌落因气生菌丝尚未分化成孢子丝,故菌落表面与细菌菌落相似而不易区分。当产生的大量孢子布满菌落表面时,就形成外观呈绒状、粉末状或颗粒状的典型放线菌菌落。此外,由于放线菌菌丝及孢子常具有不同的色素,可使菌落的正面与背面呈现不同颜色,其中水溶性色素可扩散到培养基中,脂溶性色素则不能扩散。

若将放线菌接种于液体培养基内静置培养,能在瓶壁液面处形成斑状或膜状菌落,或沉降于瓶底而不使培养基混浊;如以震荡培养,常形成由短的菌丝体所构成的球状颗粒。

3.放线菌的繁殖方式

放线菌主要通过形成无性孢子的方式进行繁殖,也可借菌丝断裂成片段来繁殖。

放线菌产生的无性孢子主要有:分生孢子、节孢子和孢子囊孢子(见图 3-16)。

图 3-16　放线菌产生的无性孢子

分生孢子为放线菌生长到一定阶段,孢子丝细胞壁内的原生质围绕核质体,从菌丝的顶部向基部逐渐凝聚成一串体积相等、大小相似的小段,然后小段收缩,并且每个小段的周围生长出膜和壁,最终形成圆形或椭圆形的孢子。其孢子丝壁最后裂开,释放出这些成熟的孢子。小单孢菌科中多数种的孢子是以这种方式形成的,它们聚集在一起,很像一串葡萄。

节孢子又叫粉孢子,当放线菌孢子丝生长到一定阶段,细胞壁与细胞膜同时内陷,逐渐环状收缩,最后形成横膈膜,然后在横膈膜处断裂,形成一串孢子。该孢子一般呈圆柱形或杆状,体积基本相等,大小相似,约 $0.7\sim0.8\times1\sim2.5\mu m$。诺卡氏菌属按此方式形成孢子。

有些放线菌菌丝盘卷或菌丝顶端膨大形成孢子囊(sporangium),在孢子囊内形成孢子,孢子囊成熟后,破裂,释放出大量的孢囊孢子。孢子囊可在气生菌丝上形成,也可在营养菌丝上形成,或两者均可生成。

放线菌孢子具有较强的耐干燥能力,但不耐高温,60~65℃处理 10~15min 即失去生活能力。放线菌也可借菌丝断裂的片断形成新的菌体,这种繁殖方式常见于液体培养基中。工业化发酵生产抗生素时,放线菌就以此方式大量繁殖。如果静置培养,培养物表面往往形成菌膜,膜上也可产生出孢子。

4.放线菌的代表属

(1)链霉菌属

链霉菌也称"链丝菌",是放线菌类的一个大属,约有 1000 个种。菌丝分枝,无隔膜,长短不一,多核,直径为 $0.4\sim1.0\mu m$。菌丝体分为营养菌丝、气生菌丝和孢子丝,其营养菌丝不断裂,气生菌丝分化成直的、弯曲的或螺旋状的孢子丝,孢子丝发育到一定阶段可产生分生孢子。孢子为圆形、椭圆或杆状,表面光滑、附有瘤状物,有的长短、粗细不一,有的表面呈毛发状或鳞片状。

链霉属中有 50% 以上可以产生抗生素。常用的抗生素有链霉素、土霉素、博来霉素、丝裂霉素、制霉菌素、红霉素、卡那霉素等。有些菌种还可以产生蛋白酶、葡萄糖异构酶,个别菌种用于制造菌肥,如"5406"抗生菌肥料。

（2）诺卡氏菌属

诺卡氏菌又称原放线菌,在培养基上形成典型的菌丝体,菌丝体剧烈弯曲如树根或不弯曲,菌丝较长。该属的特点是在培养 15h 至 4d 内,菌丝体产生横膈膜,分枝的菌丝体突然全部断裂成长短相近的杆状、球状或带叉的杆状体。每个杆状体内至少有一个核,因此可以复制并形成新的多核的菌丝体。此属中的多数种没有气生菌丝,只有营养菌丝。少数种在营养菌丝表面覆盖很薄的一层气生菌丝——子实体或孢子丝。孢子丝为直形、个别种呈钩状或螺旋,具横膈膜。以横膈分裂形成孢子,孢子呈杆状、柱形、两端为截平或椭圆形等。

诺卡氏菌属的菌落外貌和结构多样,一般比链霉菌菌落小,表面多皱、致密、干燥,一触即碎,或如面团;有的种,菌落平滑或凸出,无光泽或发亮呈水浸样。

此属多为好气性腐生菌,少数为厌氧性寄生菌,能同化各种碳水化合物,有的能利用碳氢化合物和纤维素等。主要分布在土壤中,已报道有 100 多种能产生多种抗生素。如对结核杆菌和麻风分枝杆菌有特效的利福霉素,对引起植物白叶枯病的细菌以及对原虫子病毒有作用的间型霉素,对革兰氏阳性菌有作用的瑞斯托菌素等。另外,有些诺卡氏菌还用于石油脱蜡、烃类发酵及污水处理中分解脂类化合物。

（3）小单胞菌属

小单胞菌属的菌丝体纤细,直径为 $0.3 \sim 0.6 \mu m$,无横膈膜,不断裂,菌丝体浸入培养基内,不形成气生菌丝,只在营养菌丝上长出很多分枝小梗,顶端着生一个孢子,其菌落较链霉菌的菌落小得多,一般为 $2 \sim 3mm$,通常呈橙黄色或红色,也有深褐色、黑色、蓝色等;菌落表面覆盖着一薄层孢子堆。

此属多为好气性腐生菌,能利用各种氮化物和碳水化合物。大多数分布在土壤或湖底泥土中,堆肥和厩肥中也不少。该属约有 30 多种,能产生 30 多种抗生素,例如庆大霉素就是由绛红小单孢菌和棘孢小单孢菌产生的。有人认为该菌属产生抗生素的潜力很大,且有的种还能积累维生素 B_{12}。

（三）显微镜的构造

普通光学显微镜由机械和光学两大部分组成。机械部分包括镜座、镜臂、载物台、物镜转换器、镜筒和调节器等;光学部分包括目镜、物镜、聚光器、虹彩光圈及反光镜。显微镜结构的各部分,如图 3-17 所示。

1. 镜筒

镜筒上端装目镜,下端接转换器。镜筒有单筒和双筒两种。单筒有直立式和后倾式两种。双筒全是倾斜式的,其中一个筒有屈光度调节装置,以备两眼视力不同者调节使用。两筒之间可调距离,以适应两眼宽度不同者调节使用。

2. 物镜转换器

转换器装在镜筒的下方,其上有 3 个孔,有的有 4 个或 5 个孔,用于安装不同规格的物镜。

3. 载物台

载物台又称镜台,是放置标本的地方,多数为方形和圆形的平台,中央有一通光孔;载物台上有移动器,作用是夹住和移动标本,转动螺旋可使标本前后和左右移动,其上的刻度标尺可指明标本所在位置。

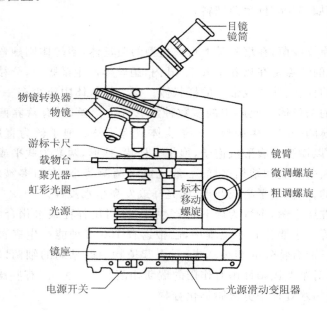

图 3-17　普通光学显微镜

4.镜臂

镜臂支撑镜筒、载物台、聚光器和调节器。镜臂有固定式和活动式（可改变倾斜度）两种。

5.镜座

镜座连接镜臂，支撑整台显微镜，其上有反光镜。

6.调焦装置

调焦装置指调节物镜和被观察物体之间距离的机件。有镜臂调节器和镜台调节器两种，前者通过升降镜臂来调焦距，后者通过升降载物台来调焦距。包括大、小螺旋调节器各一个，前者又称粗调节器，后者也叫微调节器。通过调节器调焦，可清晰地观察到标本。

7.物镜

物镜是接近被观察物品（标本）的镜头，也称接物镜。根据物镜的放大倍数和使用方法的不同，分为低倍物镜、高倍物镜和油镜三种。低倍物镜有 $4\times$、$10\times$、$20\times$；高倍物镜有 $40\times$ 和 $45\times$；油镜有 $90\times$、$95\times$ 和 $100\times$。数字越大，放大倍数越高。

在显微镜的光学系统中，物镜的性能最为关键，它直接影响着显微镜的分辨率。而在普通光学显微镜通常配置的几种物镜中，油镜的放大倍数最大，对微生物学研究最为重要。与其他物镜相比，油镜的使用比较特殊，需在载玻片与镜头之间加滴镜油，这主要有如下两方面的原因：

1)增加照明亮度。油镜放大倍数可达 100 倍，放大倍数这样大的镜头，焦距很短，直径很小，但所需要的光照强度却很大。

从承载标本的玻片透过来的光线因介质密度不同（从玻片进入空气，再进入镜头），有些光线会因折射或全反射，不能进入镜头，致使在使用油镜时会因射入的光线较少，物像显现不清。故为不使通过的光线有所损失，在使用油镜时，须在油镜与玻片之间，加入与玻璃的折射率($n=1.55$)相仿的镜油(通常用香柏油,其折射率 $n=1.52$)。

2)增加显微镜的分辨率。显微镜的分辨率是指显微镜能辨别出的最小两点间距离的能力。据物理学知识有:

$$分辨率 = \frac{\lambda}{2NA} \tag{3-1}$$

式中的 λ 为光波波长。光学显微镜的光源为可见光的波长范围($0.4 \sim 0.7\mu m$),NA 为物镜的数值孔径值,$NA = n \cdot \sin\alpha$,即 NA 取决于玻片与镜头间介质的折射率和物镜的镜口角。α 为光线最大入射角的半数,由物镜的直径与焦距来定,实际应用中,最大只能达到120°。n 为介质折射率。因香柏油折射率达 1.52,比空气折射率(1.0)和水折射率(1.33)要高,因此以香柏油作为镜头与玻片之间的介质的油镜所达到的数值孔径值(NA 一般在 $1.2 \sim 1.4$)要高于低倍镜、高倍镜等物镜(NA 都低于1.0)。现以可见光的平均波长 $0.55\mu m$ 来计算,比较高倍镜与油镜的分辨率,高倍镜的数值孔径通常在 0.65 左右,按式(3-1)可知,高倍镜的分辨率不小于 $0.4\mu m$,而油镜分辨率却可达 $0.2\mu m$ 左右。

8. 目镜

目镜是接近观察者的眼睛的镜头,也称接目镜。把经物镜放大的实像再放大一次,并映入观察者的眼中。通常有 $5\times$、$10\times$、$16\times$ 等规格。

9. 聚光器

聚光器安装在载物台下,能将平行的光线聚焦于标本,增强照明度。聚光器可以升降。升高时增强聚光,下降时减弱聚光。聚光器内部附有虹彩光圈,可开大或缩小,以调节进入镜头的光线的强弱。光圈大小应适当,能得到更清晰的物像。

10. 反光镜

反光镜是普通光学显微镜的取光设备,使光线射向聚光镜,分平、凹两面。用低倍镜和高倍镜观察或光源光较强时,使用平面镜;用油镜观察或光源光线较弱时,使用凹面镜。

11. 内光源

内光源是较好的光学显微镜自身带有的照明装置,安装在镜座内部,由强光灯泡发出光线,通过安装在镜座的集光镜射入聚光镜。

三、任务所需器材

1)仪器:显微镜、载玻片、盖玻片等。

2)擦镜纸、香柏油、吸水纸等。

3)微生物菌种等。

四、任务技能训练

(一)显微镜的取用和放置

从显微镜箱或柜内取出显微镜时,应一手提镜臂,另一手托镜座,让显微镜直立,防止目镜从镜筒中脱落。显微镜应直立放置在桌上。离桌缘 3cm,检查各部件是否完好,镜身、镜头必须清洁。

(二)显微镜的使用

1. 标本放置

下降载物台或升高镜筒,使物镜远离载物台。将低倍镜转至正下方,把标本玻片置于载物台上,用标本夹夹住,移动推进器使观察对象处在物镜的正下方。

2.低倍镜观察

将低倍镜对正下方,侧面注视,用粗调节器调节上升载物台或下降镜筒,使物镜与玻片接近,距离约0.5cm处,开放光圈,下降聚光器。如有内置光源灯可通过调节电压以获取适当的照明亮度;如使用反光镜采集自然光或灯光作为照明光源时,应根据光源的强度及所用物镜的放大倍数,选用凹面或平面反光镜并调节其角度,使视野内光线均匀,亮度适宜。

再由目镜观察,同时转动粗调节器下降载物台或升高镜筒使物镜缓缓远离玻片,标本在视野中显现后,再使用微调节器调节至图像清晰。通过玻片夹推进器慢慢移动玻片,认真观察标本各部位,找到合适的目的物,仔细观察并记录所观察到的结果。

3.高倍镜观察

在低倍镜下找到合适的目标并将其移至视野中心后,侧面注视,轻轻转动物镜转换器将高倍镜移至正下方。对聚光器、光圈及视野亮度进行适当调节后,用微调节器使物像清晰,利用推进器移动标本,仔细观察并记录所观察到的结果。

在一般情况下,当物像在一种物镜中已清晰聚焦后,转动物镜转换器将其他物镜转到工作位置进行观察时,物像将保持基本准焦状态,这种现象称为物镜的同焦。利用这种同焦现象,可以保证在使用高倍镜或油镜等放大倍数高、工作距离短的物镜时仅用微调节器即可对物像清晰聚焦,从而避免由于使用粗调节器时可能的误操作而损坏镜头或载玻片。

4.油镜观察

使用同焦显微镜时,在高倍镜或低倍镜下找到要观察的区域后,移开镜头,在待观察的区域滴加1~2滴镜油,将油镜转至油中,调节光强,使视野的亮度合适,用细调节器调节物像至清晰为止。

对于不等焦的显微镜,用粗调节器下降载物台或升高镜筒,使物镜逐渐远离玻片,在标本观察区滴加镜油,然后将油镜转至镜筒下方,须在侧面注视下,用粗调节器调节上升载物台或下降镜筒,使物镜与玻片接近,将油镜前端浸入镜油中,并几乎与标本相接。将聚光器升到最高位置并开足光圈,调节照明,使视野的亮度合适,用粗调节器上升镜筒或下降载物台,使物镜缓慢离开玻片,直至视野中出现物像,并用细调节器使其清晰准焦。

有时按上述操作还找不到目的物,则可能是油镜头下降或载物台提升还未到位,或因油镜上升或载物台下降太快,以致眼睛捕捉不到一闪而过的物像。遇此情况,应重新操作。另外应特别注意,不要因在下降镜头时或提升载物台时用力过猛,或在调焦时误将粗调节器向反方面转动而损坏镜头及载玻片。

5.显微镜用毕后的处理

用粗调节器使物镜远离玻片,取下载玻片。

用擦镜纸拭去镜头上的镜油,然后用擦镜纸蘸少许镜头清洗液(乙醚∶无水乙醇＝7∶3)擦去镜头上残留的油迹,最后再用干净的擦镜纸擦去残留的镜头清洗液。

切忌用手或其他纸擦拭镜头,以免使镜头沾上污渍或产生划痕,影响观察。应用擦镜纸清洁其他物镜及目镜,用绸布清洁显微镜的金属部件。

放平反光镜,把聚光镜降下,将物镜转成"八"字形,将各部分还原,归置镜箱中。

(三)显微镜的维护和保养

显微镜是贵重精密的光学仪器,正确使用、维护与保养,不但观察物体清晰,而且延长显微镜的使用寿命。

1）显微镜应放置在通风干燥、灰尘少、不受阳光直晒的地方。不使用时，用有机玻璃或塑料布防尘罩罩起来。也可套上布罩后放入显微镜箱内或显微镜柜内，并在箱或柜内放置干燥剂。

2）显微镜要避免与酸、碱及易挥发、具腐蚀性的化学物品放在一起，以免显微镜受损。

3）显微镜应防止震动和暴力。粗、细调节螺旋、聚光器螺旋和标本移动器等机械部分要灵活而不松动，如不灵活可在滑动部位滴加少许润滑油。

4）显微镜的目镜、物镜、聚光器和反光镜等光学部件必须保持清洁，防止长霉。镜检时通过转动目镜、物镜及调整焦距等措施判断灰尘或污脏所在部位，如附有灰尘，则先用吸耳球吹去灰尘，或用擦镜纸轻轻擦去。若有污渍，用擦镜纸蘸镜头清洗液轻轻擦拭，然后用擦镜纸擦干。显微镜的金属油漆部件和塑料部件，可用软布蘸中性洗涤剂进行擦拭，不要使用有机溶剂。

5）用油镜观察后，先用擦镜纸擦去镜头上的油，然后用擦镜纸蘸少许镜头清洗液擦拭，最后用干净的擦镜纸擦干。

6）当显微镜以灯泡为光源，且需要更换时，可将仪器底部翻转，抓住灯座逆时针旋转90°取下灯座，拔下灯泡换上新的灯泡（灯泡玻壳不能有手指印，用清洁纱布拿住灯泡，插上后用酒精把玻壳揩清洁），然后把接插件卡脚对准底座上两槽口，顺时针转90°即可（ON在底座直线位置，为卡脚接通位置；OFF在直线位置，为不通、取下位置）。

7）换保险丝时，握住保险丝座，逆时针旋下保险丝座，换上好的保险丝，顺时针旋上保险丝座即可。

8）仪器长期使用后应注意在各转动部分加些润滑脂，油脂黏度应适当，避免酸性。

9）显微镜结构精密，零件不宜随意拆卸。遇故障可送生产厂家或有关仪器修理厂修理。

五、任务考核指标

显微镜使用技能的考核见表3-2。

表3-2 显微镜使用技能考核表

考核内容	考核指标	分值
显微镜的取用与放置	取用	10
	放置	
显微镜的使用	标本放置	70
	低倍镜观察	
	高倍镜观察	
	油镜观察	
	显微镜用毕后的处理	
显微镜的维护和保养	卫生保洁	20
合计	—	100

任务2 细菌简单染色和革兰氏染色

一、任务目标

1)学习微生物涂片、染色的基本技术。
2)了解革兰氏染色的原理及其在细菌分类鉴定中的重要性。
3)初步认识细菌的形态特征。
4)掌握细菌的简单染色和革兰氏染色。

二、任务相关知识

染色是细菌学上的一个重要而基本的操作技术。因细菌个体很小、含水量较高,在油镜下观察细胞几乎与背景无反差,所以在观察细菌形态和结构时,都采用染色法,其目的是使细菌细胞吸附染料而带有颜色,易于观察。

细菌的简单染色法,是用一种染料处理菌体。此方法简单,易于掌握,适用于细菌的一般观察。常用碱性染料进行简单染色。这是因为:在中性、碱性或弱碱性溶液中,细菌细胞通常带负电荷,而碱性染料在电离时,其分子的染色部分带正电荷。因此,碱性染料的染色部分很容易与细菌结合使细菌着色。经染色后的细菌细胞与背景形成鲜明的对比,在显微镜下易于识别。常用作简单染色的染料有美蓝、结晶紫、碱性复红等。若细菌在 pH 比等电点低的溶液中,则应用酸性染料进行染色。

革兰氏染色反应是细菌分类和鉴定的重要性状。其原理已由前面阐述。革兰氏染色需用四种不同的溶液:碱性染料(basic dye)初染液、媒染剂(mordant)、脱色剂(decolorising agent)和复染液(counterstain)。碱性染料初染液的作用像在细菌的单染色法基本原理中所述的那样,而用于革兰氏染色的初染液一般是结晶紫(crystal violet)。媒染剂的作用是增加染料和细胞之间的亲和性或附着力,即以某种方式帮助染料固定在细胞上,使之不易脱落。碘(iodine)是常用的媒染剂。脱色剂是将被染色的细胞进行脱色,不同类型的细胞脱色反应不同,有的能被脱色,有的则不能。脱色剂常用 95% 的酒精(ethanol)。复染液也是一种碱性染料,其颜色不同于初染液,复染的目的是使被脱色的细胞染上不同于初染液的颜色,而未被脱色的细胞仍然保持初染的颜色,从而将细胞区分成 G$^+$ 和 G$^-$ 两大类群。常用的复染液是番红。

三、任务所需器材

1)菌种:大肠杆菌、枯草芽孢杆菌、金黄色葡萄球菌。
2)其他:革兰氏染色液、载玻片、显微镜、盖玻片、吸水纸、接种环。

四、任务技能训练

1.简单染色法
1)涂片。将培养 14～16h 的枯草芽孢杆菌和培养 24h 的大肠杆菌用接种环以无菌操作法(见图 3-18)从试管培养液中取一环菌,于载玻片中央涂成薄层即可,或滴一小滴生理盐水于载玻片中央,用接种环从斜面上挑出少许菌体,与水滴混合均匀,涂成极薄的菌膜。注意滴的水滴要小,取菌要少。

2)干燥。涂片后在室温下自然干燥,也可在酒精灯上略微加热,使之迅速干燥。

3)固定。手持载玻片一端,标本面朝上,在酒精灯的火焰外侧快速来回移动 3～4 次,要求载玻片温度不超过 60℃,以玻片背面触及手背皮肤不觉过烫为宜。

4)染色。滴加结晶紫或其他染色液,覆盖玻片涂菌部分,染色 1min。

5)水洗。斜置玻片,倒去染料,用细小的缓水流自标本的上端流下,洗去多余的染料,勿使过急的水流直接冲洗涂菌处,直到流下的水无色为止。

6)干燥。将标本置于桌上风干,也可用吸水纸轻轻地吸去水分,或稍微加热以加快干燥速度。

7)镜检。按照本项目任务 1 进行镜检,顺序由低倍镜到高倍镜,最后用油镜观察。

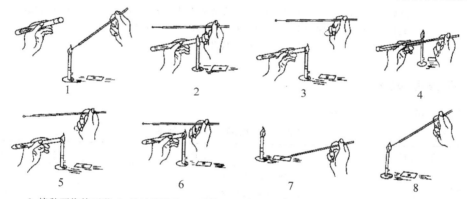

1.接种环烧灼灭菌;2.拔试管棉塞;3.试管口烧灼灭菌;4.接种环取培养物;5.试管口烧灼灭菌;
6.试管塞略加烧灼的棉塞;7.接种环的培养物涂于载玻片上;8.接种环再烧灼灭菌

图 3-18　无菌操作过程

(2)革兰氏染色法

操作过程:涂片→干燥→固定→草酸铵结晶紫初染→卢哥氏碘液媒染→95％乙醇脱色→番红复染→干燥→镜检。

操作顺序如图 3-19 所示。

1)制片。取要观察的菌体进行常规涂片、干燥、固定。

2)初染。在菌膜上覆盖草酸铵结晶紫,染色 1～2min,水洗。

3)媒染。用卢哥氏碘液冲去残水,并用卢哥氏碘液覆盖 1min,水洗。

4)脱色。用滴管流加 95％的乙醇脱色,直到流下的乙醇无紫色为止,时间为 20～30s,水洗。乙醇的浓度、用量及涂片厚度都会影响脱色速度。脱色是革兰氏染色中关键的一步,如脱色不足,阴性菌液被误染成阳性菌;脱色过度,阳性菌则被误染成阴性菌。

5)复染。用番红液染 1～2min,水洗。

6)镜检。干燥后,由低倍镜到高位镜,再用油镜观察。革兰氏阴性菌呈红色,革兰氏阳性菌呈紫色。

注意:①以分散开的细菌的革兰氏染色反应为准,过于密集的细菌,常常呈假阳性。

②革兰氏染色的关键在于严格掌握酒精脱色程度。此外,菌龄也影响染色结果,如阳性菌培养时间过长,或已死亡及部分菌自行溶解了,都常呈阴性反应。

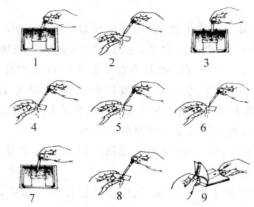

1.用结晶紫染色;2.用自来水冲洗;3.用碘液媒染;4.用自来水冲洗;5.用95%酒精脱色;
6.用自来水冲洗;7.用番红复染;8.用自来水冲洗;9.用吸水纸吸干

图 3-19 革兰氏染色顺序

五、任务考核指标

革兰氏染色技能的考核见表 3-3。

表 3-3 革兰氏染色技能考核表

考核内容		考核指标	分值
准备及 显微镜放置	手部消毒	未用酒精棉球消毒	3
	显微镜放置	显微镜放置位置不当	
		书、操作设备放置不当	
涂片		接种环未消毒	10
		没点酒精灯	
晾干		未晾干直接染色	5
		火燃晾干方法不对	
固定		未固定直接染色	10
		火燃固定方法不对	
结晶紫色染色		染液使用不对	10
		染液没有全部覆盖菌液	
		染色时间不对	
水洗		水流柱过大	5
		水洗时间太长	
媒染		未用鲁哥氏碘液媒染	10
		媒染时间不当	
水洗		水流柱过大	5
		水洗时间太长	

续表

考核内容	考核指标	分值
脱色	未用95%乙醇脱色	10
	脱色不够	
	脱色过度	
复染	未用蕃红复染	5
	复染时间不当	
水洗	水流柱过大	5
	水洗时间过长	
晾干	没有晾干直接染色	5
	火燃晾干方法不对	
镜检	显微镜使用不当	15
	显微镜使用后没有切断电源	
合计	——	100

任务3　酵母菌形态观察

一、任务目标

1）观察酵母菌的细胞形态及出芽生殖方式。

2）观察酵母菌的菌落特征。

3）学习掌握区分酵母菌死、活细胞的染色方法。

二、任务相关知识

酵母菌（yeast）是一群单细胞的真核微生物。这个术语是无分类学意义的普通名称。通常用于以芽殖或裂殖来进行无性繁殖的单细胞真菌，以便与霉菌区分开。极少数种可产生子囊孢子进行有性繁殖。

酵母菌应用很广，它在与人类密切相关的酿造、食品、医药等行业和工业废水的处理方面都起着重要的作用。我们可以利用酵母菌酿酒、制造美味可口的饮料和营养丰富的食品（面包、馒头），生产多种药品（核酸、辅酶A、细胞色素C、维生素B、酶制剂等），进行石油脱蜡、降低石油的凝固点和生产各种有机酸。由于酵母菌细胞的蛋白质含量很高（一般大于细胞干重的50％），且含有多种维生素、矿物质和核酸等，所以，人类在利用拟酵母、热带假丝酵母、白色假丝酵母、黏红酵母等酵母菌处理各种食品工业废水时，还可以获得营养丰富的菌体蛋白。

当然，也有少数酵母菌（约25种）是有害的。如鲁氏酵母（*Saccharomyces rouxii*）、蜂蜜酵母（*Saccharomyces mellis*）等能使蜂蜜、果酱变质，有些酵母菌是发酵工业污染菌，使发酵产量降低或产生不良气味，影响产品质量；白假丝酵母（*Candida albicans*），又称白色念珠菌,可引起皮肤、黏膜、呼吸道、消化道、泌尿系统等多种疾病;新型隐球酵母(*Cryptococcus neoformans*)可引起慢性脑膜炎、肺炎等。

1. 酵母菌的形态结构

大多数酵母菌为单细胞,一般呈卵圆形、圆形、圆柱形或柠檬形。大小约 $1\sim 5\mu m \times 5\sim 30\mu m$,最长的可达 $100\mu m$。各种酵母菌有其一定的大小和形态,但也因菌龄及环境条件而异。即使在纯培养中,各个细胞的形状、大小亦有差别。有些酵母菌细胞与其子代细胞连在一起成为链状,称为假丝酵母。

酵母菌的细胞与细菌的细胞一样有细胞壁、细胞膜、细胞质等基本结构,还有核糖体等细胞器。此外,酵母菌细胞还具有一些真核细胞特有的结构和细胞器,如细胞核有核仁和核膜,DNA 与蛋白质结合形成染色体,能进行有丝分裂,细胞质中有线粒体(能量代谢的中心)、中心体、内质网、高尔基体等细胞器,以及多糖、脂类等储藏物质(见图 3-20)。细胞壁的组成成分主要是葡聚糖和甘露聚糖。

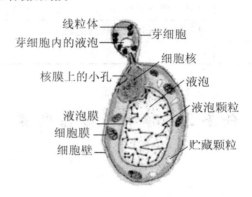

图 3-20　酵母细胞结构

2. 酵母菌的菌落特征

大多数酵母菌在适宜培养基上形成的菌落与细菌相似,但较细菌菌落大且厚,菌落表面湿润、黏稠、易被挑起。有些种因培养时间太长使菌落表面皱缩。其色多为乳白,少数呈红色,如红酵母、掷孢酵母等。菌落的颜色、光泽、质地、表面和边缘特征,均为酵母菌菌种鉴定的依据。

在液体培养基中,有的长在培养基底部并产生沉淀;有的在培养基中均匀生长;有的在培养基表面生长并形成菌膜或菌醭,其厚薄因种而异,有的甚至干而皱。菌醭的形成及特征具有分类意义。以上生长情况,与它们同氧的关系相关。

3. 酵母菌的繁殖方式

酵母菌的繁殖方式有无性繁殖和有性繁殖两种。现将几种有代表性的繁殖方式列举如下:

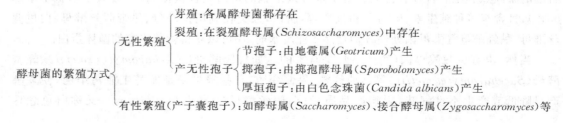

（1）无性繁殖

无性繁殖是指不经过性细胞,由母细胞直接产生子代的繁殖方式。

芽殖是酵母菌无性繁殖的主要方式。芽殖开始时,成熟的酵母菌细胞液泡产生一根小管,同时在细胞表面向外突出形成一个小突起,小管穿过细胞壁进入小突起内;接着母细胞的细胞核分裂成两个子核,一个随母细胞的部分原生质进入小突起内,小突起逐渐变大成为芽体;当芽体长大到母细胞大小的一半时,两者相连部分收缩,在芽体与母细胞之间形成横膈壁,然后,脱离母细胞,成为独立的新个体(见图 3-21)。芽体脱落时在母细胞表面留下的痕迹,称为芽痕。大多数酵母菌可在母细胞的各个方向进行出芽,称为多边芽殖;有的在细胞两端出芽,称为两端芽殖;极少数可在三端出芽,细胞呈三角形。一个成熟的酵母细胞在其一生中通过芽殖可产生 9～43 个子细胞,平均可产生 24 个子细胞。

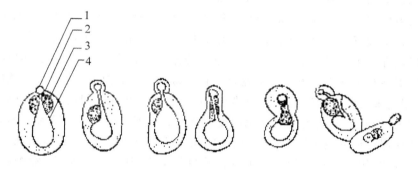

1.突起;2.小管;3.细胞核;4.液泡

图 3-21　酵母菌芽殖过程

在良好的环境中,酵母菌生长繁殖旺盛,芽殖形成的子细胞不脱离母细胞,又可进行出芽繁殖,形成成串的细胞群,像霉菌的菌丝,因此称之为假菌丝(见图 3-22)。

1)裂殖。这是少数酵母菌借助细胞的横分裂而繁殖的方式。细胞长大后,核复制后分裂为二,然后在细胞中产生一隔膜,将细胞一分为二。这种繁殖方式称为裂殖。

2)无性孢子繁殖。有些酵母菌可形成一些无性孢子进行繁殖。这些无性孢子有掷孢子、厚垣孢子和节孢子。如掷孢酵母属(*Sporobolomyces*)等少数酵母菌产生掷孢子,其外形呈肾状、镰刀形或豆形,这种孢子是在卵圆形的营养细胞生出的小梗上形成的。

图 3-22　酵母细胞的假菌丝

孢子成熟后通过一种特有的喷射机制将孢子射出。此外,有的酵母菌还能在假菌丝的顶端产生厚垣孢子,如白色念珠菌(*Candida albicans*)等。

（2）有性繁殖

有性繁殖是指通过两个具有性差异的细胞相互接合形成新个体的繁殖方式。有性繁殖过程一般分为三个阶段,即质配、核配和减数分裂。

质配是两个配偶细胞的原生质融合在同一细胞中,而两个细胞核并不结合,每个核的染色体数都是单倍的。核配即两个核结合成一个双倍体的核。减数分裂则使细胞核中的染色体数目又恢复到原来的单倍体。

当酵母菌细胞发育到一定阶段,邻近的两个性别不同的细胞各自伸出一根管状原生质突起,随即相互接触,接触处的细胞壁溶解,融合成管道,然后通过质配、核配形成双倍体细胞。该细胞在一定条件下进行1~3次分裂,其中第一次是减数分裂,形成4个或8个子核,每一子核与其附近的原生质一起,在其表面形成一层孢子壁后,就形成了一个子囊孢子,而原有的营养细胞就成了子囊。子囊孢子的数目可以是4个或8个,因种而异。

酵母菌形成子囊孢子的难易程度因种类不同而异。有些酵母菌不形成子囊孢子;而有些几乎在所有培养基上都能形成大量子囊孢子,有的种类则必须用特殊培养基才能形成,还有的在长期的培养中会失去形成子囊孢子的能力。形成子囊孢子的酵母菌也可以芽殖,芽殖的酵母菌也可能同时裂殖。

4.形态观察及死活细胞的染色鉴别基本原理

酵母菌是多形的、不运动的单细胞微生物,细胞核与细胞质已有明显的分化,菌体比细菌大。繁殖方式也较复杂,无性繁殖主要是出芽生殖,仅裂殖酵母属是以分裂方式繁殖;有性繁殖是通过接合产生子囊孢子。本实验通过用美蓝染色制成水浸片,和水-碘水浸片来观察生活的酵母形态和出芽生殖方式。美蓝是一种无毒性染料,它的氧化型是蓝色的,而还原型是无色的,用它来对酵母的活细胞进行染色,由于细胞中新陈代谢的作用,使细胞内具有较强的还原能力,能使美蓝从蓝色的氧化型变为无色的还原型,所以酵母的活细胞无色,而对于死细胞或代谢缓慢的老细胞,则因它们无此还原能力或还原能力极弱,而被美蓝染成蓝色或淡蓝色。因此,用美蓝水浸片不仅可观察酵母的形态,还可以区分死、活细胞。但美蓝的浓度、作用时间等均会有影响,应加注意。

三、任务所需器材

1)活材料:酿酒酵母斜面菌种(*Saccharomyces calsbergensis*)2~3d 培养物。
2)染液:吕氏碱性美蓝染液。
3)器材:显微镜、载玻片、盖玻片等。

四、任务技能训练

1.酵母菌落形态观察并记录

用划线分离的方法接种酵母在平板上,28~30℃培养3d,观察菌落表面干燥或湿润、隆起形状、边缘整齐度、大小、颜色等,并用接种环挑菌,注意与培养基结合是否紧密。取斜面的菌种观察菌苔特征。

2.美蓝浸片观察

1)在载玻片中央加一滴碱性美蓝染液,液滴不可过多或过少,以免盖上盖玻片时,溢出或留有气泡。然后按无菌操作法取斜面上培养2~3d的酿酒酵母少许,放在碱性美蓝染液中,使菌体与染液均匀混合。

2)取盖玻片一块,小心地盖在液滴上。盖片时应注意,不能将盖玻片平放下去,应先将盖玻片的一边与液滴接触,然后将整个盖玻片慢慢放下,这样可以避免产生气泡。

3)将制好的水浸片放置3min后镜检。先用低倍镜观察,然后换用高倍镜观察酿酒酵母的形态和出芽情况,同时可以根据是否染上颜色来区别死、活细胞。

3.水-碘液浸片观察

在载玻片中央加1滴革兰氏染色用碘液,然后在其上加3滴蒸馏水,取酿酒酵母少许,放在水-碘液滴中,使菌体与之混匀,盖上盖玻片后镜检。可以适当将光圈缩小观察。

任务4 霉菌形态观察

一、任务目标

1)掌握观察霉菌形态的基本方法,并观察其形态特征。
2)掌握常用的霉菌制片方法。

二、任务相关知识

霉菌是丝状真菌的统称。霉菌在自然界分布极广,土壤、水域、空气、动植物体内外均有它们的踪迹,霉菌与人类的关系密切,对人类有利也有害。有利的方面主要是:食品工业利用霉菌制酱、制曲;发酵工业则用霉菌来生产酒精、有机酸(如柠檬酸、葡萄糖酸等);医药工业利用霉菌生产抗生素(如青霉素、灰黄霉素等)、酶制剂(淀粉酶等)、维生素等;在农业上可用霉菌发酵饲料、生产农药;此外,霉菌还可分解自然界中的淀粉、纤维素、木质素、蛋白质等复杂大分子有机物,使之变成葡萄糖等微生物能利用的物质,从而保证生态系统中的物质得以不断循环。霉菌对人类有害的方面主要是:使食品、粮食发生霉变,使纤维制品腐烂。据统计,全世界每年因霉变造成的粮食损失达2%;霉菌能产生100多种毒素,许多毒素的毒性大,致癌力强,即使食入少量也会对人畜有害。

1.霉菌的形态结构

霉菌菌体由分枝或不分枝的菌丝构成。菌丝是组成霉菌营养体的基本单位。许多菌丝缠绕、交织在一起所构成的形态称为菌丝体。菌丝直径一般为2～10μm,是细菌和放线菌菌丝的几倍到几十倍,与酵母菌差不多。

霉菌菌丝的构造与酵母菌类似,也是由细胞壁、细胞膜、细胞质、细胞核及其内含物构成,并且含有线粒体、核糖体等细胞器,在老龄的细胞中还含有液泡(见图3-23)。除少数水生霉菌的细胞壁中含有纤维素外,其他大部分主要是由几丁质构成。霉菌原生质体的制备可以采用蜗牛消化酶来消化霉菌的细胞壁;土壤中有些细菌体内含有分解霉菌细胞壁的酶。霉菌的细胞膜、细胞质、细胞核、细胞器等结构与酵母菌基本相同。

根据菌丝有无隔膜可分成无隔菌丝和有隔菌丝两类(见图3-24)。无隔菌丝就是整个菌丝为长管状的单细胞,一般细胞内含多个细胞核,例如毛霉属和根霉属;有隔菌丝是由隔膜分隔成许多细胞,细胞内含有一个或多个细胞核,大多数

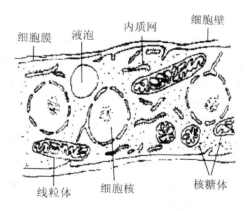

图3-23 霉菌细胞结构

霉菌属于多细胞,如曲霉属和青霉属。通过载片培养等技术,在显微镜下可以清楚地观察到菌丝的形态和构造。根据霉菌菌丝在培养基上生长部位的不同又可分为两类:营养菌丝和气生菌丝。营养菌丝伸入培养基表层内吸取营养物质,而气生菌丝则伸展到空气中,其顶端可形成各种孢子,故又称繁殖菌丝。有些气生菌丝会聚集成团,构成一种坚硬的休眠体,即菌核。菌核对外界不良环境有较强的抵抗力,当条件适宜时它便萌发出菌丝。

(a)单核无隔菌丝　　　　　　(b)单核有隔菌丝　　　　　　(c)多核有隔菌丝

图 3-24　　霉菌菌丝

2.霉菌的菌落特征

霉菌菌落和放线菌一样,都是由分枝状菌丝组成。由于霉菌菌丝较粗且长,故形成的菌落较疏松,常呈绒毛状、絮状或蜘蛛网状。它们的菌落是细菌和放线菌的几倍到几十倍,并且较放线菌的菌落易于挑取。菌落表面常呈现出肉眼可见的不同结构和色泽特征,这是因为霉菌形成的孢子有不同形状、构造和颜色,有的水溶性色素可分泌到培养基中,使菌落背面呈现不同颜色;一些生长较快的霉菌菌落,处于菌落中心的菌丝菌龄较大,位于边缘的则较年幼。同一种霉菌,在不同成分的培养基上形成的菌落特征可能有变化。但各种霉菌,在一定培养基上形成的菌落大小、形状、颜色等却相对稳定。故菌落特征也是鉴定霉菌的重要依据之一。

3.霉菌的繁殖

霉菌的繁殖能力一般都很强,繁殖方式复杂多样,有的霉菌可以通过菌丝断片来形成新菌丝,也可以通过核分裂而细胞不分裂的方式进行繁殖。但是霉菌主要还是通过无性繁殖和有性繁殖来完成生命的传递。

(1)无性繁殖

霉菌的无性繁殖主要是通过产生无性孢子的方式来实现的。无性孢子繁殖不经两性细胞的结合,只是通过营养细胞的分裂或营养菌丝的分化形成同种新个体。霉菌产生的无性孢子主要有孢囊孢子、分生孢子、节孢子、厚垣孢子和芽孢子。

1)孢囊孢子。

在孢子囊内产生的孢子称孢囊孢子。在孢子形成前,气生菌丝或孢囊梗顶端膨大,形成孢子囊,囊内形成许多细胞核,每一个核外包以细胞质,产生孢子壁,即形成了孢囊孢子(见图 3-25)。产生孢子囊的菌丝叫孢囊梗,孢囊梗伸入孢子囊的膨大部分叫囊轴。孢子成熟后孢子囊破裂,孢囊孢子扩散。孢囊孢子按运动性分为两类,一类是游动孢子,如水霉(*Saprolegnia*)的游动孢子,呈圆形、梨形和肾形,顶生两根鞭毛;另一类是陆生霉菌所产生的、无鞭毛、不运动的不动孢子,如毛霉、根霉等。

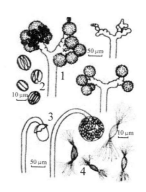

1.小型孢子囊长在包囊梗分支顶端的孢囊上；2.小型孢子囊放大；
3.大型孢子囊长在弯曲的孢子囊梗顶端,内有囊轴；4.孢子囊孢子放大

图 3-25　三孢布拉氏霉的孢子

2) 分生孢子。

在菌丝顶端或分生孢子梗上以出芽方式形成单个、成链或成簇的孢子称为分生孢子。它是霉菌中最常见的一类无性孢子,由于是生在菌丝细胞外的孢子,所以又称外生孢子(见图 3-26)。如曲霉、青霉等。

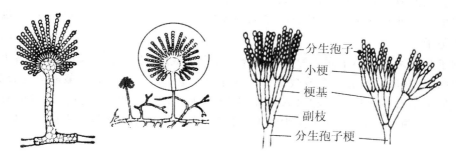

图 3-26　曲霉、青霉的分生孢子

它在菌丝上着生的位置和排列特点有：①分生孢子着生在菌丝或其分支的顶端,产生的孢子可以是单生的、成链的、成簇的。如红曲霉。②分生孢子着生在分生孢子梗的顶端或侧面,这种菌丝(细胞壁加厚或菌丝直径增宽等)与一般菌丝有明显差别。③菌丝已分化成分生孢子梗和小梗,分生孢子则生在小梗顶端,成链或成团。如青霉菌。

3) 节孢子。

节孢子又称裂生孢子,由菌丝断裂形成。当菌丝生长到一定阶段出现许多横膈膜,然后从横膈膜处断裂,产生许多单个的孢子,孢子形态多呈圆柱形(见图 3-27)。如白地霉。

4) 厚垣孢子。

厚垣孢子又称厚壁孢子或厚膜孢子,是由菌丝的顶端或中间部分细胞的原生质浓缩变圆,细胞壁变厚而形成球形、纺锤形或长方形的休眠孢子(见图 3-28)。对不良环境有很强的抵抗力。若菌丝遇到不良的环境死亡,而厚垣孢子则常能继续存活,一旦环境条件好转,便萌发形成新的菌丝体。如总状毛霉、地霉等。

图 3-27　节孢子

图 3-28　厚垣孢子

5)芽孢子

芽孢子是菌丝细胞像发芽一样产生小突起,经过细胞壁紧缩而成的一种球形的小芽体(见图 3-29)。如毛霉、根霉在液体培养基中形成的酵母型细胞属芽孢子。

(2)有性繁殖

经过两性细胞结合而形成的孢子称为有性孢子。有性孢子的产生不如无性孢子那么频繁和丰富,它们常常只在一些特殊的条件下产生。常见的有卵孢子、接合孢子和子囊孢子。

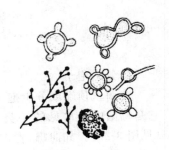

图 3-29　芽孢子

1)卵孢子。

卵孢子是由两个大小不同的配子囊结合后发育而成的,小的配子囊称为雄器;大的配子囊称为藏卵器,藏卵器内有一个或数个称为卵球的原生质团。当雄器与藏卵器配合时,雄器中的细胞质和细胞核通过受精卵进入藏卵器,并与卵球配合。以这种方式形成的有性孢子称为卵孢子(见图 3-30)。藻状菌纲中除毛霉目外,许多菌的有性繁殖方式是产生卵孢子,如水霉属。

(a)顶生藏卵器
1.藏卵器;2.卵球;3.雄器;4.营养菌丝

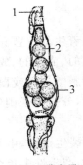

(b)间生藏卵器
1.营养菌丝;2.卵球;3.藏卵器

图 3-30　卵孢子

2)接合孢子。

接合孢子是由菌丝无隔膜的霉菌(如毛霉目)所采用的有性繁殖方式。接合孢子由菌丝生出形态相同或略有差异的配子囊接合而成(见图 3-31)。接合过程是:两个相邻的菌丝相遇,各自向对方伸出极短的侧枝,称原配子囊。原配子囊接触后,顶端各自膨大并形成横膈,分隔形成两个配子囊细胞。然后相接触的两个配子囊之间的横膈消失,发生质配、核配,同时外部形成厚壁,即成接合孢子囊。接合孢子进行减数分裂后,形成四个单倍体的接合孢子(见图 3-32)。

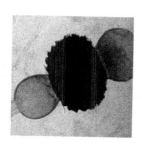

图 3-31 接合孢子

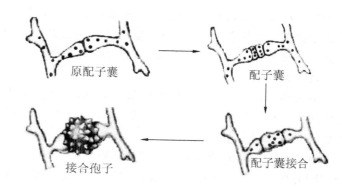
原配子囊　　配子囊

配子囊接合

接合孢子

图 3-32 接合孢子的形成过程

菌丝与菌丝之间的接合有两种情况:一种是由同一菌株的两根菌丝,其至同一菌丝的分支相互接触,形成接合孢子,这种方式称为同宗配合;另一种是不同菌株的菌丝相遇后,形成接合孢子,这种由不同母体产生的菌丝间发生的配合现象,称为异宗配合,毛霉目的大多数霉菌采取此方式配合。

3)子囊孢子。

在子囊内形成的有性孢子,称为子囊孢子。形成子囊孢子是有膈膜霉菌采取的有性生殖方式,子囊是一种囊状结构,球形、棒形或圆筒形,还有的为长方形。子囊内孢子数目通常有 1～8 个,典型的子囊中有 8 个子囊孢子。子囊孢子的形状、大小、颜色也是多种多样的。不同子囊菌形成子囊的方式各异。最简单的是两个营养细胞接合后直接形成子囊孢子,如曲霉、镰刀霉。

4.霉菌形态观察基本原理

霉菌菌丝较粗大,细胞易收缩变形,而且孢子很容易飞散,所以制标本时常用乳酸石炭酸棉蓝染色液。此染色液制成的霉菌标本片的特点是:①细胞不变形;②具有杀菌防腐作用,且不易干燥,能保持较长时间;③溶液本身呈蓝色,有一定染色效果。

霉菌自然生长状态下的形态,常用载玻片观察,此法是接种霉菌孢子于载玻片上的适宜培养基上,培养后用显微镜观察。此外,为了得到清晰、完整、保持自然状态的霉菌形态还可利用玻璃纸透析培养法进行观察。此法是利用玻璃纸的半透膜特性及透光性,将霉菌生长在覆盖于琼脂培养基表面的玻璃纸上,然后剪取一小片长菌的玻璃纸,将之贴在载玻片上用显微镜观察。

三、任务所需器材

1)菌种。曲霉(*Aspergillus sp.*)、青霉(*Penicillium sp.*)、根霉(*Rhizopus sp.*)、毛霉(*Mucor sp.*)。

2)染色液和试剂。乳酸石炭酸棉蓝染色液、20%甘油、查氏培养基平板、马铃薯培养基。

3)器材。无菌吸管、载玻片、盖玻片、U 形棒、解剖刀、玻璃纸、滤纸等。

四、任务技能训练

1.一般观察法

于洁净载玻片上,滴一滴乳酸石炭酸棉蓝染色液,用解剖针从霉菌菌落的边缘处取少量带有孢子的菌丝置染色液中,再细心地将菌丝挑散开,然后小心地盖上盖玻片,注意不要产生气泡。置显微镜下先用低倍镜观察,必要时再换高倍镜。

2.载玻片观察法

1)将略小于培养皿底内径的滤纸放入皿内,再放上 U 形玻棒,其上放一洁净的载玻片,然后将两个盖玻片分别斜立在载玻片的两端,盖上皿盖,把数套(根据需要而定)如此装置的培养皿叠起,包扎好,用 $1.05kg/cm^2$、$121.3℃$ 灭菌 20min 或干热灭菌,备用。

2)将 6～7mL 灭菌的马铃薯葡萄糖培养基倒入直径为 9cm 的灭菌平皿中,待凝固后,用无菌解剖刀切成 $0.5～1cm^2$ 的琼脂块,用刀尖铲起琼脂块放在已灭菌的培养皿内的载玻片上,每片上放置 2 块。

3)用灭菌的尖细接种针或装有柄的缝衣针,取(肉眼方能看见的)一点霉菌孢子,轻轻点在琼脂块的边缘上,用无菌镊子夹着立在载玻片旁的盖玻片盖在琼脂块上,再盖上皿盖。

4)在培养皿的滤纸上,加无菌的 20％ 甘油数毫升,至滤纸湿润即可停加。将培养皿置 $28℃$ 培养一定时间后,取出载玻片置显微镜下观察。

3.玻璃纸透析培养观察法

1)向霉菌斜面试管中加入 5mL 无菌水,洗下孢子,制成孢子悬液。

2)用无菌镊子将已灭菌的、直径与培养皿相同的圆形玻璃纸覆盖于查氏培养基平板上。

3)用 1mL 无菌吸管吸取 0.2mL 孢子悬液于上述玻璃纸平板上,并用无菌玻璃刮棒涂抹均匀。

4)置 $28℃$ 温室培养 48h 后,取出培养皿,打开皿盖,用镊子将玻璃纸与培养基分开,再用剪刀剪取一小片玻璃纸置载玻片上,用显微镜观察。

任务5 病毒的认知

一、任务目标

1)掌握病毒的主要特征。

2)掌握病毒及噬菌体的形态结构和化学组成,理解病毒的增殖过程。

3)了解噬菌体的检测方法。

二、任务相关知识

病毒是一种非细胞性的微生物,个体微小,比细菌小得多,能通过孔径为 $0.22～0.45\mu m$ 的细菌过滤器,大小为纳米(nm)级,须借助电子显微镜才能观察到,一般大小范围为 10～300nm。如流行性感冒病毒直径约为 100nm,脊髓灰质炎病毒的直径为 20～30nm。病毒的形态多种多样,有球形、卵圆形、砖形、杆状、丝状、子弹状、蝌蚪状等(见图 3-33)。

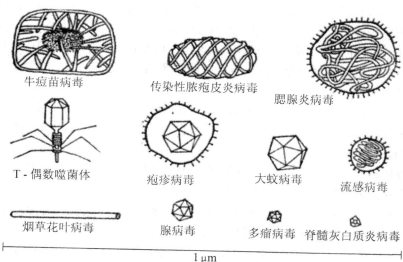

牛痘苗病毒

传染性脓疱皮炎病毒

腮腺炎病毒

T - 偶数噬菌体

疱疹病毒

大蚊病毒

流感病毒

烟草花叶病毒

腺病毒

多瘤病毒　脊髓灰白质炎病毒

1 μm

图 3-33　几种病毒的形态和相对大小

1.病毒的种类、特点及其化学组成

（1）病毒的种类

病毒的种类非常繁多，凡是有细胞生物生存之处，就有其相应的专性病毒存在。病毒的分类方法很多，按照病毒的宿主来分的，可分为动物病毒、植物病毒和细菌病毒（噬菌体）三大类。有人体病毒（如肝炎病毒、流感病毒等）、动物病毒（如腺病毒、口蹄疫病毒、鸡瘟病毒等）、植物病毒（如烟草花叶病毒、马铃薯黄矮病毒、玉米条纹病毒等）。

病毒按其组成可分成真病毒和亚病毒两类。真病毒至少含有核酸和蛋白质两种组分，亚病毒包括类病毒（只含单独侵染性的 RNA 组分）、拟病毒、朊病毒三类。

（2）病毒的特点

病毒是一类由核酸（只含 DNA 和 RNA）和蛋白质等少数几种成分组成超显微专性活细胞内寄生的微生物，与其他细胞型微生物相比，其主要特征为：①个体极其微小。在电子显微镜下放大数千倍甚至几万倍才能观察到，一般能通过细菌过滤器，个体比细菌小得多。②化学组成简单。病毒主要由核酸与蛋白质组成。③含一种核酸。不是含 DNA 就是含 RNA，不像一般生物细胞含两种核酸。④无细胞结构。非细胞型微生物，也称分子生物，内为核酸构成的核心，包蛋白质衣壳。有些病毒在衣壳外还有脂蛋白外膜包绕。⑤专性活体寄生。病毒不具备维持生命活动完整的酶系统，只能在特定的活体宿主细胞内利用宿主细胞的代谢系统，以核酸复制的方式繁殖，具有严格的细胞寄生性。在活体宿主细胞外，不能独立进行新陈代谢，只能以大分子颗粒状态存在。

（3）病毒的化学组成特点

病毒的化学组成因种而异，主要由核酸和蛋白质组成，只有少数大型病毒还含有脂类、多糖等物质。

1）病毒蛋白质。

病毒一般只含一种或少数几种蛋白质。病毒蛋白质的氨基酸组成与其他生物一样，但半胱氨酸和组氨酸在病毒蛋白中较少见。不同种病毒蛋白的氨基酸含量各不相同。

病毒蛋白质在病毒结构构成、病毒侵染与增殖过程中具有重要功能：①构成病毒粒子的外壳，对核酸起着保护作用；②决定病毒感染的特异性，与宿主细胞表面的受体具有特异性亲和力，使病毒吸附；③破坏宿主细胞膜与细胞壁；④构成 DNA 和 RNA 聚合酶、RNA 复制酶、逆转录酶等核酸复制酶，以及合成病毒蛋白质所需的各种酶，在增殖过程中发挥重要作用。

2）病毒核酸。

一种病毒只含有一种核酸：DNA 或 RNA。植物病毒绝大部分含 RNA；动物病毒有些含 DNA，有些含 RNA；噬菌体大多数含 DNA；真菌病毒绝大多数含 RNA，还不清楚是否具有含 DNA 的真菌病毒。

病毒核酸是病毒遗传的物质基础，其类型极为多样化。病毒 DNA 和 RNA 有单链（ss）和双链（ds）之分。病毒 DNA 分子多数是双链，少数是单链；而病毒 RNA 分子多数是单链，少数为双链。病毒 DNA 分子还有线状和环状之分；而病毒 RNA 分子都是线状的，罕见环状。此外，病毒核酸还有正链（＋）和负链（－）之区别。凡碱基排列顺序与 mRNA 相同的单链 DNA 和 RNA，称（＋）DNA 链和（＋）RNA 链；凡碱基排列顺序与 mRNA 互补的单链 DNA 和 RNA，称（－）DNA 链和（－）RNA 链。如烟草花叶病毒（TMV）的核酸属于（＋）RNA，正链核酸具有侵染性，可直接作为 mRNA 合成蛋白质，负链没有侵染性，必须依靠病毒携带的转录酶转录成正链后才能作为 mRNA 合成蛋白质。

3）其他成分。

一些较复杂的病毒（如有包膜的大型病毒）除含有蛋白质和核酸外，还含有脂类和糖类等其他成分。病毒所含的脂类主要存在于包膜中，脂类以磷脂、胆固醇为主；糖类主要以糖蛋白的形式存在于包膜的表面，决定病毒的抗原性，糖类以糖脂、糖蛋白居多。少数病毒还含有胺类。植物病毒中还含有多种金属离子，在个别病毒中存在类似维生素之类的物质。

2.病毒的形态和结构

（1）病毒的形态

病毒的形态多样化，基本形态为杆状、球状（或近似球状）和蝌蚪状，少数呈卵圆状、砖状、子弹状和线状。植物病毒大多呈球状，如烟草花叶病毒；也有少数呈丝状，如甜菜黄化病毒；还有一些呈球状，如花椰菜花叶病毒等。动物病毒大多为球状，如口蹄疫病毒、脊髓灰质炎病毒和腺病毒等；有的呈砖形或卵圆形，如痘病毒；少数呈子弹状，如狂犬病毒。噬菌体有的呈蝌蚪状，如 T 偶数噬菌体、λ 噬菌体等；有的呈球状和丝状；等等。

（2）病毒的结构

病毒粒子的主要成分是核酸和蛋白质。病毒核酸位于病毒粒子的中心，构成了它的核心或基因组；病毒蛋白质包围在核心周围，构成了病毒粒子的衣壳。衣壳是病毒粒子的主要支架结构和抗原成分，对核酸具有保护作用，是由许多被称为衣壳粒的蛋白质亚单位以高度重复的方式排列而成的。衣壳和核心合成核衣壳，核衣壳是病毒的基本结构。有些病毒核衣壳是裸露的，称为裸露病毒，如烟草花叶病毒。有些病毒在核衣壳外还有一层包膜包围着，称为包膜病毒，如大多数动物病毒和少数噬菌体（见图 3-34）。这样的结构具有高度的稳定性，保护核酸不至在细胞外环境中受到破坏。

衣壳粒排列具有高度对称性。因其排列方式不同，一般呈现出下列三类不同构型。

1）螺旋对称。具有螺旋对称结构的病毒多数是单链 RNA 病毒，最典型的代表是烟草花叶病毒（TMV）。TMV 的单链 RNA 分子位于由螺旋状排列的衣壳所组成的沟槽中，完整的病毒粒子呈直杆状,长 300nm,直径 15nm,内径 4nm。由 2130 个衣壳粒排列成 130 个螺旋,即每 3 圈螺旋有 49 个衣壳粒,螺距为 2.3nm(见图 3-35)。

2)多面称体对称。又称等轴对称。常见的多面体是二十面体,典型代表是腺病毒,为双链 DNA 病毒,无包膜,看起来似球状,故也称球状病毒,直径 70~80nm,是由 20 个等边三角形组成的二十面体,有 12 个角、20 个面和 30 条棱,252 个衣壳粒沿 3 根互相垂直的轴对称排列,位于 12 个顶点上的 12 个衣壳粒围绕形成五邻体。位于棱上和面上的 240 个衣壳粒由 6 个相邻的衣壳粒围绕形成六邻体(见图 3-36)。

3)复合对称。这类病毒的衣壳由两种结构组成,既有螺旋对称部分,又有多面体对称部分,故称复合对称。典型代表是大肠杆菌 T₄ 噬菌体,呈蝌蚪状,头部是多面体对称(二十面体),其衣壳含 8 种蛋白质,212 个衣壳粒,核心是线状双链 DNA;尾部是螺旋对称,由尾鞘、基板、刺突与尾丝等组成,含 6 种蛋白质,144 个衣壳粒螺旋排列成 24 圈,尾部中央是尾髓,中空,头部 DNA 由此进入宿主细胞。基板为 1 个六角形的盘状结构,上面长有 6 根尾丝和 6 个刺突(见图 3-37)。

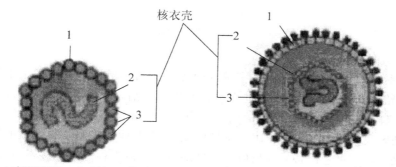

(a)裸露病毒(1.衣壳粒;2.核酸;3.衣壳)　(b)包膜病毒(1.包膜;2.衣壳粒;3.核酸)

图 3-34　病毒的基本结构

图 3-35　TMV 的形态结构

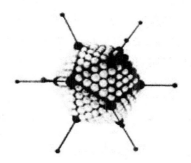

图 3-36　腺病毒的形态结构

3.病毒的增殖

病毒的增殖又称为病毒的复制。病毒没有完整的酶系统,只能依靠活的宿主细胞进行复制,由病毒基因组的核酸指令宿主细胞复制大量病毒核酸和蛋白质,最后装配呈病毒粒子,并从宿主细胞内释放出来。病毒的这种繁殖方式称为病毒的增殖或复制。大肠杆菌 T

系偶数噬菌体的生活周期研究得最早和较深入,本教材中病毒的增殖或复制主要以大肠杆菌 T 系偶数噬菌体为模式介绍,其增殖周期可分为五个阶段。

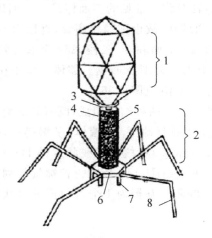

1.头部;2.尾部;3.尾领;4.尾鞘;5.尾髓;6.尾板;7.刺突;8.尾丝
图 3-37　T₄ 噬菌体的形态结构

(1)吸附(adsorption)

病毒侵染寄主细胞的第一步为吸附。吸附是指病毒通过其吸附器官与宿主细胞表面的特异受体发生特异性结合的过程。吸附过程一方面决定于细胞表面受点的结构,另一方面也取决于噬菌体吸附器官—尾部吸附点的结构。当噬菌体和敏感细胞混合时,发生碰撞接触,敏感的细菌细胞表面具有噬菌体吸附的特异性受点,噬菌体的吸附点与细菌的接受点可以互补结合,这是一种不可逆的特异性反应。一种细菌可以被多种噬菌体感染,这是因为宿主细胞表面对各种噬菌体有不同的吸附受点。现已证实,大肠杆菌细胞壁的脂蛋白层为 T_2 和 T_6 噬菌体的吸附受点,脂多糖层为 T_3、T_4、T_7 的吸附受点,而 T_5 噬菌体的吸附受点则为脂多糖-脂蛋白的复合物。吸附时,噬菌体尾部末端尾丝散开,固着于特异性的受点,随之尾刺和基板固定在受点上。不同的噬菌体粒子吸附于宿主细胞的部位也不一样,如大肠杆菌 T 系噬菌体大多吸附于宿主细胞壁上(见图 3-38(b));大肠杆菌丝状噬菌体 M_{13} 只吸附在大肠杆菌性伞毛的末端;而枯草杆菌噬菌体 PBS_2 则吸附在细菌鞭毛上。至于每个宿主究竟能被多少噬菌体吸附,据测定一般在 250~360 个即达到饱和状态,这称为最大吸附量。

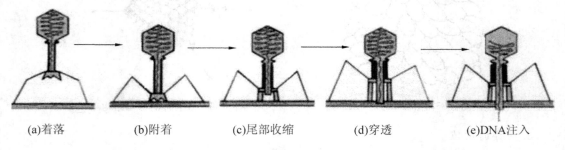

(a)着落　　　　(b)附着　　　　(c)尾部收缩　　　　(d)穿透　　　　(e)DNA注入
图 3-38　大肠杆菌 T4 噬菌体吸附、侵入和注入 DNA 过程的模式

吸附过程也受环境因子的影响,如 pH、温度、阳离子浓度等都会影响到吸附的速度。二价和一价阳离子可以促进噬菌体的吸附,三价阳离子可以引起失活;pH 为 7 时呈现出最大

吸附速度,pH 为 5 以下或大于 10,则很少吸附。

(2)侵入(penetration)

侵入即注入核酸。宿主细胞性质不同,病毒的侵入方式也不同。大肠杆菌($E. coli$)T_4噬菌体以其尾部吸附到敏感菌表面后,将尾丝展开并固着于细胞上。尾部的酶水解细胞壁的肽聚糖,使细胞壁产生一小孔,然后尾鞘收缩,将头部的核酸通过中空的尾髓压入细胞内,而蛋白质外壳则留在细胞外(见图 3-38(c)和(d))。大肠杆菌 T 系噬菌体只需几十秒钟就可以完成这个过程,但受环境条件的影响。通常一种细菌可以受到几种噬菌体的吸附,但细菌只允许一种噬菌体侵入,如有两种噬菌体吸附时,首先进入细菌细胞的噬菌体可以排斥或抑制两者入内。即使侵入了,也不能增殖而逐渐消解。

尾鞘并非噬菌体侵入所必不可少的。有些噬菌体没有尾鞘,也不收缩,仍能将核酸注入细胞。但尾鞘的收缩可明显提高噬菌体核酸注入的速率。如 T_2 噬菌体的核酸注入速率就比 M_{13} 的快 100 倍左右。

(3)复制(replication)

这个步骤主要指噬菌体 DNA 复制和蛋白质外壳的合成。噬菌体 DNA 进入宿主细胞后,立即以噬菌体 DNA 为模板,利用细菌原有的 RNA 合成酶来合成早期 mRNA,由早期 mRNA 翻译成早期蛋白质。这些早期蛋白质主要是病毒复制所需要的酶及抑制细胞代谢的调节蛋白质。在这些酶的催化下,以亲代 DNA 为模板,半保留复制的方式,复制出子代的DNA。在 DNA 开始复制以后转录的 mRNA 称为晚期 mRNA,再由晚期 mRNA 翻译成晚期蛋白质。这些晚期蛋白质主要组成噬菌体外壳的结构蛋白质,如头部蛋白质、尾部蛋白质等。在这时期,细胞内看不到噬菌体粒子,称为潜伏期(latent period)。潜伏期是指噬菌体吸附在宿主细胞至宿主细胞裂解,释放噬菌体的最短时间。

(4)装配(assembly)

当噬菌体的核酸、蛋白质分别合成后即装配成成熟的、有侵染力的噬菌体粒子。例如大肠杆菌 T_4 噬菌体的装配过程为:①DNA 分子缩合进入头部衣壳中形成头部;②由基板、尾鞘等各部件装成尾部;③头部与尾部相结合;④最后装上尾丝。从而装配成完整的、有感染性的病毒粒子(见图 3-39)。

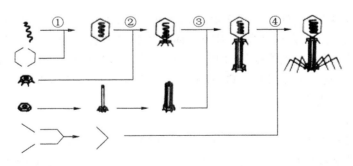

图 3-39 T 偶数噬菌体的装配过程模式

(引自:闵航,《微生物学》,浙江大学出版社 2005 年版)

(5)释放(lysis)

成熟的噬菌体粒子,除 M_{13} 等少数噬菌体外,均借宿主细胞裂解而释放。细菌裂解导致一种肉眼可见的液体培养物由混浊变清或固体培养物出现噬菌斑。丝状噬菌体 fd 成熟后并不破坏细胞壁,而是从宿主细胞中钻出来,细菌细胞仍可继续生长。大肠杆菌 T 系偶数噬菌体从吸附到粒子成熟释放大约需要 15~30min。释放出的新的子代噬菌体粒子在适宜条件下便能重复上述过程(见图 3-40)。

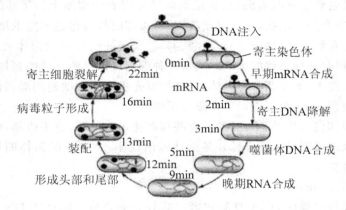

图 3-40　噬菌体 T₄ 感染各时段的情况
(引自:闵航,《微生物学》,浙江大学出版社 2005 年版)

上述这种释放遵循典型的病毒繁殖方式,即成熟后通过一定的方式从宿主细胞内释放出来,同时引起宿主细胞迅速裂解的噬菌体,称为烈性噬菌体。大量的宿主细胞被裂解后在平板培养基的菌苔表面产生一个个的透明圈,称为噬菌斑。如果噬菌体的整个增殖过程发生在液体培养基中,表现为浑浊的菌液变为澄清。还有一些噬菌体侵染细菌后,并不进行自身的复制,而是将侵入的核酸整合到宿主细胞的基因组中,病毒核酸随宿主 DNA 的复制而同步复制,但不导致宿主细胞的裂解,这类噬菌体称为温和噬菌体或溶源性噬菌体。温和性噬菌体侵染敏感细菌后不裂解它们,与之共存的特性称为溶源性。处于整合状态的噬菌体 DNA 称为前噬菌体。带有前噬菌体的细菌称为溶源性细菌。自然界的细菌多数是溶源性细菌,如大肠杆菌、芽孢杆菌、沙门氏菌。但在偶尔的情况下,如遇到环境诱变物甚至在无外源诱变物情况下可自发地具有产生成熟噬菌体的能力。

4.噬菌体的检测

噬菌体个体极其微小,难以用光学显微镜观察,在人工培养基上不能生长,因此其检测一般采取间接方法。这些方法主要根据噬菌体的生物学特性来设计。一方面,噬菌体对宿主具有高度特异性,可利用敏感菌株对其培养;另一方面,噬菌体侵染宿主细胞后可引起裂解,在固体平板培养基上可形成噬菌斑,在液体培养基中可使菌液由混浊变澄清。下面介绍几种检测噬菌体的常用方法。

(1)双层平板法

双层平板法是一种普遍用于进行噬菌体检测的方法。先配制 2%琼脂的底层平板,再将噬菌体的稀释悬液和较浓的敏感细菌与少量 45℃ 的 1% 琼脂培养基充分混合,然后再倒入底层琼脂平板上(平板不宜太厚),即做成双层平板。培养十余小时后可以观察到,在长满细菌菌落的平板上有一个个不长细菌的透明小圆,即噬菌斑。可以认为,每个噬菌斑是一个噬菌体侵染的结果,其原因是一个噬菌体侵染一个敏感细菌后,就在该细菌细胞内增殖,然后将细胞裂解并释放出大量子噬菌体,这些子噬菌体再侵染周围的细菌,增殖并裂解它们。多次重复侵染、增殖和裂解后,就形成了一个由无数子噬菌体构成的噬菌斑。形成的噬菌斑边缘清晰,且其形状、大小、边缘、透明度等特征均因噬菌体的种类而异,故噬菌体不仅可用于噬菌体的检出、定量、鉴定、分离与纯化,而且还是其他病毒(如动物病毒)检出和定量方法的基础。

(2)单层平板法

在双层平板中省去底层,但所用培养基的浓度比双层平板法的上层高,所加的量也要多些。此法简便,但效果较差。

(3)玻片快速检测法

将噬菌体、敏感宿主细胞与适量 45℃ 的 0.5%~0.8% 琼脂培养基充分混合,涂布在无菌载玻片上,经短期培养后,即可在显微镜下检测。如金黄色葡萄球菌噬菌体只需培养 2.5~4h 即可进行检测,但精确度较差。

三、任务考核指标

霉菌和酵母菌识别技能的考核见表 3-5。

表 3-5　霉菌和酵母菌识别技能考核表

考核内容		考核指标	分值
制片	清片	载玻片清洁	25
	滴液	载玻片上滴加染色液(或无菌水)	
	挑菌	挑菌的位置与量的多少	
		是否无菌操作	
	盖片	加盖盖片操作	
		有无气泡产生	
镜检		标本放置	25
		低倍镜观察	
		高倍镜观察	
		显微镜用毕后的处理	
微生物识别	霉菌	菌丝形态	50
		菌丝特化形态	
	酵母菌	细胞形状大小	
		出芽生殖状况	
		死活细胞判断	
合计		—	100

项目四　微生物的分离、纯化、培养与保藏

【知识目标】

1）掌握无菌操作技术的原理和方法。

2）掌握菌种纯化分离的基本原理和方法。

3）掌握菌种保藏方法的基本原理，学习几种菌种保藏的方法。

【能力目标】

1）能够熟练地进行无菌操作。

2）能够熟练地进行微生物的分离、纯化和培养。

3）能够选用合适的方法保存菌种，能够进行实验室保存菌种的基本操作。

【素质目标】

树立无菌观念，培养熟练的操作技术和强烈的责任心，养成细心稳重的习惯。

【案例导入】

在自然界中，各种微生物之间并不是离群索居，彼此老死不相往来的。在任何天然环境中，都有多种微生物共同生活。土壤是微生物的大本营，1g普通的菜园土中就有数百种微生物，个体数量可能超过上亿。连人的口腔中也有几十种细菌。由于巴斯德对葡萄酒变质的研究，人们认识到某种微生物和物质的某种化学变化有直接关系，酵母菌可以把葡萄酒里的葡萄糖变成酒精，醋酸细菌可以使葡萄酒变酸。

巴斯德和其他一些学者的工作又证明传染病是由某些微生物感染所致。既然每种微生物有不同的形态和生理特征，它们在自然界的作用和对人类的影响也必然有差异。我们要了解某种微生物对于人类有害还是有益，或者目前与人类还没有什么特别密切的关系，就必须单独把这种微生物分离出来研究。这就是在无菌技术的基础上微生物学的另一项基本技术——纯种分离技术。

真正解决问题的纯种分离方法，是著名的德国医生，伟大的微生物学奠基人之一科赫和他的研究小组建立起来的。科赫在明胶中加上一些营养物质（例如肉质），加热融化后倒在一片灭过菌的玻璃片上，待其凝固后，用在火焰上烧红，因而没有污染任何微生物的白金丝（因为白金丝烧红后很快便会冷却，现在我们用电炉丝代替，价格便宜多了）沾上一点要分离的样品，在凝固的明胶上轻轻划动，使样品中的很少量微生物沾在明胶上，然后用玻璃罩盖上玻璃片，以防空气中的杂菌落下污染，几天后，明胶板上便长出菌落。这种方法叫做划线分离法。由于明胶是透明的，所以很容易观察。后来，科赫的助手又发现用洋菜（学名叫琼脂，一种做果酱的植物胶）代替明胶，可以克服明胶在37℃会融化的缺点；另一位助手又设计了一种圆形的有边的，可以对着盖起来的培养器具，使得融化的洋菜或明胶不会随便乱流，又可以避免污染杂菌。从19世纪80年代起，这些分离微生物的特殊用具，成了微生物学实验室必备的特征性物品，至今依旧。

任务 1　微生物无菌接种

一、任务目标

1）掌握无菌操作技术的基本环节；
2）学会利用无菌操作技术进行斜面接种、三点接种操作。

二、任务相关知识

在微生物分离、纯化和培养过程中，为了保证微生物的"纯洁"，必须防止其他微生物的混入。这种在分离、转接及培养纯培养物时为防止其他微生物污染的技术称为无菌操作技术（aseptic technique）。无菌操作技术是保证微生物学研究和发酵正常进行的关键。接种是将微生物或微生物悬液引入新鲜培养基的过程，无菌接种技术就是在微生物的转接过程中防止其他微生物污染的接种技术。在实验和生产过程中因目的、培养基种类和实验器皿等的不同，所用的接种方法也不尽相同，例如有斜面接种、液体接种、固体接种、穿刺接种等，但目的都是为了获得生长良好的纯种微生物。

1. 无菌操作技术

为了保证微生物在接种过程中不被其他微生物污染，需要从接种的环境、接种的器具、培养基、操作人员等几个方面抓起。

（1）环境条件的灭菌

微生物的接种操作一般是在超净工作台或无菌室内进行，条件差的实验室也要求在酒精灯火焰附近完成操作（一般认为，距离酒精灯火焰 5cm 的范围内为无菌区）。

1）无菌室的灭菌：无菌室在使用之前打开紫外灯照射约 30min，就能使空气和室壁表面基本无菌。为了加强灭菌效果，在开灯前可以在接种室内喷洒石炭酸溶液，接种室的台面等可以用 2%～3% 的来苏儿擦洗，亦可用福尔马林熏蒸灭菌。

2）超净工作台：超净工作台是借助于一鼓风机将普通空气鼓入，通过粗滤、超滤纤维过滤后，进入工作台内的空气即为无菌空气。在使用前，应先打开超净工作台里的紫外灯，提前照射约 30min；接种前，提前打开鼓风机 5～6min。实验结束后，用消毒液擦拭工作台面，关闭工作电源，重新开启紫外灯照射 15min。

3）接种室无菌程度的检查：取无菌的营养琼脂平板，在接种室内台上和台下各放一套，打开皿盖，放置 15min，盖上皿盖，37℃ 倒置培养 24～28h。如果每个平皿内菌落数不超过 4 个，则可认为无菌程度良好；若菌落较多，则应对接种室进一步灭菌。

（2）接种器的灭菌

实验过程中用到的器具，例如平板、试管、移液管、三角瓶、接种针、涂布棒等，都要进行灭菌。一般来说，平板、试管、移液管、三角瓶等需要在接种前提前灭好菌。在接种前拿进无菌室或超净工作台，在对空气灭菌的同时对它们的包装进行再次表面杀菌。接种针、接种环一般采取火焰灼烧法灭菌，即接种前在酒精灯外焰灼烧灭菌、冷却后直接使用。涂布棒一般采取 75% 酒精浸泡后再在酒精灯火焰上灼烧的方法灭菌。

（3）培养基及生理盐水的灭菌

实验过程中用到的培养基和稀释用生理盐水一律要求灭菌，另外有些添加进培养基中的药品也要灭菌。

（4）操作人员

操作人员进入无菌室之前应洗净手、脸、腕，换上已灭菌的工作服和专用鞋、帽、口罩等，勿使头发、内衣等露出，剪去指甲，双手按规定方法洗净并消毒。室内操作人员不宜过多，尽量减少人员流动。在超净工作台上工作时，应对手进行酒精消毒，消毒后不能随便离开工作台面，如果离开，应再次消毒。操作过程中尽量少说话，尽量减少人员流动。

另外，对于好氧培养，所用试管及三角瓶的口端需塞上棉塞、硅胶或包扎多层纱布，这样既能进入空气，又能阻挡外界的微生物进入。对于好氧发酵，则需要通入无菌空气。无菌空气可以采取过滤除菌、加热灭菌或高空采集空气等方法获得。

2.接种技术

在实验室或生产实践中，用得最多的接种工具是接种环、接种针。根据接种微生物的性质和接种要求的不同，接种针的针尖部常做成不同的形状，如环形、针形、刀形、耙形等（见图4-1）。有时滴管、吸管也可作为接种工具进行液体接种。在固体培养基表面要将菌液均匀涂布时，需要用到涂布棒。

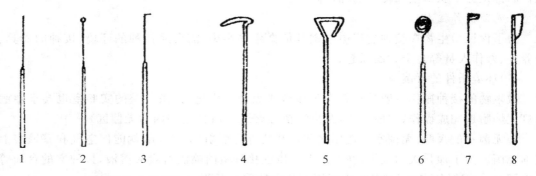

1.接种针；2.接种环；3.接种钩；4,5.玻璃涂棒；6.接种圈；7.接种锄；8.小解剖刀

图4-1 微生物接种和分离工具

常用的接种方法有以下几种：

（1）划线接种

这是最常用的接种方法，即蘸取少量微生物或含有微生物的悬液在固体培养基表面作来回作直线形的移动，就可达到接种的作用。常用的接种工具有接种环、接种针等。在斜面接种和平板划线中就常用此法。

（2）三点接种

在研究霉菌形态时常用此法，即把少量的微生物接种在平板表面上，成等边三角形的三点，让它各自独立形成菌落后，来观察、研究它们的形态。除三点外，也有一点或多点进行接种的。三点接种的方法不仅可同时获得三个重复的霉菌菌落，还可以在三个彼此相邻的菌落间会形成一个菌丝生长较稀疏且较透明的狭窄区域，在该区域内的气生菌丝仅可分化出少数子实器官，因此直接将培养皿放低倍镜下就可观察到子实体的形态特征，从而省略了制片的麻烦，并避免了由于制片而破坏子实体自然生长状态的弊端。

（3）穿刺接种

在保藏厌氧菌种或研究微生物的动力时常采用此法。做穿刺接种时,采用的接种工具是接种针,采用的培养基一般是半固体培养基。它的做法是:用接种针蘸取少量的菌种,沿半固体培养基中心向管底作直线穿刺。如某细菌具有鞭毛而能运动,培养一段时间后,则微生物在穿刺线周围扩散生长。

（4）浇混接种

该法是先将待接的微生物制备成菌悬液,用滴管或移液管接种到培养皿中,然后倒入冷却至 45℃ 左右的固体培养基,迅速轻轻摇匀,这样菌液就达到稀释的目的。待平板凝固之后,置合适温度下培养,就可长出单个的微生物菌落。稀释倾注平板法就是采用浇混的方式进行接种。

（5）涂布接种

与浇混接种略有不同,就是先倒好平板,让其凝固,然后再将菌液倒入平板上面,迅速用涂布棒在表面作来回左右的涂布,让菌液均匀分布,就可长出单个的微生物的菌落。

（6）液体接种

从固体培养基中用无菌生理盐水将菌洗下,倒入液体培养基中;或用接种环（针）挑取固体培养基上的菌落（菌苔）,接至液体培养基;或者从液体培养物中,用移液管将菌液接至液体培养基中;或从液体培养物中将菌液移至固体培养基中;都可称为液体接种。

（7）注射接种

注射接种是用注射的方法将待接的微生物转接至活的生物体内,如人或其他动物中,常见的疫苗预防接种,就是用注射接种,接入人体,来预防某些疾病。

（8）活体接种

活体接种是专门用于培养病毒或其他病原微生物的一种方法,所用的活体可以是整个动物,也可以是某个离体活组织。接种的方式是注射,也可以是拌料喂养。

三、任务所需器材

1）试管菌种:大肠杆菌、酵母菌、霉菌。

2）器材:酒精灯、接种环、接种针、灭菌培养皿、恒温培养箱、显微镜。

3）其他:马铃薯葡萄糖培养基、营养琼脂斜面、马铃薯葡萄糖琼脂斜面、标签纸,培养基需要灭菌。

四、任务技能训练

（1）斜面接种（见图 4-2）

1）贴标签。接种前在新鲜培养基试管壁距试管口 2～3cm 处贴上标签,注明菌名、接种日期、接种人姓名等（若用记号笔标记则不需标签）。

2）点燃酒精灯。注意酒精灯点燃时应先使打火机点火后再靠近灯芯点燃,也不能直接利用已灼烧的酒精火焰对另一只酒精灯进行点火。

3）接种。用接种环将少许酵母菌种移接到试管斜面上。操作必须按无菌操作法进行。

● 手持试管。将菌种和待接斜面的两支试管用大拇指和其他四指握在左手中,使中指位于两试管之间的部位。斜面面向操作者,并使它们位于水平位置。

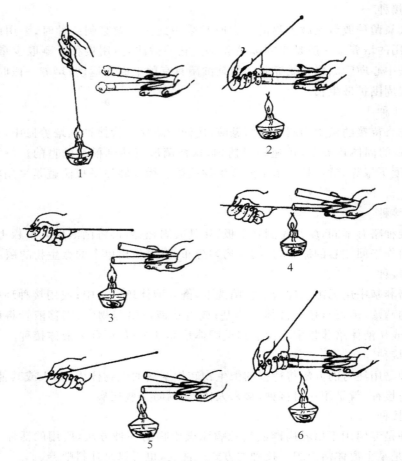

1. 灼烧接种工具；2. 拔棉塞；3. 容器口部灭菌；4. 菌种转接；5. 容器口部灭菌；6. 塞棉塞

图 4-2　斜面接种的无菌操作

(引自：钱学东,《食品微生物学》第二版,中国农业出版社 2008 年版)

- 旋松管塞。先用手旋松棉塞或塑料管盖,以便接种时拔出。
- 取接种环。右手拿接种环(如握钢笔一样),在火焰上将环端及将有可能伸入试管的其余部分灼烧灭菌,对镍镉丝与柄的连接部位要着重灼烧,重复此操作,再灼烧一次。
- 拔管塞。用右手的无名指、小指和手掌边先后取下菌种管和待接试管的管塞,然后让试管口缓缓过火灭菌(切勿烧得过烫)。
- 接种环冷却。将灼烧过的接种环伸入菌种管,先让环接触没有长菌的培养基部分,使其冷却。
- 取菌。待接种环冷却后,轻轻蘸取少量菌体或孢子,然后将接种环移出菌种管,注意不要使接种环的部分碰到管壁,取出后不可使带菌接种环通过火焰。
- 接种。在火焰旁迅速将沾有菌种的接种环伸入另一支待接斜面试管。从斜面培养基的底部向上部作"Z"形来回密集划线,切勿划破培养基。有时也可用接种针仅在斜面培养基的中央拉一条直线作斜面接种,直线接种可观察不同菌种的生长特点。
- 塞管塞。取出接种环,灼烧试管口,并在火焰旁将管塞旋上。塞棉塞时不要用试管去迎棉塞,以免试管在移动时纳入不洁空气。

● 将接种环灼烧灭菌。放下接种环,再将棉花塞旋紧。

4)培养。将接种好的大肠杆菌斜面置于 37℃ 恒温培养箱培养 48h;霉菌和酵母菌斜面置于 28℃ 恒温培养箱中培养,酵母菌培养 24h;霉菌培养 5d。

5)结果观察。观察斜面上长出菌落(菌苔)的特征。

（2）三点接种

1)倒平板。融化马铃薯葡萄糖琼脂培养基,冷却至 50℃ 左右,按无菌操作法将培养基倒入无菌培养皿中,平置,冷却、凝固。

2)贴标签。将注明菌名、接种日期及接种者姓名的标签贴于皿底边上。

3)标出三点。用记号笔在皿底标出等边三角形的三个顶点。

4)点接。①挑孢子:将经灼烧灭菌过的接种针在菌种试管斜面上端没有微生物的培养基上冷却并湿润后,用针尖挑取少量孢子,将针柄在管口轻轻碰几下,以抖落未黏牢的孢子。然后移出接种针,塞上棉塞。②点接:左手将预先倒置在酒精灯旁的含培养基的皿底取出(皿底朝上,仍放在酒精灯旁),随之将培养基一面朝向火焰,并使皿底垂直于桌面,将沾有孢子的接种针尖垂直地点接于标记处,然后将皿底轻轻地放入皿盖中。最后将带菌的接种针烧红,以杀灭残留的孢子,才能将其放到桌面上。

5)培养:将培养皿倒置于 28℃ 恒温培养箱中,培养 3～5d 后观察菌落生长情况。

6)显微镜观察。将培养好的平板直接放在显微镜下进行观察,查看霉菌孢子着生情况和三个菌落交界处子实体着生情况。

五、任务考核指标

微生物斜面接种技术的考核见表 4-1。

表 4-1　微生物斜面接种技术考核表

考核内容		考核指标	分值
接种前准备		未检查操作台上的接种工具是否齐全	10
		未对培养皿贴标签	
接种操作	接种前的操作	双手未用 75% 酒精擦手	30
		接种环未在火焰上作灭菌处理	
		手拿接种环用于灭菌操作姿势不当	
		接种环中的接种丝没有烧红	
		接种环中的接种金属杆没有灼烧	
	取菌过程	刚灭菌的接种环没有冷却就直接挑取菌种	20
		挑菌种时接种环碰及管壁	
		挑取菌种后接种环穿过火焰	
		划线挑菌种时用力过大并划破培养基	
	取菌后操作	试管棉塞拉出后直接放在桌面或书本上	20
		接种完后,接种环没有灭菌就放到桌面上	
		接种完成后,试管口没有灼烧灭菌就塞上棉塞	

续表

考核内容	考核指标	分值
斜面划线	手持 2 支试管方法不对	20
	灭菌后,拔试管塞不规范	
	划线未呈"Z"形划线	
	划线时划破斜面	
合计	—	100

任务 2　菌种分离、纯化、培养

一、任务目标

1)掌握倒平板的方法和几种常用的微生物分离与纯化的基本操作技术。

2)掌握无菌操作的基本环节。

3)了解细菌和霉菌培养的适宜条件。

二、任务相关知识

(一)菌种分离、纯化

自然界中的微生物总是混居在一起的,即使一粒土或一滴水或一颗粮食中也生存着多种微生物。要研究和利用其中的某一种微生物,首先必须将其从混杂的微生物群体中分离出来,获得该微生物的纯种。将特定的微生物个体从样体中或从混杂的微生物群体中分离出来的技术叫做分离。在特定环境中只让一种来自同一祖先的微生物群体生存的技术叫做纯化。因此微生物的分离纯化是微生物实验中的最基本技术之一。

通过微生物的分离纯化,在平板上获得某一微生物的单一的菌落后,需要采用合适的接种和培养技术来获得微生物纯种,从而进行科学研究和生产备用。微生物接种和培养方法很多,要根据实验目的和培养基种类进行选择。

为了从混杂的样本中分离出所需的菌种或者已有的微生物菌种由于某些原因受到污染或出现退化现象需要纯化或复壮,这些工作离不开菌种分离纯化。含有一种以上的微生物培养物称为混合培养物,如果在一个菌落中所有细胞均来自于一个亲代细胞,那么这个菌落称为纯培养,得到纯培养的过程称为分离纯化。常用的微生物分离纯化的方法是平板划线分离法、稀释混合平板法和稀释涂布平板法,但任何分离纯化方法皆需严格地进行无菌操作,这样才能得到纯的菌株。

平板划线法是最简单的微生物分离纯化方法。用无菌的接种环取样品稀释液(或培养物)少许在平板上进行划线。划线的方法很多,常见的比较容易出现单个菌落的划线方法有斜线法、曲线法、方格法、放射法、四格法等(见图 4-3)。平板划线法主要应用于食品致病菌进行增菌后的平板分离。当接种环在培养基表面上往后移动时,接种环上的菌液逐渐稀释,最后在所划的线上分散着单个细胞,经培养,每一个细胞长成一个单独的菌落(见图 4-4)。

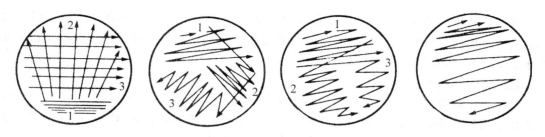

图 4-3　平板划线法的划线方法

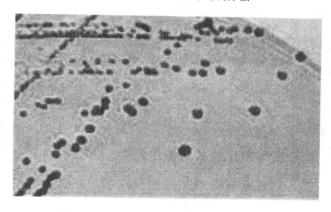

图 4-4　平板划线法经培养后形成的菌落

　　稀释混合平板法首先将样本通过无菌水进行 10 倍系列稀释,取一定量的稀释液加到无菌培养皿中,倾注 40～50℃左右的适宜固体培养基充分混合,待凝固后,做好标记,把平板倒置在恒温箱中定时培养。培养后会出现由单一细胞经过多次增殖后形成的一个菌落(见图 4-5)。

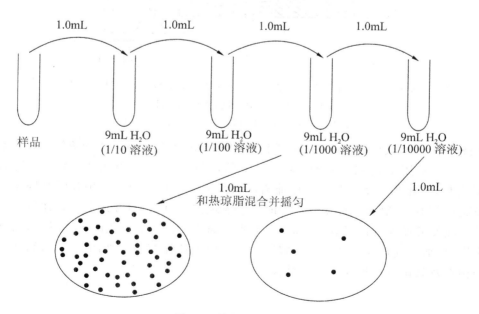

图 4-5　稀释混合平板法

稀释涂布平板法首先把样本通过适当的稀释,取一定量的稀释液放在无菌的已凝固的适合培养基琼脂的平板上,然后用无菌玻璃刮刀或 L 型玻璃棒把稀释液均匀地涂布在培养基表面上,恒温培养便可以得到单个菌落。

(二)微生物培养

根据微生物对氧气的需求不同,可以分为好氧培养、厌氧培养和兼性好氧(厌氧)培养;根据微生物培养方式的不同,可以分为分批培养、补料分批培养和连续培养;根据培养体系中微生物的种类不同,又可以分为单一菌种发酵和多菌种发酵。

(1)好氧培养与厌氧培养

1)好氧培养。

好氧培养是针对需要氧气才能生长的微生物的一种培养模式,绝大多数的培养都属于好氧培养,例如平板培养、斜面培养、谷氨酸发酵等。生产实践中,好氧培养的氧气一般来自空气。固体培养中可以通过空气自然对流或机械通风的方法实现,例如平板培养和斜面培养分别是通过平板玻璃的缝隙和棉塞的缝隙进行自然供氧的;在酱油生产中,制备成曲的前期也是通过自然对流的方式进行供氧,但是到了菌丝生长旺盛期,就需要采取机械通风的方法进行供氧,以保证获得充足的氧气并及时排除霉菌生长产生的热量和二氧化碳。图 4-6 示意了酱油生产中通风曲槽的结构模式。

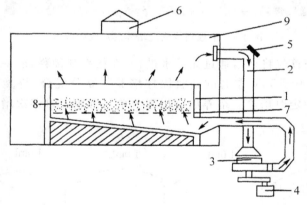

1.曲床;2.风道;3.鼓风机;4.电动机;5.入风口;6.天窗;7.帘子;8.曲料;9.曲槽罩

图 4-6　酱油生产中通风曲槽的结构模式

(引自:张青,葛菁萍,《微生物学》,科学出版社 2008 年版)

在液体培养中,微生物只能利用培养液中的溶解氧,所以维持适当的溶解氧是好氧培养的关键。常温常压下达到平衡时,氧在水中的溶解度仅为 6.2mL/L,这些氧只能氧化 8.3g 葡萄糖,仅相当于培养基中常用葡萄糖浓度 1%,因此供氧量几乎是限制因子。在液体三角瓶培养中,一般是采取振荡培养的方法实现供氧,摇瓶的方式主要有往复式和旋转式两种。在发酵罐内进行好氧培养时,一般采用通入无菌压缩空气的方式供氧,另外通过搅拌作用,增加氧气在发酵液中的溶解度。一些代表性摇瓶装置如图 4-7 所示,通用式发酵罐的构造及其运行原理如图 4-8 所示。

(a)小型台式摇瓶机

(b)大型恒温摇瓶机(一)

(c)保温室往复摇瓶机

(d)大型恒温摇瓶机(二)

图 4-7　一些代表性摇瓶装置

（引自：张青，葛菁萍，《微生物学》，科学出版社 2008 年版）

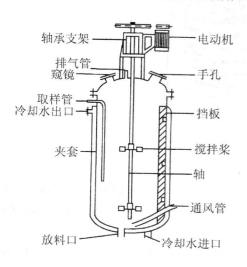

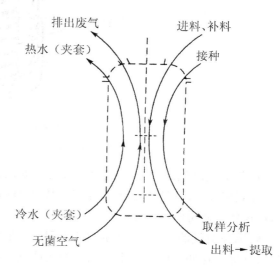

图 4-8　通用式发酵罐的构造及其运行原理

（引自：张青，葛菁萍，《微生物学》，科学出版社 2008 年版）

2)厌氧培养。

厌氧培养是指在隔绝氧气或驱除空气的状态下进行培养。专性厌氧细菌需要在绝对厌氧的状态下才能生长发育,但在实验条件下,有时兼性厌氧细菌也采取厌氧培养的方式培养。在生产和实践中,除了可以采用专门的厌氧培养装置,如厌氧培养皿、厌氧罐(见图 4-9),还可以采取以下形式。

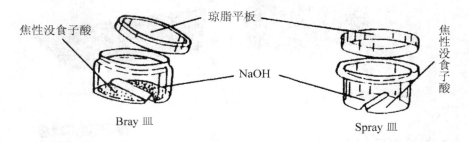

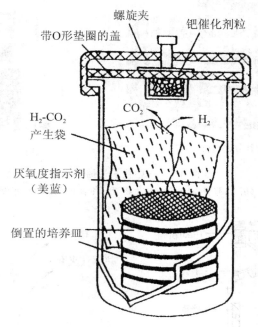

图 4-9 厌氧培养皿、厌氧罐的一般构造

(引自:张青,葛菁萍,《微生物学》,科学出版社 2008 年版)

● 与空气隔绝或尽量少接触空气的培养法:把琼脂培养基加入普通试管约 10cm 高度进行穿刺培养,或移植于液体培养基和固体斜面培养基上以后,再加一层液体石蜡或矿物油,用这些方法可防止与空气接触。

● 除掉空气的方法:把微生物装入耐压容器中进行真空培养,或充满二氧化碳、氢气、氮气、氩气等。这些气体可把事先混入的微量氧气除掉。在氢存在时,可用置换后飞溅火花等方法来除掉残存的氧气。

● 去氧的方法:如加入焦性没食子酸和碳酸钠进行化学除氧,在有水的情况下,它们缓慢作用,吸收氧气,放出二氧化碳,造成缺氧和低氧化还原电位的环境。或使用好氧细菌及发芽的种子,使通过呼吸而消耗掉氧气(见图4-10)。

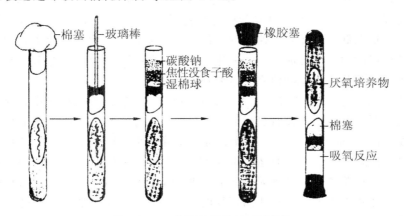

图4-10 一种厌氧菌的斜面培养法
(引自:张青,葛菁萍,《微生物学》,科学出版社2008年版)

(2)分批培养、流加培养和连续培养

1)分批培养。

分批培养又称间歇培养。在一个相对独立密闭的系统中,一次性投入培养基对微生物进行接种培养的方式一般称为分批培养(batch culture)。由于它的培养系统的相对密闭性,故分批培养也叫密闭培养(closed culture)。如在微生物研究中用烧瓶作为培养容器进行的微生物培养一般是分批培养。在培养过程中,随着培养时间的延长,营养物不断被消耗而减少,代谢产物不断产生而得到累积,营养物质的减少和代谢产物的累积都不利于微生物的生长,最终菌体生长停止。在分批培养过程中,微生物群体生长的表现为细胞对新的环境的适应到逐步进入快速生长,而后较快转入稳定期,最后走向衰亡的阶段分明的群体生长过程。分批培养由于它的相对简单与操作方便,至今仍是发酵工业的主流。

2)补料—分批培养。

补料—分批培养又称流加培养、半连续发酵,是指在微生物分批发酵过程中,以某种方式向发酵系统中补加一定物料,但并不连续地向外放出发酵液的发酵技术,是介于分批发酵和连续发酵之间的一种发酵技术。一方面,补料—分批培养中可以通过添加新鲜培养基的方式,使培养基中营养物质的浓度维持在适合菌体生长或利于菌体积累代谢产物的水平,提高产出;另一方面,新鲜培养基的进入,对代谢产物的浓度也起到了一定的稀释的作用,减轻了代谢产物对微生物生长的抑制。在生产实践中,中间补料的营养物可以是某种碳源、氮源、无机盐、生长因子等,也可以是单独一种或混合的多种营养物,补料的数量可以达基础料的1~3倍;补充的方式可以是一次性的,也可以是间歇多次的,还可以是连续流加的。

3)连续培养。

连续培养是指在培养过程中不断补充新鲜营养物质,同时以同样的速度不断排除老菌液,使被消耗的营养物得到及时补充,培养容器内营养物质的浓度基本保持恒定,从而使菌体保持恒速生长。连续培养可以提高发酵率和自动化水平,减少动力消耗并提高产品质量。在连续培养过程中,可以根据研究者的目的与研究对象不同,分别采用不同的连续培养方法。常用的连续培养方法有恒浊法与恒化法两类,近年来固定化细胞连续培养也悄然兴起。

● 恒化连续培养：在培养过程中恒定的流入营养物，从而保持了营养物的浓度，使菌体生长速度恒定。在恒化培养过程中，主要通过控制生长限制因子的浓度，来调控微生物生长繁殖与代谢速度。用于恒化培养的装置称为恒化器（chemostat 或 bactogen）。恒化连续培养往往控制微生物在低于最高生长速率的条件下生长繁殖。恒化连续培养在研究微生物利用某种底物进行代谢的规律方面被广泛采用。因此，它是微生物营养、生长、繁殖、代谢和基因表达与调控等基础与应用基础研究的重要技术手段。

● 恒浊连续培养：是以培养器中微生物细胞的密度为监控对象，用光电控制系统来控制流入培养器的新鲜培养液的流速，同时使培养器中的含有细胞与代谢产物的培养液也以基本恒定的流速流出，从而使培养器中的微生物在保持细胞密度基本恒定的条件下进行培养的一种连续培养方式。用于恒浊培养的培养装置称为恒浊器（turbidostat）。目前在发酵工业上有多种微生物菌体的生产就是根据这一原理，用大型恒浊发酵器进行恒浊法连续发酵生产的。与菌体相平衡的微生物代谢产物的生产也可采用恒浊法连续发酵生产。

恒化连续培养和恒浊连续培养的比较见表 4-2。

表 4-2　恒化连续培养与恒浊连续培养的比较

装置	控制对象	生长限制因子	培养液流速	生长速度	产物	应用范围
恒化器	培养液流速	有	恒定	低于最高生长速度	不同生长速度的菌体	实验室为主
恒浊器	菌液密度	无	不恒定	最高生长速度	大量菌体或与菌体生长平行的代谢产物	生产为主

注：此表引自张青，葛菁萍，《微生物学》，科学出版社 2008 年版。

固定化细胞连续培养：通过包埋法、微胶囊法、吸附法、交联法等手段，将细胞固定在载体内部或表面进行培养的方法。固定化培养与游离法细胞培养，具有以下优点：可以提供较高的细胞密度；减少细胞流失，可以反复利用；简化了发酵工程下游的分离提纯工艺。

（3）混菌培养

在微生物的培养体系中，只有一种微生物的培养称为纯培养，含有两种或两种以上微生物的培养称为混合培养。在发酵工业中利用两种或两种以上在代谢活动上具有互补性质的菌种进行混合培养，可以取得纯培养达不到的目的。例如白酒生产大曲酒的制曲工艺中就是多菌种发酵的典型，曲块中含有酵母菌、霉菌、细菌等几十种微生物，这些微生物共同作用，产生丰富的代谢产物，代谢产物及代谢产物之间发生复杂化学反应形成新的产物，共同构成大曲酒丰满醇和的风味。在污水处理中也是采用混菌培养，活性污泥中栖息着以菌胶团为主的微生物群，具有很强的吸附与氧化有机物的能力。

三、任务所需器材

1）仪器：超净工作台或无菌室、摇床、恒温培养箱。

2）培养基：无菌水（或生理盐水）、营养琼脂、马铃薯葡萄糖琼脂。

3）样品：土壤样品，酱牛肉、大米等样品。

4）其他：吸管、酒精灯、三角瓶、试管、培养皿、涂布棒、试管架、记号笔等。

四、任务技能训练

(一)微生物分离与纯化无菌操作的环节和要点

1)用于微生物分离与纯化的无菌室或超净工作台应经常清理打扫,使用前用紫外灯照射 5～10min,或用 3％～5％的石炭酸溶液喷雾消毒。

2)操作人员需用 75％酒精棉球擦手。

3)操作过程不得离开酒精灯火焰。

4)棉塞不乱放。

5)分离与纯化菌种所用工具,使用前需经火焰灼烧灭菌,用后仍需经火焰灼烧灭菌,才能放在桌上。

6)所有使用器皿、蒸馏水、培养基等均需严格灭菌。

(二)采样和样品稀释液的制备

1. 采样

1)土壤:选定采土壤样地点,先除去表层 5cm 的土壤,用铲子取 5～10cm 的土壤装入无菌容器中。

2)散装酱牛肉、大米:超市购买后装入无菌容器中。

2. 制备样品稀释液

称取 10g 样品加入盛有 90mL 的无菌水的三角瓶中,置于摇床上振荡 30min,使样品中菌体充分分散于水中,此样品稀释液记为 10^{-1},依次用 4 支装 9mL 无菌水的试管进行10 倍稀释(吸取菌悬液 1mL 注入第一支含有 9mL 无菌水的试管,混匀,其稀释度为 10^{-2}),然后依此可稀释制成稀释度为 10^{-3}、10^{-4}、10^{-5} 的菌悬液。

(三)样品中微生物的分离纯化

1. 平板划线分离法

接种环火焰灭菌冷却后蘸取一环稀释度为 10^{-1} 样品稀释液,在已制成的营养琼脂平板和马铃薯葡萄糖琼脂平板上,进行连续划线(见图 7-1)。作好标记,倒置在恒温箱(细菌:36℃±1℃,培养 24～48h;霉菌:28℃±1℃,培养 72～120h)后观察结果。

2. 稀释混合平板分离法

首先给无菌培养皿依次编号,写明稀释度、皿次、分离培养日期、班级、组别。用灭菌吸管吸取土壤 10^{-3}、10^{-4}、10^{-5}(酱牛肉、大米用 10^{-1}、10^{-2}、10^{-3})稀释液各 1mL,分别滴加于相应的培养皿中。待热溶的营养琼脂和马铃薯葡萄糖培养基冷至 45℃左右,倒入滴加菌悬液的培养皿中,并使培养基与菌悬液充分混合,待凝固后,倒置在恒温箱(细菌:36℃±1℃,培养 24～48h;霉菌:28℃±1℃,培养 72～120h)观察结果。

3. 稀释涂布平板法

首先给制备的平板依次编号,写明稀释度、皿次、分离培养日期、班级、组别。用灭菌吸管吸取土壤 10^{-3}、10^{-4}、10^{-5}(酱牛肉、大米用 10^{-1}、10^{-2}、10^{-3})稀释液各 0.1～0.2mL,分别滴加对应编号的营养琼脂平板和马铃薯葡萄糖琼脂平板上,然后用无菌的涂布棒把稀释液均匀地涂布在培养基表面,倒置在恒温箱(细菌:36℃±1℃,培养 24～48h;霉菌:28℃±1℃,培养 72～120h)观察结果。

(四)实验结果

1)将利用平板划线分离法、稀释混合平板法和稀释涂布平板法从样品中分离得到的细菌纯培养物(营养琼脂平板)总菌落数结果填入表4-3中。

表4-3　菌种培养实验结果(一)

分离方法	平板划线分离法	稀释混合平板法	稀释涂布平板法
稀释度			
1			
2			
平均值			

2)将利用平板划线分离法、稀释混合平板法和稀释涂布平板法从样品中分离得到的霉菌纯培养物(马铃薯葡萄糖琼脂平板)总菌落数结果填入表4-4中。

表4-4　菌种培养实验结果(二)

分离方法	平板划线分离法	稀释混合平板法	稀释涂布平板法
稀释度			
1			
2			
平均值			

(五)思考题

1)报告在微生物分离纯化操作中,特别应注意的问题有哪些?

2)稀释混合平板分离时,为什么要将已融化的琼脂培养基冷却至45～50℃才能倾入装有菌悬液的培养皿内?

3)在恒温箱中培养微生物时为何培养皿需要倒置?

五、任务考核指标

微生物分离与纯化技能的考核见表4-5。

表4-5　微生物分离与纯化技能考核表

考核内容		考核指标	分值
准备工作及器皿标记	手部消毒	未用酒精棉球消毒	2
	酒精灯准备	未点燃就开始操作	4
		酒精灯位置不当	
	试管标记	未注明稀释度	2
	平皿标记	标记作在盖上	4
		未注明稀释度	

考核内容		考核指标	分值
样品稀释及加样	稀释用无菌水准备	移液管选择不恰当	8
		取水量不准	
	样品处理	取样前未摇匀	10
		取样量不准	
	梯度稀释	移液管放样方法不对	10
		水样与稀释水未混匀	
		加样顺序错误	
	加样操作	加样时打开皿盖手法不对	15
		加样时加样量不准	
		加样时远离酒精灯	
培养基加入		打开瓶盖手法错误	25
		棉塞放置桌面	
		加培养基时打开皿盖手法不对	
		倒培养基时远离酒精灯	
		未做平旋混合水样	
平板划线分离		手持平皿、接种环方法不对	10
		划线未按方法划线	
		划线时划破斜面	
稀释混合平板分离与稀释涂布平板分离		稀释液与培养基未充分混合	10
		稀释液在平板上涂布不匀	
		未作倒置培养	
		未调节培养箱温度	
合计		——	100

任务3 微生物菌种的常规保藏

一、任务目标

1)学会斜面传代低温保藏菌种的操作方法。
2)了解斜面传代低温保藏法的优缺点。

二、任务相关知识

菌种是一种资源,不论是从自然界直接分离到的野生型菌株,还是经人工方法选育出来的优良变异菌株或基因工程菌株都是国家的重要生物资源。因此,菌种保藏是一切微生物工作的基础,菌种保藏的目的是使菌种保藏后不死亡、不变异、不被杂菌污染,并保持其优良性状,以利于生产和科研的应用。

菌种保藏原理的核心问题是必须降低菌种的变异率,以达到长期保持菌种优良特性的目的,而菌种的变异主要发生于微生物旺盛的生长繁殖过程。因此,必须创造一种环境,使微生物处于新陈代谢最低水平、生长繁殖不活跃状态。

目前菌种保藏的方法很多,但基本都是根据以下原则设计的:①必须选用典型优良纯种,最好采用它们的休眠体(如芽孢、分生孢子等)进行保藏;②创造一个有利于微生物长期休眠的环境条件,如低温、干燥、缺氧、避光、缺乏营养、添加保护剂等;③尽量减少传代次数。采用以上措施有利于达到长期保藏的目的。下面介绍几种常用的菌种保藏方法(见表4-6)。

表4-6 几种常用的菌种保藏方法的比较

方法名称	主要措施	适宜菌种	保藏期	评价
斜面低温保藏法	低温	各大类	3~6个月	简便
半固体保藏法	低温	细菌、酵母菌	6~12个月	简便
石蜡油封藏法	低温、缺氧	各大类好氧生物	1~2年	简便
沙土管保藏法	干燥、缺氧、无营养、低温	产孢子的微生物	1~10年	简便有效
冷冻真空干燥保藏法	干燥、无氧、低温、有保护剂	各大类	5~15年	繁而高效
液氮超低温冷冻保藏法	干燥、无氧、超低温、有保护剂	各大类	20年以上	繁而高效

1.斜面低温保藏法

将菌种接种在斜面培养基上,在适宜的温度下培养,一般细菌培养1~2d,酵母菌培养3d左右,放线菌与霉菌可培养5d。再将菌种置于4℃冰箱中进行保藏,并定期移植。这是实验室最常用的一种保藏方法(见图4-11)。

此法优点是操作简单,不需特殊设备;缺点是保藏时间短,菌种经反复转接后,遗传性状易发生变异,生理活性减退。

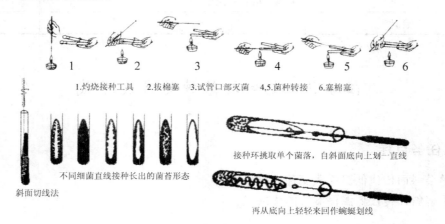

图4-11 斜面接种操作方法

2.半固体保藏法

用穿刺接种法将菌种接种至半固体培养基中央部分,在适宜温度下培养,然后将培养好的菌种置于 4℃冰箱保藏。此法一般用于保藏兼性厌氧细菌或酵母菌。斜面穿刺效果图如图 4-12 所示。

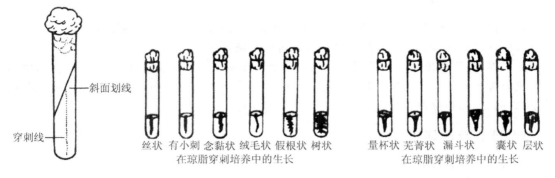

图 4-12　斜面穿刺效果

3. 石蜡油封藏法

将灭菌后的液体石蜡,注入已培养好的长有菌的斜面上,液体石蜡的用量以高出斜面顶端 1cm 左右为准,然后将斜面培养物直立,置于 4℃冰箱内保存。液体石蜡主要起隔绝空气的作用,降低对微生物的供氧量。培养物上面的液体石蜡层也能减少培养基水分的蒸发。故此法是利用缺氧及低温双重抑制微生物生长,从而延长保藏时间。

4. 沙土管保藏法

取用盐酸浸泡后洗至中性的河沙和过筛后的细土,按沙:土＝4:1 混合均匀,装入小试管中,塞上棉塞高压蒸汽灭菌,即制成沙土管。无菌操作条件下,从培养好的斜面上取菌,制成菌悬液,在每只沙土管中滴入 4～5 滴菌悬液,孢子即吸附在沙子上,将沙土管置于真空干燥器中,通过真空达到吸干沙土管中水分,然后将干燥器置于 4℃冰箱中保存。此法利用干燥、缺氧、缺乏营养、低温等因素综合抑制微生物生长繁殖,从而延长保藏时间。

5. 冷冻真空干燥保藏法

吸取 2mL 已灭菌的脱脂牛奶加至培养好的菌种斜面上,用接种环轻轻刮下培养物,使其悬浮在牛奶中,制成菌悬液分装到已灭菌的安瓿管内(0.2 毫升/管),然后放在低温冰箱(－45～－35℃)中进行预冻,使菌悬液在低温条件下结成冰。再放在真空干燥箱中,开动真空泵进行真空干燥,以除去大部分水分。用火焰熔封安瓿管。置于 4℃冰箱内保藏。脱脂牛奶主要起保护剂的作用,目的是减少因冷冻和水分不断升华对微生物细胞所造成的损害。

此法是目前最有效的菌种保藏方法之一。

6. 液氮超低温冷冻保藏法

将培养好的微生物悬浮于 5mL 含 10％保护剂的液体培养基中,或者把带菌琼脂块直接浸没于含保护剂的液体培养基中,然后分装在已灭菌的安瓿管中(0.5～1 毫升/管),用火焰熔封安瓿管口,再将封口的安瓿管置于－70℃冰箱中预冷冻 4h(有条件的可采用 1℃/min 的下降速度控速冷冻),最后再转入液氮(－196℃)中保藏。

冷冻保护剂常用浓度为 10％(V/V)的甘油或 10％(V/V)的二甲基亚砜。

此法是目前比较理想的一种保藏方法,其优点是它不仅适合保藏各种微生物,而且特别适于保藏某些不宜用冷冻干燥保藏的微生物。此外,保藏期也较长,菌种在保藏期内不易发生变异,国外某些菌种保藏机构以此法作为常规保藏方法。目前,我国许多菌种保藏机构也采用此法保藏菌种。此法的缺点是需要液氮冰箱等特殊设备,故其应用受到一定限制。

三、任务所需器材

1)仪器:培养箱、超净工作台、冰箱(4℃)、接种针、接种环、酒精灯、标签等。

2)菌种:待保藏的细菌、放线菌、酵母菌、霉菌等斜面菌种。

3)培养基:营养琼脂培养基(斜面,培养和保藏细菌用)、麦芽汁琼脂培养基(斜面,培养和保藏酵母菌用)、高氏1号琼脂培养基(斜面,培养和保藏放线菌用)、马铃薯葡萄糖琼脂培养基(斜面,培养和保藏霉菌用)。

四、任务技能训练

1.培养基无菌检验

对待接种的营养琼脂斜面培养基、麦芽汁琼脂斜面培养基、高氏1号琼脂斜面培养基和PDA斜面培养基进行无菌检验。检验无菌后备用。

2.接种

将待保藏的细菌、放线菌、酵母菌、霉菌各斜面菌种在无菌超净工作台上分别接种于相应的斜面培养基上,每一菌种接种3支。

3.贴标签

接种后将标有菌名、培养基的种类、接种时间的标签贴于试管斜面的正上方。

4.培养

将接种后并贴好标签的斜面试管放入恒温培养箱进行培养,培养至斜面铺满菌苔。细菌于37℃培养24～36h;酵母菌于28～30℃培养36～60h;放线菌和霉菌于28℃培养3～7d。

5.检查

将培养结束后的斜面菌种各挑取一支,通过斜面菌苔特征观察、镜检,或实验室发酵试验确定所培养的斜面菌种性能是否保持原种的特性。对于不符合要求的菌种需重新制作斜面进行培养,检查合格后才能用作斜面菌种的保藏。

6.保藏

将检查合格的各斜面菌种放入4℃冰箱保存。为防止棉塞受潮,可用牛皮纸包扎,或换上无菌胶塞,也可以用溶化的固体石蜡熔封棉塞或胶塞。

7.实验结果

将所培养的各斜面菌种特征填入表4-7中。

表4-7 培养斜面菌种的实验结果

斜面菌种		细菌	放线菌	酵母菌	霉菌
菌苔特征	转接前				
	转接后				

五、任务考核指标

微生物斜面保藏技术的考核见表4-8。

表 4-8　微生物斜面保藏技术考核表

考核内容		考核指标	分值
接种前准备		未检查操作台上的接种工具是否齐全	5
接种操作	接种前的操作	双手未用 75% 酒精擦手	20
		接种环未在火焰上作灭菌处理	
		手拿接种环用于灭菌操作姿势不当	
		接种环中的接种丝没有烧红	
		接种环中的接种金属杆没有灼烧	
	取菌过程	刚灭菌的接种环没有冷却就直接挑取菌种	20
		挑菌种时接种环碰及管壁	
		挑取菌种后接种环穿过火焰	
		划线挑菌种时用力过大并划破培养基	
	取菌后操作	试管棉塞拉出后直接放在桌面或书本上	20
		接种完后,接种环没有灭菌就放到桌面上	
		接种完成后,试管口没有灼烧灭菌就塞上棉塞	
斜面划线		手持 2 支试管方法不对	20
		灭菌后,拔试管塞不规范	
		划线未呈"Z"形划线	
		划线时划破斜面	
贴标签		标签是否标有菌名、培养基种类、接种时间	5
		粘贴位置是否正确	
菌种培养保藏		接种后培养温度与时间是否正确	10
		保藏是否及时	
		保藏温度与方法是否正确	
合计		—	100

项目五 微生物生长的测定

【知识目标】

1)掌握单细胞微生物的生长规律。

2)掌握常用的微生物生长的测定原理和方法。

3)掌握血球计数板的计数方法。

4)掌握菌落计数规则、计算方法。

【能力目标】

1)能够根据工作目标选择合适的测定方法。

2)具备在显微镜下直接计数的技能。

3)能够运用血球计数板完成单细胞微生物的测定。

【素质目标】

培养获得信息的能力,培养勤思考的习惯,培养灵活处理实践中所遇问题的素质。

【案例导入】

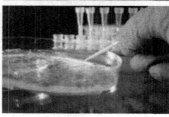

凤凰科技讯　北京时间 2013 年 1 月 31 日消息,英国《每日邮报》报道,最新研究发现,细菌真是无处不在——甚至在 15km 高空云上也发现了它们的踪迹。科学家在地球表面上方8~15km处的中高层对流层发现了大量细菌。根据这项研究,这些微生物似乎对云的形成具有之前没有发现的重大影响。图:美国佐治亚理工学院的研究生娜塔莎·德里昂-罗德里格斯(Natasha DeLeon-Rodriguez)展示了一块琼脂板,上面生长着从对流层收集到的空气样本里的细菌。研究人员表示,云上存在的细菌数量远比之前预想的多得多。

高空生物的长距离旅行或可能帮助在世界范围内传播疾病。这些细菌来自 DC-8 飞机侦察搜集到的空气样本,该飞机飞越了美国、加勒比海和大西洋西部的海洋和陆地上方。这些样本是在 2010 年两次重大热带风暴发生前后 8～15km 的高处搜集的。科学家并不确定他们发现的细菌和真菌是否长期生活在高空,主要以碳化合物为生,抑或是持续地被风和气流带到高空云端。

首席研究员、美国佐治亚理工学院的科斯塔斯·康斯坦丁尼迪斯博士(Kostas Konstantinidis)说道:"我们并没有期望在对流层会发现如此多的微生物,一直以来对流层都因恶劣环境而很难适合生命存在。但结果似乎表明对流层存在相当数量的不同物种,但不是所有的细菌都能到达顶部大气层。"DNA 分析表明细菌大约组成了云层粒子的 20%,而之前科学家以为这些仅仅是海盐或者尘埃。这项发现被发表在美国国家科学院院刊上。海洋细菌常发现存在于海洋上方,而陆地细菌则常占据陆地上方的空气层。

确凿的证据表明风暴会影响微生物的分布和动态性。这次样本大约检测到 17 个不同的细菌物种。这些微生物能够通过提供粒子形成冰晶,从而促进云的形成。

"在缺少尘埃或者其他形成冰晶核心的物质的情况下,高空存在的小数量微生物也能够帮助冰的形成,并同时吸引周围的水分。"研究合作作者美国佐治亚理工学院阿萨纳西奥斯·尼尼斯(Athanasios Nenes)教授这样说道,科学家打算进一步研究这些生物在如此高的海拔处是如何生存的。"对于这些微生物而言,环境可能并没有我们想象的那么恶劣。"康斯坦丁尼迪斯博士说道,"如果说云层里生长着大量微生物我并不会特别惊讶,只是现在还不能这么肯定说。"

任务 微生物生长的数量测定

一、任务目标

1)学会血细胞计数板的构造和计数原理。
2)学会制备细菌悬浊液及菌液染色的操作方法。
3)学会使用血细胞计数器进行微生物计数的操作方法。

二、任务相关知识

(一)微生物的生长繁殖

无论在自然条件下还是在人工条件下,微生物作用的发挥,都是"以数取胜"或是"以量取胜"。生长、繁殖就是保证微生物获得巨大数量的必要前提。

微生物细胞在合适的环境条件下,不断地吸收营养物质,进行新陈代谢。当同化作用的速度超过异化作用时,细胞原生质总量不断增加,体积不断增大,于是就出现生长。当单细胞微生物生长到一定程度时,母细胞开始分裂,形成两个基本相同的子细胞,导致生物个体数目增加,称为繁殖。多细胞生物如果细胞数目增加的同时不伴随有个体数目的增加,仍属于生长。如果是通过形成无性孢子或有性孢子等形式使个体数目增加,才称为繁殖。生长和繁殖虽然概念不同,但却是两个紧密相连的过程,生长是繁殖的基础,繁殖是生长的结果。

细胞两次分裂之间的时间间隔,称为世代时间。世代时间的长短除与微生物细胞本身的遗传特性有关外,还与培养条件(如营养物质浓度、pH、温度等)和环境条件有关。一种微生物在实验室培养条件下与自然条件中的世代时间不同。即使在相同的培养条件下,如果营养成分不同,世代时间也不相同。例如,大肠杆菌在 37℃ 的肉汤培养基中营养时,世代时间为 15min,但在相同的乳糖培养基中营养时,世代时间则为 12.5min。不同种类的微生物,其生长繁殖速度不同。原核微生物的繁殖速度一般比真核微生物的繁殖速度快。如大肠杆菌的世代时间为 17min,天蓝喇叭虫的世代时间则为 32h。多数好氧菌的世代时间比专性厌氧菌的短,如嗜树木甲烷杆菌的世代时间为 6～7h,二氧化碳还原菌则为 2d。

在微生物的研究和应用中,只有群体的生长才有实际意义,因此,在微生物学中提到的"生长",均指群体生长。常以细胞数量的增加或以细胞群体总重量的增加作为生长的指标。随着群体中个体的进一步生长,就引起了这一群体的生长,这可从其重量、体积、密度或浓度等指标来衡量。因此:个体生长→个体繁殖→群体生长。由此而得:群体生长＝个体生长＋个体繁殖。

(二)微生物生长的测定方法

既然生长意味着原生质含量的增加,所以测定生长的方法也都直接或间接地以此为依据,而测定繁殖则要建立在计数基础上。由于微生物个体很小,个体生长很难测定,且无实际意义。因此,一般是在分批培养后,通过群体生长状况来进行研究的,对于群体生长的测定,计量和计数这两类指标都可以作为微生物群体生长的指标。

分批培养方法是将少量微生物接种到一定体积的液体培养基中,随着时间的推移和微生物的生长、繁殖,营养物质越来越少,而代谢产物不断积累,直到最后养分耗尽,导致生长的停止和机体的死亡,从而揭示微生物在不同环境中的群体生长规律。

1.测生长量

1)测体积。用于初步比较。把待测培养液放在刻度离心管中作自然沉降或进行一定时间的离心,然后观察其体积等。

2)称重法。可用离心法或过滤法,测定样品的湿重或干重。干重一般是湿重的 20% 左右。在离心法中,将待测培养液放入离心管中,用清水离心洗涤 1～5 次后,进行干燥。干燥温度可采用 105℃、100℃ 或红外线烘干,也可在较低的温度(80℃ 或 40℃)下进行真空干燥,然后称干重。以细菌为例,一个细胞一般重约为 $10^{-13}～10^{-12}$ g。

另一种方法为过滤法。丝状真菌可用滤纸过滤,而细菌则可用醋酸纤维膜等滤膜进行过滤。过滤后,细胞可用少量水洗涤,然后在 40℃ 下真空干燥,再称干重。以大肠杆菌为例,在液体培养物中,细胞的浓度可达 $2×10^9$ 个/毫升。100mL 培养物可得 10～90mg 干重的细胞。

3)比浊法。细菌培养物在其生长过程中,由于原生质含量的增加,会引起培养物浑浊度的增高。最古老的比浊法是采用 Mofarland 比浊管。这是用不同浓度的 $BaCl_2$ 与稀 H_2SO_4 配制成 10 支试管,其中形成的 $BaSO_4$ 有 10 个梯度,分别代表 10 个相对的细菌浓度(预先用相应的细菌测定),用分光光度计在可见光的 450～650nm 波长内进行测定,绘出标准曲线。对某一未知浓度的菌液只要测出其光密度,查标准曲线即可得到该菌液的浓度。

4)含氮测定法。因微生物细胞内的蛋白质含量比较稳定,大多数细菌的含氮量为其干重的 12.5%,酵母菌为 7 5%,霉菌为 6.0%。根据其含氮量再乘以 6.25,即可测得其粗蛋白的含量。通过测定细胞含氮量确定细胞浓度。测定含氮量的方法很多,常用的是 Dumas 测氮气法,即:将样品与氧化铜混合,在 CO_2 气流中加热后产生氮气,收集在呼吸计中,用 KOH 吸去 CO_2 后即可测出氮气量。

5)测含碳量。将少量(干重为 0.2～2.0mg)生物材料混入 1mL 水或无机缓冲液中,用 2mL 2% 的重铬酸钾溶液在 100℃ 下加热 30min,冷却后,加水稀释至 5mL,然后在 580nm 波长下读取光密度值(用试剂作空白对照,并用标准样品作标准曲线),即可推算出生长量。

6)其他。磷、DNA、RNA、ATP 等的含量测定,以及产酸、产气、产 CO_2、耗氧等指标,都可用于生长量的测定。

2.计繁殖数

与测定生长量不同,对繁殖来说,必须要计算微生物的个体数目。而计繁殖数只适宜于单细胞状态的微生物或丝状微生物所产生的孢子。

(1)显微镜直接计数法

用细菌计数器或血球计数板在显微镜下直接计数。此法具有简便、快速、直观的优点,是测定一定容积中的细胞总数的常规方法。测定结果既包括活菌又包括死菌,故又称为全菌计数法。

此外,还可采用比例计数法,其方法为:将已知颗粒(如霉菌孢子或红细胞等)浓度的液体与一待测菌液按比例均匀混合,在显微镜视野中数出各自的数目,然后求出待测菌液中的细胞浓度。

(2)平板计数法

平板计数法是最常用的活菌计数法。取一定体积的稀释菌液与合适的固体培养某在其凝固前均匀混合,或涂布于已凝固的固体培养基平板上。经保温培养后,从平板上出现的菌落乘以菌液的稀释度,即可计算出原菌液的活菌数。此法较为准确,但所需时间较长,方法较繁,不适用于厌氧微生物。

(3)薄膜过滤计数法

用微孔薄膜过滤定量的空气或水样,菌体便被截留在滤膜上,然后取下滤膜进行培养,计数其上的菌落数从而求出样品中所含的菌数。

(三)群体生长规律——生长曲线

各种微生物的生长速度虽然不一,但它们在分批培养中表现出类似的生长繁殖规律。以细菌纯种培养为例,将少量细菌接种到恒容积的新鲜液体培养基中,在适宜的条件下培养,定时取样,测定细菌数目。以培养时间为横坐标,以细菌数目的对数为纵坐标,绘制出一条有规律的曲线,即为细菌的生长曲线(见图 5-1)。它可以反映细菌从开始生长到死亡的整个动态过程。

根据微生物的生长速率常数的不同,一般可把细菌的生长曲线分为如下四个阶段:适应期、对数期、稳定期和衰亡期。

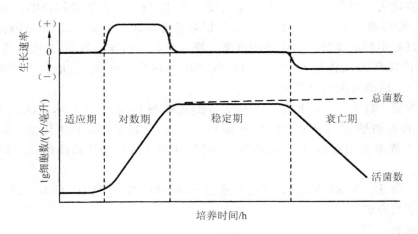

图 5-1　细菌的生长曲线

1.适应期

适应期是当少量菌体接种到新培养基中后,在开始培养的一段时间内细胞数目不增加的时期。适应期有以下几个特点:

1)生长速率常数等于 0。

2)细胞形态变大或增长。许多杆菌可长成丝状,例如巨大芽孢杆菌在接种时,细胞长为 3.4μm;培养至 3.5h,其长为 9.1μm;至 5.5h 时,竟可达到 19.8μm。

3)细胞内 RNA 尤其是 rRNA 含量增高,原生质呈嗜碱性。

4)合成代谢活跃,核糖体、酶类和 ATP 的合成加快,易产生诱导酶。

5)对外界不良条件如 NaCl 溶液浓度、温度和抗生素等理化因子反应敏感。

影响适应期长短的因素很多,除菌种世代时间的影响外,原因主要有三个:①接种龄,即"种子"的群体生长年龄,亦即它处于生长曲线上的哪一个阶段。这是一个生理年龄。实验证明,如果以处于对数期的微生物为"种子"进行接种,则子代培养物的适应期就短;反之,如以适应期或衰亡期的微生物为"种子"接种,则子代培养物的适应期就长;如果以稳定期的微生物为"种子"接种,则适应期居中。②接种量。接种量的大小明显影响适应期的长短。一般来说,接种量大,则适应期短,反之则长。因此,在发酵工业上,为缩短不利于提高发酵效率的适应期,一般采用 1/10 的接种量。③培养基成分。接种到营养丰富的天然培养基中的微生物,要比接种到营养单调的组合培养基中的适应期短。所以,在发酵生产中,常使发酵培养基的成分与种子培养基的成分尽量接近。

2.对数期

对数期有以下几个特点:

1)生长速率常数最大,细菌数量呈几何级数增加。

2)细胞组分、个体形态及生理特性都比较一致。

3)酶系活跃,代谢旺盛。

对数期的微生物因其整个群体的生理特性较一致、细胞成分平衡发展和生长速率恒定,故可作为代谢、生理等研究的实验材料,是发酵生产中用作"种子"的最佳种龄。

3.稳定期

稳定期的特点是:

1)生长速率常数等于0,即生长率和死亡率基本相等,处于正生长与负生长相等的动态平衡之中。

2)菌体产量达到最高点,细菌总数不再增加。

3)细菌开始积累贮存物质,如糖原、异染颗粒、脂肪、β-羟基丁酸等,一些微生物形成荚膜物质。

4)多数芽孢细菌在此时形成芽孢。

5)有的微生物开始合成抗生素等代谢产物。

稳定期到来的原因主要是:营养物质供不应求;营养物的比例失调,例如 C/N 比值不合适等;酸、醇、毒素等有害代谢产物的积累;pH、氧化还原电位等理化条件越来越不适宜等。

稳定期是以生产菌体或与菌体生长相平行的代谢产物,例如单细胞蛋白、乳酸等为目的的一些发酵生产的最佳收获期。

4. 衰亡期

衰亡期的特点是:

1)整个群体呈现负增长,个体死亡的速度超过新生的速度。

2)细胞进行内源呼吸,细胞形态多样,例如产生很多膨大、不规则的退化形态,有的微生物因蛋白水解酶活力的增强就发生自溶。

3)有芽孢的菌开始释放芽孢。

4)有的微生物产生有毒物质或释放抗生素等代谢产物。

产生衰亡期的原因主要是外界环境对继续生长越来越不利,从而引起细胞内的分解代谢大大超过合成代谢,继而导致菌体死亡。

三、任务所需器材

1)菌种:金黄色葡萄球菌。

2)试剂:95%乙醇棉球、生理盐水、内装玻璃珠的三角烧瓶、pH 7.0 磷酸盐缓冲液,美蓝染色液(配方:美蓝 0.025g、NaCl 0.9g、KCl 0.042g、$CaCl_2 \cdot 6H_2O$ 0.048g、$NaHCO_3$ 0.02g、葡萄糖 1g、蒸馏水 100mL)。

3)仪器:显微镜、血细胞计数板、配套的超薄型细菌计数板盖玻片等。

4)器皿:试管、移液管、细口加样滴管等。

5)其他:擦镜纸、香柏油、吸水纸等。

四、任务技能训练

测定微生物细胞数量通常采用显微直接计数法(直接计数法)和平板计数法(间接计数法)两种。前者利用血球计数板在显微镜下直接计数,能立即得到数值,但死活细胞都计数在内;后者是在平板上长成菌落后再计数,反应较真实,但费时太长。本任务是利用血球计数板进行直接计数。计数前需对样品作适当的稀释,然后将经过适当稀释的菌悬液(或孢子菌悬液)放在血球计数板的计数室内,按照在显微镜下观察到的微生物数目代入计算公式运算后,即可得出单位体积微生物总数目。此法的优点是直观、快速。

若要区分计数样品中的死菌和活菌值,则可采用微生物的活体染色法。活体染色法就是用对微生物无毒性的染料(如美蓝、刚果红、中性红等染料)配成一定的浓度,再与一定量的菌液混合,经过一段时间后,死菌和活菌会呈现出不同的颜色,这样便可在显微镜下区分活菌数与死菌数。

(一)血球计数板计数测定方法

1. 血球计数板的构造

血球计数板是一块特制的精密载玻片(见图5-2(a)和(b)),在载玻片上有4条长槽,将玻片中间区域分隔成3个平台,中间平台比两边的平台低0.1mm,此平台中间又有一条短槽将其分隔成2个短平台,在2个平台上各有1个相同的方格网。它被划分为9大格,其中央大格即为计数室(见图5-2(c))。该计数室又被精密地划分为400个小格,但计数室还有25个中格(为16小格/每中格)或16个中格(为25小格/每中格)两种规格,每中格的四周均有双线界限标志,以便在显微镜下区分(见图5-3)。

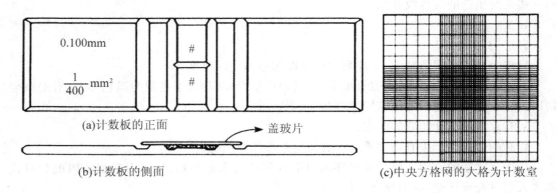

(a)计数板的正面

(b)计数板的侧面

(c)中央方格网的大格为计数室

图5-2 血细胞计数板正面与侧面及计数室的网格线图示

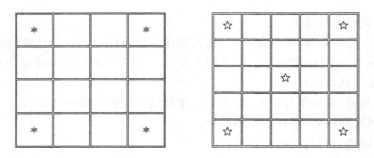

图5-3 血细胞计数板的两种规格 16×25,25×16

因此,两种中格类型计数室的总体积是一样的。即计数室大方格的边长为1mm,故面积为1mm²,计数室与盖玻片间的深度为0.1mm,所以计数室的体积为0.1mm³。计数时,先计得若干(一般为5个)中格内的含菌数,再求得每中格菌数的平均值,然后乘上中格数(16或25),就可得出1个大方格(0.1 mm³)计数室中的总菌数,若再乘上10^4(换算成每1mL的含菌量)及菌液的稀释倍数,即可算出每毫升原菌液中的总菌数值。

2. 血球计数板的使用

1)制备细菌悬液。取在肉汤斜面(在37℃)上培养48h的金黄色葡萄球菌1支,用10mL生理盐水分两次将斜面菌苔基本洗下,倒入含有玻璃珠的三角瓶中,充分振荡,使细胞充分分散。该菌悬液经适当稀释后作为计数的菌液样品。为提高计数精确度,菌液应稀释到每一计数板的小格内平均有5～10个细胞数为宜。

2）加菌液：将计数板的盖玻片放在计数室上面的两边平台架上，用细口滴管将菌液来回吹吸数次，使菌液充分混匀并使滴管内壁吸附完全后，立即吸取少量金黄色葡萄球菌悬液滴加在盖玻片与计数板的边缘缝隙处，让菌液沿盖玻片与计数板间的缝隙渗入计数室（避免计数室内产生气泡）。再用镊子轻碰一下盖玻片，以免因菌液过多将盖玻片浮起而改变计数室的实际容积。静置片刻，待菌体自然沉降与稳定后，可在显微镜下选择中格区并逐格计数。

3）计数：先在低倍镜下（视野宜暗）寻找计数板大方格网，再在大方格网中央寻找计数室并将其移至视野的中央，转用高倍镜观察和计数（见图5-4）。为了减少计数中的误差，所选的中格位置及样品含菌量均应具有代表性，通常选取25中格计数室内的5格，即4个角与中央计数取其含菌数。为提高精确度，每个样品必须重复计数2～4个计数室内的含菌量，若误差在统计的允许范围内，则可求其平均值。

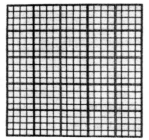 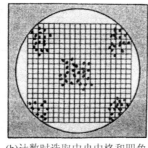 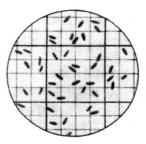

(a)计数室为25中格，16小格/中格　　(b)计数时选取中央中格和四角　　(c)高倍镜视野下计数

图5-4　计数

3.计死、活菌体数

1）制备细菌悬液：取培养适时的金黄色葡萄球菌肉汤斜面一支，用生理盐水洗下斜面菌苔，倒入含玻璃珠的三角瓶中充分振荡以分散细胞，并将菌液适当稀释后作染色。

2）活体染色：取上述配制的美蓝液0.9mL于试管中，再取上述菌液0.1mL相混合，染色10min后进行计数。

3）洗净计数板：先用蒸馏水冲洗（切勿用刷子洗刷），再用95％乙醇棉球轻轻擦洗细菌计数板，水冲，最后用擦镜纸擦净吸干（切忌在煤气灯上烘烤计数板而导致爆裂）。经镜检确定计数室上无污物或黏附的细菌细胞后方可使用。

4）加染色菌悬液：方法同2）"加菌液"。

5）计数：分别计20小格中的死细胞（蓝色）数和活细胞（无色）数，再计算出细菌活细胞的百分比。

6）清洗：实验完毕后处理细菌计数板的方法同3）"洗净计数板"。

4.结果记录

将计总菌数的结果记录于表5-1和表5-2中。

表 5-1　全菌数测定结果记录表

项目	中格菌数					中格菌数（平均值）	大格总菌数	稀释倍数	菌数（个/毫升）
	χ_1	χ_2	χ_3	χ_4	χ_5				
第一室									
第二室									

表 5-2　死、活菌数的结果记录表

项目		中格菌数					中格菌数（平均值）	大格总菌数	稀释倍数	菌数（个/毫升）	成活率（%）
		χ_1	χ_2	χ_3	χ_4	χ_5					
第一室	活菌										
	死菌										
第二室	活菌										
	死菌										

5.计算方法

（1）算术计算法

$$菌体(个/毫升) = \frac{\chi_1 + \chi_2 + \chi_3 + \chi_4 + \chi_5}{5} \times 25(或16) \times 10^4 \times 稀释倍数 \qquad (5\text{-}1)$$

（2）统计计算法

1）统计计算公式：

$$菌体(个/毫升) = (\overline{\chi} \pm t_{0.05} S_x) \times 稀释倍数 \times 4 \times 10^6 \qquad (5\text{-}2)$$

4×10^6 的由来：计数室总体积为 0.1mm^3，划分成 400 个小方格，即

$$每个方格的体积 = \frac{0.1\text{mm}^3}{400} = \frac{1}{4} \times 10^{-6}\text{cm}^3 \qquad (5\text{-}3)$$

故换算为每毫升菌数就要乘上 4×10^6。

2）计算步骤。

求出平均数（$\overline{\chi}$）：

$$\overline{\chi} = \frac{\chi_1 + \chi_2 + \chi_3 + \cdots + \chi_n}{n} \qquad (5\text{-}4)$$

式中的 n 都是代表小方格的数目，对于 25 个中格的计数板来说，数 5 个中格，则 $n=80$ 个小格；对于 16 中格的计数板来说，$n=125$ 个小格。

求出标准差（S）：

$$S = \sqrt{\frac{\sum(\chi - \overline{\chi})^2}{n-1}} \qquad (5\text{-}5)$$

求出标准误差（Sx）：

$$Sx = \frac{S}{\sqrt{n}} \qquad (5\text{-}6)$$

查 t 值表：当 $n > 30$，$P = 0.05$ 时，$t_{0.05} = 1.96$。将有关数字代入计算公式，计算实验结果。

(二)血球计数板的清洗与保藏

1）清洗计数板。先用蒸馏水冲洗(切勿用刷子洗刷),再用95％乙醇棉球轻轻擦洗细菌计数板,水冲,最后用擦镜纸擦净吸干(切忌在煤气灯上烘烤计数板而导致爆裂)。经镜检确定计数室上无污物或黏附的细菌细胞后方可使用。盖玻片也作同样的清洁处理。

2）计数板冲洗后,还要通过镜检观察每小格内是否残留菌体或其他沉淀物。若不干净,则必须重复清洗至干净,干燥后方可放入盒内保存。

五、任务考核指标

血球计数板计数技能的考核见表5-3。

表5-3 血球计数板计数技能考核表

考核内容	考核指标	分值
血球计数板的清洗	血球计数板的清洗方法是否正确	10
	清洗后是否干燥	
菌悬液的制备	制备菌悬液的方法是否正确	20
	菌悬液稀释后的浓度是否合适	
加菌液	加菌液于血球计数板的方法是否正确	30
	加菌液的量是否过多或过少	
	加菌液后计数室内是否有气泡	
计数	是否找到计数室的格子,格子是否清楚	30
	计数时操作方法是否规范	
	计数时选择的中格是否具有代表性	
	结果的记录是否清楚	
死、活菌的鉴定	死活菌的鉴定方法是否正确	10
	死活菌的计数方法是否正确	
合计	—	100

项目六　检验样品的采集与处理

【知识目标】

1)掌握微生物检验的基本程序和要求。

2)掌握微生物检验中常见检样的制备(处理)技术。

【能力目标】

1)能正确使用不同的采样工具。

2)能按实际取用采样计划。

3)能根据采样规定,正确采集与处理样品。

【素质目标】

树立无菌观念、质量意识和责任意识,培养获得信息的能力,培养勤思考的习惯,培养灵活处理实践中所遇问题的素质。

【案例导入】

××网记者××2013年4月19日报道:今天下午3时许,××市××区中心医院接诊×××集团有限公司多名职工均出现呕吐、腹泻等症状。××区食药监局接报后立即派监督员赶赴现场调查处置。经查,从19日下午13点至18时,××公司36名职工前往××区中心医院就诊,9人前往××医院就诊。就诊人员症状以呕吐为主,大部分患者症状较轻,经对症治疗后,病情缓解离院。4名症状较重的患者已住院治疗。

××网记者从食品药品监督管理部门了解到,××公司共有员工1200名,该公司设有食堂,供应早中晚三餐,发病员工均食用过今日食堂供应的午餐。根据目前调查情况,初步判断这是一起因该公司食堂今日中午供应的不洁食物引起的细菌性食物中毒,基本排除化学性中毒。

目前,××市食品药品监督管理局××分局、××分局已对就诊人员进行个案调查和肛拭采样;同时对该食堂留样食品、操作环节和从业人员肛拭进行采样;所有样品均已送检测机构开展相关检测。××分局已对××公司食堂采取了封存控制措施。目前,此起事件仍在进一步调查中。

任务　取样与检样制备

一、任务目标

1)掌握食品、食品包装材料、食品加工环境等样品的取样程序。

2)了解国际上常用的食品微生物检验样品的取样方案。

3)掌握取样方法。

4)初步掌握检测样的制备过程。

二、任务相关知识

应用食品微生物检测技术确定食品表面及内部是否存在微生物、微生物的数量,甚至微生物的类别,是评估相关产品卫生质量的一种科学手段。样品的采集与处理直接影响到检测结果,是食品微生物检测工作非常重要的环节。要确保检测工作的公正、准确,必须掌握适当的技术要求,遵守一定的规则程序。如果样品在采取、运送、保存或制备过程中的任一环节出现操作不当,都会使微生物的检测结果毫无意义。由此可见,对特定批次食品所抽取的样品数量、样品状况、样品代表性及随机性等,对质量控制具有重要意义。样品采集原则如下。

1)根据检测目的、食品特点、批量、检测方法、微生物的危害程度等确定取样方案。

2)应采用随机原则取样,确保所采集的样品具有代表性。

3)取样过程遵循无菌操作程序,防止一切可能的外来污染。

4)样品在保存和运输的过程中,应采取必要的措施防止样品中原有微生物的数量变化,保持样品的原有状态。

(一)取样准备工作

在食品的检测中,样品的采集是极为重要的一个步骤。所采集的样品必须具有代表性,这就要求检测人员不但要掌握正确的采样方法,而且要了解食品加工的批号,原料的来源,加工方法,保藏条件,运输、销售中的各环节,以及生产、销售人员的责任心和卫生知识水平等。样品可分为大样、中样、小样三种。大样指一整批;中样是从样品各部分取的混合样,一般为200g;小样又称为检样,一般以25g为准,用于检验。样品的种类不同,采样的数量及采样的方法也不一样。但是,一切样品的采集必须具有代表性,即所取的样品能够代表食物的所有成分。如果采集的样品没有代表性,即使一系列检验工作非常精密准确,其结果也毫无价值,甚至会出现错误的结论。

取样及样品处理是任何检测工作中最重要的组成部分,以检测结果的准确性来说,实验室收到的样品是否具有代表性及其状态如何是关键问题。如果取样没有代表性或对样品的处理不当,得出的检测结果可能毫无意义。因为需要根据一小份样品的检验结果去说明一大批食品的质量或一起食物中毒的性质,所以设计一种科学的取样方案及采取正确的样品制备方法是必不可少的条件。

进行微生物检测的食品样本除具有代表性外,还要达到无菌的要求。对取样工具和一些试剂材料应提前准备、灭菌,具体有如下几类。

1)开启容器的工具,如剪刀、刀子、开罐器、钳子及其他所需工具。这些工具用双层纸包装灭菌(121℃,15min)后,通常可在干燥洁净的环境中保存两个月。超过两个月后要重新灭菌。

2)样品移取工具,如灭菌的铲子、勺子、取样器、镊子、刀子、剪刀、锯子、压舌板、木钻(电钻)、打孔器、金属试管和棉拭子。

3)取样容器,如灭菌的广口或细口瓶、预先灭菌的聚乙烯袋(瓶)、金属试管或其他类似的密封金属容器。取样时,最好不要使用玻璃容器。因为在运输途中易破碎而造成取样失败。

4)温度计,通常使用-20~100℃,温度间隔为1℃即可满足要求。为避免取样时破碎,最好使用金属或电子温度计。取样前在75%乙醇溶液或次氯酸钠(浓度≥100mg/L)中浸泡(≥30s)消毒,然后再插入食品中检测温度。

5)消毒剂,可使用75%乙醇溶液、中等浓度(100mg/L)的次氯酸钠溶液或其他有类似效果的消毒剂。

6)标记工具,包括能够记录足够信息的标签纸(不干胶标签纸)、油性或不可擦拭记号笔等。

7)样品运输工具,如便携式冰箱或保温箱。运输工具的容量应足以放下所取的样品。使用保温箱或替代容器(如泡沫塑料箱)时,应将足够量的预先冷冻的冰袋放在容器的四周,以保证运输过程中容器内的温度。

8)天平。称质量为2000g的天平,感量为0.1g。

9)搅拌器和混合器。配备带有灭菌缸的搅拌器或混合器,必要时使用。

10)稀释液,包括灭菌的磷酸盐缓冲液、灭菌的0.1%蛋白胨水、灭菌的生理盐水,以及其他适当的稀释液。

11)防护用品。对于食品微生物的检测样品,取样时防护用品主要是用于对样品的防护,即保护生产环境、原料、成品等不会在取样过程中被污染,同样也保护样品不被污染。主要的防护用品有工作服(联体或分体)、工作帽、口罩、雨鞋、手套等。这些防护用品应事先消毒灭菌(或使用无菌的一次性物品)。

应根据不同的样品特征和取样环境对取样物品和试剂进行事先准备和灭菌等工作。实验室的工作人员进入车间取样时,必须更换工作服,以避免将实验室的菌体带入加工环境,造成产品加工过程的污染。

(二)取样计划

取样是指在一定质量或数量的产品中,取一个或多个单元用于检测的过程。要保证样品能够代表整批产品,其检测结果应具有统计学有效性,于是便提出了"取样计划"的概念。通过取样计划能够保证每个样品被抽取的几率相等。

取样计划通常指以数理统计为基础的取样方法,也叫统计抽样。取样计划通常要根据生产者过去的工作情况来选择。反映生产者工作情况的取样水平(即加严、正常或放宽)要体现在计划当中,还应包括被测产品被接受或被拒绝的标准。在执行计划前,必须首先征求统计专家的意见,以保证所取样品能够满足这个计划的要求。

目前微生物检测工作中使用较多的取样计划包括计数取样计划(二级、三级)、低污染水平的取样计划、随机取样等。

1. 常用术语和定义

1)批:一批产品中特定阶段或时间内代表相同质量样品的单元数。

2)批量:批中产品的数量。

3)批的质量:被控特性的单位。每批产品的检测结果常以缺陷单元的百分比表示。有时则以变量单位表示(如:重/单位,大肠菌群/g)。

4)随机取样:在一批产品中,每个样品或单元都有同样被选择的机会,这种取样方法被称为随机取样。取样时常需要查阅随机数字表。

5)代表性样品:广义上讲是指能够代表一个批的样品,而不是仅仅代表其中的一部分。

要获得代表性样品需要四个条件:①确定整批产品的取样点;②建立能够代表整个产品特征的取样方法;③选择样品大小;④规定取样的频率。

6)样品单元:一批产品最小的可定义单位,也可称为单元。

7)取样计划:能代表从一批产品中所取样品的单元数量和每批产品中被接受和拒绝标准的设计计划。

8)样品量:每批产品中所取的样品数量。

9)接收质量限:取样检测被确认为满意结果的最大百分比缺陷。

2.食品微生物的取样点

食品微生物的取样计划中常包括以下取样点:原料、生产线(半成品、环境)、成品、库存样品、零售商店或批发市场、进口或出口口岸。

原料的取样包括食品生产所用的原始材料、添加剂、辅助材料、生产用水等。

生产线样品是指食品生产过程中不同加工环节所取的样品,包括半成品、加工台面、与被加工食品接触的仪器面以及操作器具。对生产线样品的采集能够确定细菌污染的来源,可用于食品加工企业对产品加工过程卫生状况的了解和控制,同时能够用于特定产品生产环节中关键控制点确定和食品生产企业危害分析与关键控制点(HACCP)的验证工作。另外还可以配合生产加工在生产前后或生产过程中对环境样品(如地面、墙壁、天花板以及空气等)取样进行检验,以检测加工环境的卫生状况。

库存样品的取样检验可以测定产品在保质期内微生物的变化情况,同时也可以间接对产品的保质期是否合理进行验证。

零售商店或批发市场的样品的检测结果能够反映产品在流通过程中微生物的变化情况,能够对改进产品的加工工艺起到反馈作用。

进口或出口样品通常是按照进出口商所签订的合同进行取样和检测的。但要特别注意的是,进出口食品的微生物指标除满足进出口合同或信用证条款的要求外,还必须符合进口国的相关法律规定,如世界上很多国家禁止含有致病菌的食品进口。

3.常用食品微生物取样计划

采用什么样的取样计划主要取决于检测的目的。例如用一般的食品卫生学微生物检验去判定一批食品合格与否,查找食物中毒病原微生物,鉴定畜禽产品中是否含有人兽共患病原体,等等。目的不同,取样计划也不同。

目前国内外使用的取样计划多种多样,如一批产品采若干个样后混合在一起检验,按百分比抽样,按食品的危害程度不同抽样,按数理统计的方法决定抽样个数,等等。不管采取何种方案,对抽样代表性的要求是一致的。最好对整批产品的单位包装进行编号,实行随机抽样。下面列举当今世界上较为常见的几种取样计划。

(1)ICMSF取样计划

国际食品微生物标准委员会(ICMSF)所建议的取样计划是目前世界各国在食品微生物工作中常用的取样计划。我国2009年3月1日实施的GB/4789.1—2008《食品卫生微生物学检验 总则》吸纳了 ICMSF 1986 年出版第二版《食品微生物 2　微生物检验的抽样原理及特殊应用》的抽样理论,这将对我国食品卫生微生物学监管和确保食品安全具有"划时代"的影响。

1)ICMSF 提出的取样基本原则:①各种微生物本身对人的危害程度各有不同。②食品经不同条件处理后,其危害度变化情况分为三种情况,即危害度降低、危害度未变和危害度增加。应根据产品的这些特性来设定抽样计划,并规定其不同采样数。目前,加拿大、以色列等很多国家已将此法作为国家标准。在这个取样计划中常用到下列符号。

n:同一批次产品应采集的样品件(个)数。

c:该批产品的检样菌数中,超过限量的检样数,即结果超过合格菌数限量 m 值的最大允许数。

m:合格菌数限量,将可接受与不可接受的数量区别开。

M:附加条件,判定为合格的菌数限量,表示边缘的可接受数与边缘的不可接受数之间的界限。

ICMSF 从统计学原理考虑,针对一批产品,采用统计学抽样检验,使得检测结果更具有代表性,更能客观地反映出该产品的质量,从而避免了以个别样品的检测结果来评价整批产品质量的不科学做法。

2)ICMSF 的取样方案。ICMSF 方法中包括二级法及三级法两种。二级法只设有 n、c 及 m 值,三级法则有 n、c、m 及 M 值。M 是微生物指标的最高安全限量值。

● 二级取样方案

这个取样方案的前提是假设食品中微生物的分布曲线为正态分布,这时,以曲线的一点作为食品微生物的限量值,即合格判定标准的 m 值,超过 m 值的,则为不合格品。检查在检样中是否有超过 m 值的,以此来判断该批是否合格。

[例1-1] 以生食海产品鱼为例,按二级取样方案设定的指标为:$n=5$,$c=0$,$m=100CFU/g$,含义是从一批产品中采集 5 个样品,若 5 个样品的检测结果均小于或等于 m 值($\leqslant 100CFU/g$),$c=0$,即意味着在该批检样中,未见到有超过 m 值的检样,此批货物为合格品。

注意 按照二级取样方案设定的指标,在 n 个样品中,允许有 $\leqslant c$ 个样品其相应微生物指标检测值 $> m$ 值。

● 三级取样方案

设有微生物标准 m 及 M 值两个限量如同二级法,超过 m 值的检样,即算为不合格品。其中以 m 值到 M 值的范围内的检样数,作为 c 值。如果在此范围内,即为附加条件合格;超过 M 值者,则为不合格。

[例1-2] 按三级取样方案设定的指标,冷冻生虾的细菌数标准 $n=5$,$c=3$,$m=100CFU/g$,$M=1000CFU/g$,其意义是从一批产品中,取出 5 个检样,经检样结果:

若 5 个样品的检测结果均小于或等于 m 值($\leqslant 100CFU/g$),则判定该批产品为合格品;

若 $\leqslant 3$ 个检样的菌数(X)是在 m 和 M 值之间($100CFU/g < X \leqslant 1000CFU/g$),则判定该批产品为合格品;

若有 > 3 个以上检样的菌数是在 m 和 M 值之间,则判定该批产品为不合格品;若有任一检样菌数超过 M 值者($> 1000CFU/g$),则判定该批产品为不合格品。

注意 按照三级取样方案设定的指标,在 n 个样品中,允许全部样品中相应微生物指标检测值 $\leqslant m$ 值;允许有 $\leqslant c$ 个样品其相应微生物指标检测值在 m 值和 M 值之间;不允许有样品相应微生物检测值 $> M$ 值。

鱼类、海产品、蔬菜、干燥食品、速冻食品(见表6-1)、牛奶、奶制品(见表6-2)、生肉、加工肉、贝类罐头食品、新鲜或冷冻的生贝类可使用三级取样方案。测试项目可以包括需氧菌计数、大肠菌群、粪大肠菌群、沙门氏菌、金黄色葡萄球菌、蜡样芽孢杆菌、肉毒梭菌、产气荚膜梭菌、副溶血性弧菌等。

表 6-1 速冻预包装面米食品微生物检测三级取样方案

项目	取样方案及指标							
	生制品				熟制品			
	n	c	$m(CFU/g)$	$M(CFU/g)$	n	c	$m(CFU/g)$	$M(CFU/g)$
菌落总数			—		5	1	10000	100000
大肠菌群					5	1	10	100
霉菌计数					5	2	100	1000
沙门氏菌	5	0	0/25g		5	0	0/25g	
金黄色葡萄球菌	5	1	1000/25g	10000/25g	5	1	100/25g	1000/25g
单核细胞增生李斯特氏菌*					5	0	0/25g	

* 仅适用于肉、禽、蔬菜为主要原料的速冻熟制品。

表 6-2 婴幼儿配方奶粉微生物检测三级取样方案

项目	取样方案及指标							
	致病菌				加工卫生指标			
	n	c	$m(CFU/g)$	$M(CFU/g)$	n	c	$m(CFU/g)$	$M(CFU/g)$
阪崎肠杆菌	30	0	0/10g	NA				
沙门氏菌	60	0	0/25g	NA				
菌落总数			—		5	2	500/g	5000/g
肠杆菌			—		10	2	0/10g	NA

注:"NA"表示未检出。

3)ICMSF 对食品中微生物的危害度分类与取样方案说明。

为了强调取样与检样之间的关系,国际食品微生物标准委员会(ICMSF)已经阐述了严格的取样计划与食品危害程度相联系的概念(ICMSF,1986)。在中等或严重危害的情况下使用二级取样方案,对健康危害低的则建议使用三级取样方案。

ICMSF 是将微生物的危害度、食品的特性及处理条件三者综合在一起进行食品中微生物危害度分类的。这个设想是很科学并符合实际情况的,对生产厂及消费者来说都是比较合理的。

(2)低浓度微生物样品的取样

如果食品中所含微生物浓度低于菌落计数的灵敏度,通常采用连续稀释法并用多管技术对其进行活菌计数。需要时,可将大量的(如 100g,10g 和 1g)食品接种到含有适当培养基的大容器中。

另一种方法是抽取一系列数量相同的样品,检测是否含有可疑微生物。如果未检出,则用该方法估算检出至少一个可疑菌所需抽取的最大样品单元。这种方法被称作定性取样。该方法适用于罐装食品、袋装牛奶等小包装食品(如罐装食品)的取样,因为这些食品中多数含有被杀死的细菌,活菌数较低,同时也能用于大桶装冰淇淋等大包装的食品。

假定微生物随机分布在样品中,这些样品又是由已知大小的单元组成的(如 10g 或 25g)。为了检测其中的微生物,必须抽取一定数量的样品,如 n 个。那么阳性样品(至少有一个可疑菌)在整批食品中的比例,可以通过式(6-1)计算:

$$d = 100(1 - \sqrt[6]{1-P}) \tag{6-1}$$

式(6-1)由 $P = 1 - (1 - d/100)n$ 导出。n 为 n 个抽样单元中至少有一个阳性单元的抽样个数,当 d 表示抽样量在整批食品中的百分数时,P 表示抽取 n 个样品时,至少出现一个阳性样品的可能值。当 n 在整批食品中仅占一小部分($< 1/4$)时,这个关系式成立。

[例 1-3] 假设抽取 6 个样品,每个样品 25g,概率水平取 95%。每 6 个样品中至少出现 1 个阳性样品,那么阳性样品在整个批次中的比例为多少?

$$d = 100(1 - \sqrt[6]{1-0.95})$$

$$\frac{d}{100} = 1 - \sqrt[6]{0.05}$$

$$1 - \frac{d}{100} = \sqrt[6]{0.05}$$

$$\lg\left(1 - \frac{d}{100}\right) = \frac{1}{6}(\lg 0.05)$$

$$\frac{d}{100} = 1 - 0.607 = 0.393$$

得到:$d = 39.3\%$

也就是说,如果所有检测样品均为阴性,那么在 95% 的概率下,25g 样品的阳性率在整个批次中占的比例不超过 39.3%(换句话说,即每 2.5kg 样品中的细菌数不超过 40 个)。

如果给定了检测比例,希望知道需抽取的样品数,可以用式(6-2)计算:

$$n = \frac{\lg(1-P)}{\lg\left(1 - \dfrac{d}{100}\right)} \tag{6-2}$$

[例 1-4] 假定被检测某批食品要求在 95% 的概率下,每 500g 食品中所含沙门氏菌小于一个,应该取以 25g 为单元的样品多少个,才能保证食品符合要求?

500g 样品中含 20 个 25g 的单位。这样上述要求等效于每 25g 样品中阳性率应小于 5%(如在整批食品中任取 20 个单位,阳性单元数应小于一个)。按式(6-2),以 95% 的概率计算,抽取样品数应为:

$$n = \frac{\lg(1-0.95)}{\lg\left(1 - \dfrac{5}{100}\right)} = \frac{\lg 0.05}{\lg 0.95} = \frac{-1.3010}{-0.0223} = 58.3$$

即需抽取 59 个样品,每个样品 25g,所有这些样品必须为阴性,才能保证从长远考虑每 500g 食品(95% 概率)中所含沙门氏菌小于 1 个。

(3)随机抽样计划

随机抽样法是较常用的抽样计划之一。在现场抽样时,可利用随机抽样表进行随机抽样。随机抽样表系用计算机随机编制而成,其使用方法如下:

1)先将一批产品的各单位产品(如箱、包、盒等)按顺序编号,如将一批 600 包的产品编为 1,2,…,600。

2)随意在表上点出一个数,查看该数字所在的行和列,如点在第 48 行、第 10 列的数字上。

根据单位产品编号的最大位数,查出所在行的连续列数字(如上述所点数为第 48 行、第 10 列、11 列和 12 列,其数字为 245),则编号与该数相同的那一份单位产品,即为一件应抽取的样品。

3)按上述方法继续查下一行的相同连续列数字,抽取为另一件应抽取的样品,直到完成应抽样品件数为止。

(4)非随机取样计划

我们通常希望通过随机取样获得样品。例如可使用随机取样表抽取一条生产线或仓库中的样品,用表中的数字确定不同的取样时间和地点。但生产中会出现很多特殊情况,如在加工熟食品时,细菌数会随生产程序而增多;分装食品的管道系统不清洁或开始生产前未充分洗净,最开始生产的产品细菌就很高;传送食品的管道温度适于细菌生长,则在传送过程中细菌会逐渐增加。

另外,当整批食品贮存条件相同,采用随机取样比较合理。但对于一堆食品,其贮存温度和其他条件往往都是变化的。在这种情况下,从不同部位取样,获取的信息就不同。如果对环境条件进行同步检测(如用多功能记录仪和几个温度计检测整批食品贮存温度的变化),环境变化对微生物的影响就被检测出来。

4.取样标准

取样标准通常是标准化了的取样计划。目前国内外关于取样的标准很多,但无论哪种标准都只有一个目标,即获得代表性的样品,并通过对样品的检测得到能够代表整批产品的检验结果。取样时应根据不同的产品类型、产品状态等选择不同的取样方法和标准。下面简要介绍一些常用的取样标准,读者可根据实际情况在工作中参考。

(1)SN 0330—1994《出口食品中微生物学检验通则》

该标准规定了食品中微生物学检验取样的一般要求,规定了取样的数量、方法,样品的标记、报告以及样品的保存和运输方面的要求。主要采用随机取样计划,并在附录中列出了随机取样表。对于标准中无取样规定的出口食品可参照本标准的取样方法取样。

(2)GB/T 2828.1—2003《计数抽样检验程序 第 1 部分:按接收质量限(AQL)检索的逐批检验抽样计划》

该标准是计数连续批抽样检验计划,属于计数调整型抽样标准。调整型抽样是指在产品质量正常的情况下,采用正常抽样计划进行检验;产品质量变坏或生产不稳定时,则换用加严的抽样计划,使存伪率的概率减小;产品质量比所要求质量好且稳定时,则可换用放宽的抽样计划,减少样品数量,节约检验的费用。该计划主要用于来自同一来源连续批的检验。抽样时应注意抽样计划与转移规则必须一起使用。

(3)GB/T 15239《孤立批计数抽样检验程序及抽样表》

孤立批是指脱离已生产或汇集的批系列,不属于当前检验批系列的批。当检验的是单独一批货很少几批产品,无法使用转移规则来调整检验的严格度时使用孤立批计数抽样检验程序及抽样表。

(4)GB/T 14437《产品质量监督计数一次抽样检验程序及抽样方案》

该标准适用于各级政府质量技术监督部门根据国家的有关法律、法规等,对生产、加工、销售的产品、商品的质量及服务进行有计划、有重点的监督抽查。适用于以下三种情况:

1)以不合格品率为质量指标。

2)总体量大于250。

3)总体量与样本之比大于10。

使用本标准首先应给出合格监督总体的定义,当监督总体的实际不合格率(不合格品率的真值)高于 P 时(P 表示理论不合格率),该监督总体为不合格监督总体;当该监督总体的实际不合格率(不合格率的真值)不高于 P 时,该监督总体为合格监督总体。

(三)取样方法

正确的取样方法能够保证取样方案的有效执行,以及样品的有效性和代表性。取样必须遵循无菌操作程序,取样工具如整套不锈钢勺子、镊子、剪刀等应当高压灭菌,防止一切可能外来污染。容器必须清洁、干燥、防漏、广口、灭菌,大小适合盛放检样。取样全过程应采取必要的措施防止食品中固有微生物的数量和生长能力发生变化。确定检验批,应注意产品的均质性和来源,确保检样的代表性。

进行食品微生物检验时,针对不同的食品,取样方法各不相同。ICMSF 对食品的混合、加工类型、贮存方法及微生物检测项目的抽样方法都有详细的规定。下面简要介绍一些常用的取样方法。

1. 液体样品

通常情况下,液态食品较容易获得代表性样品。液态食品(如牛奶、奶昔、糖浆)一般盛放在大罐中,取样时,可连续或间歇搅拌(可使用灭菌的长柄勺搅拌),对于较小的容器,可在取样前将液体上下颠倒,使其完全混匀。较大的样品(10~500mL)要放在已灭菌的容器中送往实验室。实验室在取样检测之前应将液体再彻底混匀一次。

2. 固体样品

依所取样品材料的不同,所使用的工具也不同。固态样品常用的取样工具有灭菌的解剖刀、勺子、软木钻、锯子、钳子等。面粉或奶粉等易于混匀的食品,其成品质量均匀、稳定,可以抽取小样品(如 100g)检测。但散装样品就必须从多个点取大样,且每个样品都要单独处理,在检测前要彻底混匀,并从中取一份样品进行检测。

肉类、鱼类或类似的食品既要在表皮取样又要在深层取样。深层取样时要小心不要被表面污染。有些食品,如鲜肉或熟肉可用灭菌的解剖刀和钳子取样;冷冻食品可在不解冻的状态下用锯子、木钻或电钻(一般斜角钻入)等获取深层样品;粉末状样品取样时,可用灭菌的取样器斜角插入箱底,样品填满取样器后提出箱外,再用灭菌小勺从上、中、下部位采样。

3. 表面取样

通过惰性载体可以将表面样品上的微生物转移到合适的培养基中进行微生物检测,这种惰性载体既不能引起微生物死亡,也不能使其增殖。这样的载体包括清水、拭子、胶带等。取样后,要使微生物长期保存在载体上,既不死亡,增殖又不十分困难,所以,应尽早地将微生物转接到适当的培养基中。转移前耽误的时间越长,品质评价的可靠性就越差。

表面取样技术只能直接转移菌体,不能作系列稀释,只有在菌体数量较少时才适用。其最大优点是检测时不破坏食品样品。以下介绍几种较常见的表面取样技术。

（1）棉拭子法

进行定量检测时,必须先用灭菌取样框(塑料或不锈钢等)确定被测试的区域。

1）棉花-羊毛拭子。

用干燥的棉花-羊毛缠在长 4cm,直径 1~1.5cm 的木棒或不锈钢丝上做成棉花-羊毛拭子。然后将拭子放在合金试管中,盖上盖子后灭菌。取样时先将拭子在稀释液中浸湿,然后在待测样品的表面缓慢旋转拭子平行用力涂抹两次。涂抹的过程中应保证拭子在取样框内。取样后拭子重新放回装有 10mL 取样溶液的试管中。

2）海藻酸盐棉拭子。

由海藻酸盐羊毛制成。将海藻酸盐羊毛缠在直径为 1.5mm 的木棒上做成长 1~1.5cm、直径 7mm 的拭子头,灭菌后放入试管中。取样步骤同上。取样后放入装有 10mL 的 1∶4 Ringer 氏溶液(含 1‰偏磷酸六钠)的试管中。

（2）淋洗法

用 10 倍于样品的灭菌稀释液(质量比)对样品进行淋洗,得到 10^{-1} 的样品原液,这种取样方法可用于香肠、干果、蔬菜等食品。报告结果时,应注明该结果仅代表样品表面的细菌数。

（3）胶带法

这种取样方法要用到不干胶胶带或不干胶标签。不干胶标签的优点是能把采样的详细情况写在标签的背面,取样后贴在粘贴架上。不干胶胶带取样后同样需转接到一个无菌粘贴架上。这种方法可用于检测食品表面和仪器设备表面的微生物。胶带和标签制成后,可用易挥发溶液进行短时间的灭菌。必须确保灭菌后的胶带无菌或残留的微生物失去活性。

胶带或标签的一端要向内弯回大约 1cm 左右以方便使用。取样时,把胶带从粘贴架上取下压在待测物质表面,迅速取样后,重新粘回到模板上。送到实验室后,将胶带(或标签)从粘贴架上取下,压在所需培养基表面。

（4）琼脂肠法

琼脂肠由无菌圆塑料袋(或塑料筒)和加入其中的无菌琼脂培养基制成。可在实验室制作,一些国家也有成品出售。使用时,在琼脂的末端无菌切开,将暴露的琼脂面压在样品表面,用无菌解剖刀切下一薄片,放在培养皿上培养。

（5）影印盘法

影印盘是一种无菌的塑料盘,也可称为"触盘"或"RODAC 盘",可以从许多生产厂商处买到。制作时按要求在容器中央填满足够的琼脂培养基,并形成凸状面,需要时,将琼脂表面压在待测物表面。取样后再放入适当的温度培养。影印盘典型的剖面如图 6-1 所示。

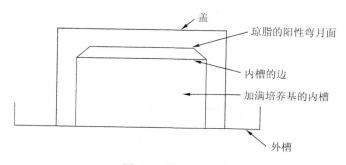

图 6-1 影印盘剖面

(6)触片法

用一个无菌玻片触压食品表面,带回实验室。固定染色(如革兰氏染色法)后在显微镜下检测。也可以将取样的玻片压在倒有培养基的平板上,将细菌转接到琼脂表面,(用无菌镊子)移去玻片后,培养平板。这种方法不能用于菌体计数,但能快速判断优势菌落的类型,对生肉、禽肉和软奶酪等食品更为适用。

(7)表层切片法

用灭菌解剖刀或镊子切取一薄层表层样品。这种方法最适用于家禽皮肤的取样。将样品放入装有适当稀释液的容器中,均质后得到初始浓度为 10^{-1} 的样品原液。

4. 带包装食品

(1)直接食用的小包装食品

尽可能取原包装,直到检验前不要开封,以防污染。

(2)统装或大容器包装的液体食品和固体食品

应注意以下两点:

1)每份样品应用灭菌抽样器由几个不同部位采取,一起放入一个灭菌容器内。

2)注意不要使样品过度潮湿,以防食品中固有的细菌繁殖。

(3)统装或大容器包装冷冻食品

应注意以下两点:

1)对大块冷冻食品,应从几个不同部位用灭菌工具抽样,使之有充分的代表性。

2)在将样品送达实验室前,要始终保持样品处于冷冻状态。样品一旦融化,不可使其再冷冻,保持冷却即可。

5. 检测厌氧微生物的食品

取样检测厌氧微生物时,很重要的一点是食品样品中不能含有游离氧。例如在肉的深层取少量样品后,要避免使之暴露在空气中。如只能抽取小样品,或需使用棉拭子取样时,就要用一种合适的转接培养基(如 Stuart 转接培养基)来降低氧的浓度。例如,使用藻酸盐羊毛拭子取样后,就不能再放入原来的试管,而应放在盛有 Stuart 转接培养基的瓶中。棉拭子使用前要先用强化的梭菌培养基浸湿。

6. 水

取水样时,最好选用带有防尘磨口瓶塞的广口瓶。对于用氯气处理过的水,取样后在每 100mL 的水样中加入 0.1mL 的 2% 硫代硫酸钠溶液。

取样时应特别注意防止样品的污染,样品应完全充满取样瓶。如果样品是从水龙头上取得,龙头嘴的里外都应擦干净。打开龙头让水流几分钟,关上龙头并用酒精灯灼烧,再次打开龙头让水流 1~2min 后再接水样并装满取样瓶。这样的取样方法能确保供水系统的细菌学分析的质量,但是如果检测的目的是用于追踪微生物的污染源,建议还应在龙头灭菌之前取水样或在龙头的里边和外边用棉拭子涂抹取样,以检测龙头自身污染的可能性。

从水库、池塘、井水、河流等取水样时,用无菌的器械或工具拿取瓶子和打开瓶塞。在流动水中取样品时,瓶嘴应直接对着水流。大多数国家的官方取样程序中已明确规定了取样所用器械。如果不具备适当的取样仪器或临时取样工具,只能用手操作,但取样时应特别小心,防止用手接触水样或取样瓶内部。

(四)样品的标记和运输

取样过程中应对所取样品进行及时、准确的标记。取样结束后,应由取样人写出完整的取样报告。样品应尽可能在原有状态下迅速运送或发送到实验室。

1. 样品的标记

样品的标记需要注意以下两点:

1)所有盛样容器必须有和样品一致的标记,在标记上应记明产品标志与号码、样品顺序号,以及其他需要说明的情况。标记应牢固并具防水性,确保字迹不会被擦掉或脱色。

2)当样品需要托运或由非专职取样人员运送时,必须封识样品容器。

2. 样品的运送

样品的运送需要注意以下几点:

1)取样结束后应尽快将样品送往实验室检验。如不能及时运送,冷冻样品应存放在 $-15℃$ 以下的冰箱或冷藏库内;冷却和易腐食品应存放在 $0\sim4℃$ 冰箱或冷却库内;其他食品可放在常温冷暗处。

2)样品的运输过程必须有适当的保护措施(如密封、冷藏等),以保证样品的微生物指标不发生变化。运送冷冻和易腐食品应在包装容器内加适量的冷却剂或冷冻剂。保证途中样品不升温或不融化,必要时可于途中补加冷却剂或冷冻剂。

3)如不能由专人携带送样时,也可托运。托运前必须将样品包装好,应能防破损,防冻结或防易腐和冷冻样品升温或融化。在包装上应注明"防碎"、"易腐"、"冷藏"等字样。

4)做好样品运送记录,写明运送条件、日期、到达地点及其他需要说明的情况,并由运送人签字。

3. 样品的保存

实验室接到样品后应在 36h 内进行检测(贝类样品通常要在 6h 内检测),对不能立即进行检测的样品,要采取适当的方式保存,使样品在检测之前维持取样时的状态,即样品的检测结果能够代表整个产品。实验室应有足够和适当的样品保存设施(冰箱或冰柜等)。

同时,需注意以下几点:

1)保存的样品应进行必要和清晰的标记,内容包括样品名称,样品描述,样品批号,企业名称、地址,取样人,取样时间,取样地点,取样温度(必要时),测试目的等。

2)常规样品若不能及时检验,可置于 4℃ 冷藏保存,但保存时间不宜过长(一般要在 36h 内检验)。

3)冰冻食品要密封后置于冷冻冰箱(通常为 $-18℃$),检测前要始终保持冷冻状态,防止食品暴露在二氧化碳气体中。

4)易腐的非冷冻食品检测前不应冷冻保存(除非不能及时检测)。如需要短时间保存,应在 $0\sim4℃$ 冷藏保存。但应尽快检验(一般不应超过 36h),因为保存时间过长会造成食品中嗜冷细菌的生长和嗜中温细菌死亡。非冷冻的贝类食品的样品应在 6h 内进行检测。

5)样品在保存过程中应保持密封性,防止引起样品 pH 值的变化。

6)对样品的贮存的过程进行记录。

(五)检测样品的制备(处理)

1. 稀释液的选择

(1)普通稀释液

浓度为 0.1%、pH 6.8~7.0 的无菌蛋白胨水(蛋白胨:1.0g;氯化钠:8.5g;水:

1000mL),磷酸盐缓冲溶液,1:4 的 Ringer 氏溶液和 0.85％氯化钠溶液等都是较好的稀释液。0.1％的蛋白胨水要比其他保护效果更好,因此是最常用的稀释液。然而,近年来 ISO 标准方法已开始使用 0.1％蛋白胨加 0.85％氯化钠溶液作为普通稀释液。

在最低稀释度时,样品可能会改变稀释液的性质。特别是当样品中水不溶物占的比例很大时,样品在稀释液中的溶解度会受到影响。食品样品的溶解度到底有多大? 是不是稀释液的 pH 值或水活度($α_w$)也会受到影响? 如果有疑问,应该测定第一个稀释度的 pH 值和水活度。为了防止 pH 值变化,可在稀释液中加入磷酸盐缓冲液。

高溶解度的干燥样品(如奶粉、婴儿食品)在最低稀释度时水活度很低,应该选择蒸馏水作为稀释液。最适合的稀释液应该通过一系列的试验得到,所选择的稀释液应该具有最高的复苏率。

样品稀释液的制备过程应在 15～30min 内完成。

(2) 厌氧微生物的稀释液

对食品中的厌氧微生物进行定性或定量检测时,必须使氧化作用减至最低,所以应使用具有抗氧化作用的培养基作为稀释液。制备样品悬液时应尽量避免氧气进入其中,使用袋式拍击式均质器可达到这一点。

检测对氧气极其敏感的厌氧菌时,除使用适当的稀释液外,还要具备一些特殊的样品防护措施,如使用厌氧工作站等。

(3) 嗜渗菌和嗜盐菌的稀释液

20％的无菌蔗糖溶液适用于嗜渗菌计数;研究嗜盐菌(如食盐样品)时,可使用 15％无菌的氯化钠溶液作为稀释液。

2. 不同类型样品的制备

(1) 液体样品

制备液体样品稀释液时,用无菌移液管移取 10mL 完全混匀的样品到带盖的无菌玻璃瓶中,加稀释液至 100mL 配成体积比为 1:10 的稀释液。也可选择质量体积比,取 10g 完全混匀的样品加入玻璃瓶中,用无菌稀释液配成 100mL,制成体积比为 1:10 的稀释液。实际操作中,等效于 1:10 的质量比。按常规方法作进一步的稀释,整个样品稀释过程应在 30min 内完成。

(2)小颗粒固体样品

面粉、奶粉等小颗粒固体样品的初始稀释液较容易配制。无菌称取 10g 样品加入容积为 100mL 无菌带盖玻璃瓶中,加入无菌稀释液至 100mL 刻度,配成质量体积比为 1:10 的稀释液。以 30cm 的幅度摇动 25 次。必要时按常规方法进一步稀释。对高溶解度样品计数时必须小心,计数结果取决于样品在稀释液中的均匀性,而均匀性又与样品的初始状态有关(常表述为个/克)。要得到准确的检测结果,第一个稀释液的体积是否准确达到 100mL 非常重要。除体积因素外,pH 值和水活度的变化也必须加以考虑。另外,稀释液中样品的转接应在 30min 内完成。

(3) 粉末状样品

检测表层下面样品中的细菌时,应将至少 10g 样品加入适量的无菌稀释液,并在适当的设备中均质。常用的均质方法是使用拍击式均质器。

将样品和稀释液一起放入无菌、耐用、薄而软的聚乙烯袋中。袋子放入拍击式均质器内,留出几厘米袋口在匀浆器门外。均质时,关紧均质器门以密封袋子。启动均质器,两个大而平的不锈钢踏板交替拍击袋子,袋中内容物在踏板与均质器门的平滑内表面之间挤压,即产生均质效果。对于大多数样品均质30s即可,而脂肪浓度高的样品则需要90s。

这种仪器的优点之一是将样品装在便宜且使用方便的袋子中,不接触均质器。均质时不会引起样品温度升高,较好地保护了待测菌株。即使是冷冻样品,均质效果也很好。这种方法可用于制备浓度很低的稀释液。

（4）表面样品

表面样品取样后,先放到一定体积(如10mL)的稀释液中,妥善保存,使样品保持原始状态。检测时,用适当的稀释剂进行定量稀释(根据预测的污染程度稀释到所需稀释度)。检测后根据稀释的倍数进行换算。

三、任务所需器材

1）MF撞击式空气微生物采样仪。

2）玻璃采水器(1L)。

3）灭菌的采样瓶(广口瓶)。

4）土壤采样器。

5）冰箱。

四、任务技能训练

（一）土壤微生物的采集方法

1. 布点数量

土壤监测的布点数量要根据调查目的,调查精度和调查区域环境状况等因素确定。一般要求每个监测单元最少应设3个点。

2. 布点原则与方法

布点原则应坚持哪里有污染就在哪里布点。

3. 土壤样品采集方法(混合采集方法)

对角线法、梅花点法、棋盘式法、蛇形法。

4. 采样深度及采样量

种植一般农作物每个分点处采0～20cm耕作层土壤。

种植果林类农作物每个分点处采0～60cm耕作层土壤。

了解污染物在土壤中垂直分布时,按土壤发生层次采土壤剖面样。

各分点混匀后取1kg,多余部分用四分法弃去。

（二）水中微生物的采集方法

1. 自来水的采集

先将水龙头打开至最大,放水约3～5min,然后关闭水龙头,用酒精灯火焰将水龙头烧灼3～5min灭菌,或用70%酒精消毒水龙头,再打开水龙头,放水1min后,以排除管道内的存水,再用无菌的容器接取水样。如果水样中含余氯,则采样瓶在灭菌前应加入硫代硫酸钠溶液(每500mL水样加3%硫代硫酸钠溶液1mL),以消除余氯的影响,避免其继续存在产生杀菌作用。

2.河湖水、井水、海水和其他水样的采集

如采集的是表层水,可握住瓶子下部,直接将灭菌的带玻璃塞瓶插入距水面 10～15cm 的深层处,除去玻璃塞,瓶口朝水流方向,使水样灌入瓶内后将瓶塞盖好,将瓶从水中取出待测。

如果采集的是一定深度的水样时,可使用特制采样器,采样器的种类很多,图 6-2 所示是其中的一种。采样器外部是一个金属框,内装玻璃瓶,器底有沉坠,可按需要坠入一定的深度,瓶盖系有绳索,控制瓶盖启闭,拉起绳索即打开瓶盖装水,松放绳索即自行盖上。采样前应对玻璃瓶作灭菌处理。采样时将采样器下沉到预定深度,扯动挂绳,打开瓶塞,待水灌满后,迅速提出水面,弃去上层水样,盖好瓶盖。在取水时应同步测定取水的深度。水样采集后,将水瓶迅速送回实验室进行检验。

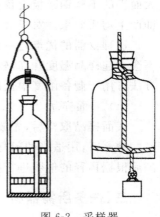

图 6-2　采样器

(三)空气微生物的采样方法

1.沉降法

制备好无菌平板,在待测点打开皿盖暴露于空气 5～10min,盖好皿盖,置于 37℃培养箱中培养 48h,取出计算菌落数。计算公式如下:

$$C = \frac{1000 \times 50N}{At} \tag{6-3}$$

式中:C—— 空气细菌数,个／立方米;

　　N—— 菌落数,个;

　　A—— 平皿底面积,cm^2;

　　t—— 暴露时间,min。

2.撞击法

撞击法是采用撞击式空气微生物采样器(见图 6-3 和图 6-4)采样,通过抽气动力作用,使空气通过狭缝或小孔而产生高速气流,使悬浮在空气中的带菌粒子撞击到营养琼脂平板上,经 37℃、48h 培养后,计算出每立方米空气中所含的细菌菌落数的采样测定方法。

图 6-3　MF 撞击式空气微生物采样仪器

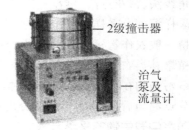

2级撞击器

治气泵及流量计

图 6-4　FA-2 型撞击式微生物采样器

(四)水样的保存及送检

1.水样的采集

采集的水样,除一部分在现场测定外,其中大部分要送到指定实验室进行分析测试。在运输和实验室管理的过程中,为继续保证水样的完整性、代表性、免遭污染、破坏和丢失,必须遵守各项安全措施。应注意以下几点。

1）根据采样记录和样品登记表清点样品，严防差错。

2）塑料容器要塞紧内塞，旋紧外盖。

3）玻璃瓶塞紧磨口塞，用细绳将瓶塞与瓶颈拴紧；或用实验室用透明胶带，或用封口胶、石蜡封口。测油类水样不能用石蜡封口。

4）为防止样品在运输过程中因震动、碰撞而导致沾污，最好将样品装箱运送。

5）需冷藏的样品，应配广口隔热瓶，加入冰块，将样品置于其中保存。

6）冬季采取保温设施，以防冻裂样品瓶；而夏季应防止温度高时瓶盖冲起。

2. 水样的保存方法——冷藏法

水样在4℃保存，最好放在暗处或冰箱中，这样可控制微生物活动，减缓物理作用和化学作用的速度。这种方法对以后的分析测定没有妨碍。

3. 水样的处置

取样时要注明日期、温度、水的来源、环境状况、水的用途等，以供水质评价时参考。采集的水样最好立即检验，一般从取样到检验不宜超过2h，如不能立即检验，可在1～5℃下冰箱存放，但较清洁的水样应在12h内测定，污水则必须在6h内测定完毕。若无法在规定时间内完成，则应考虑采用延迟培养法，或者在报告中注明水样采集与测定的间隔时间。

五、技能考核标准

微生物采集技能的考核见表6-3。

表6-3　微生物采集技能考核表

考核内容	考核指标	分值
土壤微生物采集方法	布点数量是否正确	30
	布点方法是否正确	
	采样深度是否正确	
	采样量是否正确	
水体微生物采集方法	不同水体的采样方法选择是否正确	40
	水体采样器材选择是否正确	
	水体采样布点是否正确	
	水体采样方法是否正确	
	水体的采集量是否正确	
空气微生物采集方法	空气微生物培养基的准备是否正确	30
	空气微生物采样的布点数及方法是否正确	
	空气微生物采样的方法是否正确	
合计	—	100

学习情境二
产品中指标菌及常见致病菌的检验技术

项目七　菌落总数测定

【知识目标】

1）熟悉微生物检验中菌落总数的含义、卫生学意义及检验程序。

2）掌握微生物检验中菌落总数的操作技术。

【能力目标】

1）能根据国标独立进行菌落总数的测定实验。

2）会分析总结实验结果，并做出正确、规范的实验报告。

【素质目标】

培养团队协作精神，树立无菌观念和产品质量意识，培养学生对微观事物科学的、实事求是的、认真细致的学习和工作态度。

【案例导入】

××省××市市场监督管理局于2011年末对××各大市场所销售的熟制鸭脖等食品开展了抽样检验。根据当地媒体报道，结果显示，四成多熟制鸭脖不合格，不合格项目主要为大肠菌群和菌落总数超标。不合格原因主要在于熟制鸭脖以散装称重方式售卖时易受到微生物污染，以及部分门店未在冷藏条件下销售熟制食品。

同期，××市工商局在对大米、挂面、方便面（米粉）、婴幼儿配方米粉（婴幼儿补充谷粉）等食品进行抽检后发现，波力食品工业（昆山）有限公司生产的"波力海苔"（11.2克/包调味紫菜）未达标，问题同样是菌落总数超标。

是否超标说法不一

针对抽检结果，××食品工业有限公司相关负责人表示，××工商局是按照2005年卫生部及国家标准化管理委员会发布的《藻类制品卫生标准》检查的，但××公司是按照2009年国家质检总局和标准化管理委员会发布的国家标准GB/T23596—2009《海苔》执行的，由于存在双重标准，导致检查结果不合格。该负责人还表示，菌落总数和致病菌有本质区别，"细菌总数"指菌落总数，而不是致病菌。

2012年1月4日，××市工商局在官网发布《关于波力海苔抽样检验结果的说明》(以下简称《说明》)。《说明》称，××市工商局本次抽检藻类制品是根据国家强制性标准GB19643—2005《藻类制品卫生标准》，而波力海苔(调味紫菜)声称的执行标准为国家推荐性标准GB/T23596—2009《海苔》，虽然该推荐性标准中取消了对菌落总数的要求，但是国家强制性标准GB19643—2005对菌落总数有规定要求。根据《中华人民共和国标准化法》第三章第十四条"强制性标准，必须执行"的规定，虽然企业执行的推荐性标准取消了菌落总数的要求，但是国家强制性标准对菌落总数有规定要求的必须严格执行。

对此，××市工商局认为，本次抽检的波力海苔(调味紫菜)不符合国家强制性标准GB19643—2005《藻类制品卫生标准》要求。××市工商局白云分局已于2011年11月对销售不合格波力海苔(调味紫菜)的经销商书面通知责令改正，并对不合格食品予以下架及进行调查处理。

菌落超标值得参考

××大学教授×××认为，菌落总数和致病菌的确有本质区别，菌落总数包括致病菌和有益菌，对人体有损害的主要是其中的致病菌，这些病菌会破坏肠道里正常的菌落环境，一部分可能在肠道被杀灭，一部分会留在身体里引起腹泻、损伤肝脏等身体器官，而有益菌包括酸奶中常被提起的乳酸菌等。不过，×××教授也提出，如果海苔中的菌落总数超标也意味着致病菌超标的机会增大，很可能是在加工过程中海苔长时间暴露在空气中造成的，因此，这个指标还值得消费者参考。

此外，×××教授提醒，一些干制食品中很容易出现菌落严重超标的问题。最常见的包括一些果脯、咸菜、干海产品。虽然这类食品通常有高盐、高糖的加工环境会抑制细菌繁殖，适量食用不会造成身体损伤，但如果食用过量，致病菌总量超过一定量时，也容易引起身体的不良反应，甚至引发生命危险。

××省食文化研究会会长、食品安全问题专家×××说，可以用"醉驾"来比喻这个问题——喝醉酒开车，可能什么事也没发生，也可能发生大事情。"主要是看细菌是什么细菌。"他说，人体的细菌有有害菌、无害菌，还有有益菌，大肠菌群超标可以说明食品质量不合格，而且假如其中有有害菌，就会引起食客腹泻、呕吐等安全事件。

类似鸭脖、豆干这类的熟食，由于裸露散装出售，假如密封做得不好，在消毒后没有与空气完全隔绝，就容易引起细菌超标。此外，假如检测部门没有实施快速检测，也会得出超标的结果。"因为细菌的繁殖太快了，每20分钟就会由一个(细菌)变两个。"消费者要留意柜台的鸭脖子是否密封或者是否用保鲜纸遮掩，吃熟食前最好能加热一下。

任务 菌落总数测定(GB4789.2—2010)

一、任务目标

1)掌握食品中菌落总数测定的基本程序和要点。

2)学会对不同样品稀释度确定的原则。

二、任务相关知识

细菌不仅种类多,而且生理特性也多种多样,无论环境中有氧或无氧、高温或低温、酸性或碱性,都有适合该种环境的细菌存在,食品被细菌污染后,不仅能在食品中生长,有的还可产生毒素,造成食品的腐败变质,引起食物中毒及其他食源性疾病。根据国内外统计,在各种食物中毒中,以细菌性食物中毒最多,引起细菌性食物中毒的有沙门氏菌、致病性大肠杆菌、肉毒梭菌、副溶血性弧菌、金黄色葡萄球菌金、假单胞菌属等。另外在国家抽查过程中,食品的菌落总数超标现象普遍,是雪糕、月饼、饼干等产品不合格率居高不下的主要原因。食品中细菌污染主要是生产环境、员工个人卫生,或原材料不卫生、消毒不彻底造成的。

食品中菌落总数的测定,目的在于判定食品被细菌污染的程度,反映食品在生产、加工、销售过程中是否符合安全要求,反映出食品的新鲜程度和安全状况。也可以应用这一方法观察细菌在食品中的繁殖动态,确定食品的保质期,以便对被检样品进行安全学评价时提供依据。如果某一食品的菌落总数严重超标,说明其产品的安全状况达不到要求,同时食品将加速腐败变质,失去食用价值。

食品有可能被多种细菌所污染,每种细菌都有其一定的生理特性,培养时应用不同的营养条件及其生理条件(如培养温度和培养时间、pH、需氧性质等)去满足其要求,才能分别将各种细菌培养出来。但在实际工作中,一般都只用一种常用的方法去作菌落总数的测定。按食品安全国家标准的规定,食品中菌落总数(aerobic plate count)是指食品检样经过处理,在一定条件下(如培养基、培养温度和培养时间、pH、需氧性质等)培养后,所得每克(毫升)检样中形成的细菌菌落总数。因此食品中菌落总数测定的结果并不表示样品中实际存在的所有细菌数量,仅仅反映在给定生长条件下可生长的细菌数量,即只包括一群能在平板计数琼脂平板上生长繁殖的嗜热中温性的需氧细菌、厌氧或微需氧菌、有特殊营养要求的,以及非嗜中温的细菌,由于现有条件不能满足其生理需求,故难以繁殖生长。由于菌落总数并不能区分其中细菌的种类,所以有时被称为杂菌数、中温需氧菌数等。

由于食品的性质、处理方法及存放条件的不同,以致对食品卫生质量具有重要影响的细菌种类和相对数量比也不一致,因而目前在食品细菌数量和腐败变质之间还难于找出适用于任何情况的对应关系。同时,用于判定食品腐败变质的界限数值出入也较大。

国家标准菌落总数的测定采用标准平板培养计数法,根据检样的污染程度,做不同倍数稀释,选择其中的2~3个适宜的稀释度,与培养基混合,在一定培养条件下,每个能够生长繁殖的细菌细胞都可以在平板上形成一个可见的菌落。由此根据平板上生长的菌落数计算出计数稀释度(稀释倍数)和样品中的细菌含量。

附录:培养基和试剂的制备

1. 平板计数琼脂(plate count agar,PCA)培养基
(1)成分
胰蛋白胨 5.0g　酵母浸膏 2.5g　葡萄糖 1.0g　琼脂 15.0g　蒸馏水 1000mL
(2)制法
将上述成分加于蒸馏水中,煮沸溶解,调节 pH 至 7.0±0.2,分装三角瓶或试管,高压蒸汽灭菌(121℃,15min)。

注:商品平板计数琼脂可按其说明书进行制备。

2.无菌生理盐水

(1)成分

氯化钠 8.5g 蒸馏水 1000mL

(2)制法

称取 8.5g 氯化钠溶于 1000mL 蒸馏水中,分装三角瓶或试管,高压蒸汽灭菌(121℃,15min)。

3.磷酸盐缓冲液

(1)成分

磷酸二氢钾 34.0g 蒸馏水 500mL

(2)制法

储存液:称取 34.0g 磷酸二氢钾溶于 500mL 蒸馏水中,用大约 175mL 的 1mol/L NaOH 溶液调节 pH 至 7.2,用蒸馏水稀释到 1000mL 后储存于冰箱。

稀释液:取储存液 1.25mL,用蒸馏水稀释到 1000mL,分装三角瓶或试管,高压蒸汽灭菌(121℃,15min)。

三、任务所需器材

1.实验器材

恒温培养箱:36℃±1℃,30℃±1℃;冰箱:2～5℃;恒温水浴锅:46℃±1℃;天平:感量为 0.1g;吸管:10mL(具 0.1mL 刻度)、1mL(具 0.01mL 刻度)或微量移液器及吸头;锥形瓶:容量 250mL、500mL;试管:16 mm×160mm;培养皿:直径为 90mm;pH 计或 pH 比色管或精密 pH 试纸;放大镜和(或)菌落计数器;均质器;振荡器;电炉;酒精灯;等等。

微生物实验室常规灭菌及培养设备。

2.培养基、试剂和样品

1)培养基和试剂:平板计数琼脂、磷酸盐缓冲液或 0.85％生理盐水(制备方法参阅附录)、75％乙醇溶液。

2)样品:酱牛肉、奶粉、面包、饮用纯净水等。

四、任务技能训练

(一)检验程序

菌落总数的检验程序如图 7-1 所示。

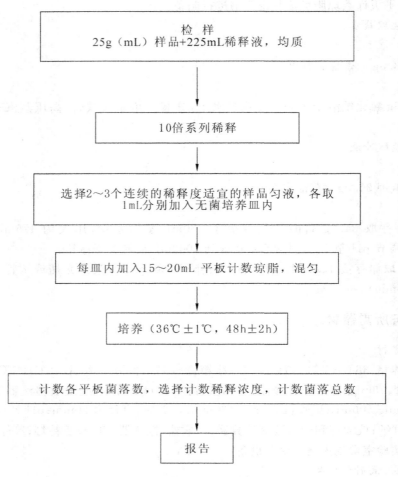

图 7-1　菌落总数的检验程序

(二)操作步骤

1.检样的稀释

1)固体和半固体样品:称取 25g 检样置盛有 225mL 无菌生理盐水或磷酸盐缓冲液的均质杯内,8000～10000r/min 均质 1～2min,或放入盛有 225mL 稀释液的无菌均质袋中,用拍击式均质器拍打 1～2min,制成 1∶10(即 10^{-1})的样品匀液。

2)液体样品:以无菌吸管吸取 25mL 样品置盛有 225mL 无菌生理盐水或磷酸盐缓冲液的锥形瓶内(瓶内预置适当数量的玻璃珠)中,充分混匀,制成 1∶10(即 10^{-1})的样品匀液。

3)用 1mL 灭菌吸管或微量移液器吸取 1∶10 稀释液 1mL,沿管壁缓慢注于盛有 9mL 灭菌稀释液的试管内(注意吸管或吸头尖端不要触及稀释液面),振摇试管,混合均匀,做成 1∶100(即 10^{-2})的稀释液。

另取 1mL 灭菌吸管,按上述操作顺序,做 10 倍递增稀释液,如此每递增稀释一次,即换用 1 支 1mL 灭菌吸管。

2.平板接种与培养

1)根据对样品污染状况的估计,选择 2～3 个适宜稀释度的样品匀液(液体样品可包括原液),在进行 10 倍递增稀释时,吸取 1mL 样品匀液于无菌培养皿内,每个稀释度做两个培养皿。同时分别吸取 1mL 空白稀释液加入两个无菌培养皿内作空白对照。

2)及时将 15～20mL 冷却至 46℃平板计数琼脂培养基(可放置于 46℃±1℃恒温水浴锅中保温)倾注培养皿内,并转动培养皿使其混合均匀。

3)待琼脂凝固后,将平板翻转,置 36℃±1℃培养 48h±2h(水产品 30℃±1℃培养 72h±3h)。如果样品中可能含有在琼脂培养基表面蔓延生长的菌落时,可在凝固后的琼脂表面覆盖一薄层琼脂培养基(大约 4mL),凝固后翻转平板再按要求培养。

3. 菌落计数

1)菌落计数方法:作平板菌落计数时,可用肉眼观察来检查,必要时用放大镜或菌落计数器检查,以防遗漏。记录稀释度(或稀释倍数)和相应的菌落数量。菌落计数以菌落形成单位(colony-forming unit,CFU)表示。

2)平板菌落数的选择:选取菌落数在 30～300CFU 之间、无蔓延菌落生长的平板计数菌落总数。低于 30CFU 的平板记录具体菌落数,大于 300CFU 的可记录为多不可计。每个稀释度的菌落数应采用两个平板的平均数。其中一个平板有较大片状菌落生长时,则不宜采用,而应以无片状菌落生长的平板作为该稀释度的菌落数,若片状菌落不到平板的一半,而其余一半中菌落分布又很均匀,即可计算半个平板后乘以 2,代表一个平板菌落数。当平板上出现菌落间无明显界线的链状生长时,则将每条单链作为一个菌落计数。

4. 菌落总数的计算方法

1)如果只有一个稀释度平板上的平均菌落数在适宜计数范围(30～300CFU)内,则将此平均菌落数乘以相应的稀释倍数报告结果。

2)若有两个连续稀释度的平板菌落数在适宜计数范围内时,按式(7-1)计算:

$$N = \sum C/(n_1 + 0.1n_2)d \tag{7-1}$$

式中:N—— 样品中菌落数;

$\sum C$—— 适宜计数范围内的平板菌落数之和;

n_1—— 第一适宜稀释度(低稀释倍数)平板个数;

n_2—— 第二适宜稀释度(高稀释倍数)平板个数;

d—— 稀释因子(第一适宜稀释度)。

示例:

稀释度	1:100(第一稀释度)	1:1000(第二稀释度)
菌落数(CFU)	232,244	33,35

$$N = \sum C/(n_1 + 0.1n_2)d = \frac{232 + 244 + 33 + 35}{[2 + (0.1 \times 2)] \times 10^{-2}} = 24727 \approx 2.5 \times 10^4$$

3)若所有稀释度的平板上菌落数均大于 300CFU,则对稀释度最高的平板进行计数,其他平板可记录为多不可计,结果按平均菌落数乘以最高稀释倍数计算。

4)若所有稀释度的平板菌落数均小于 30CFU,则应按稀释度最低的平均菌落数乘以稀释倍数计算。

5)若所有稀释度(包括液体样品原液)均无菌落生长,则以小于 1 乘以最低稀释倍数计算。

6）若所有稀释度的平板菌落数均不在 30～300CFU 之间，其中一部分小于 30CFU 或大于 300CFU 时，则以最接近 30CFU 或 300CFU 的平均菌落数乘以稀释倍数计算。

5.菌落总数的报告

1）菌落数小于 100CFU 时，按"四舍五入"原则修约，以整数报告；菌落数大于或等于 100 时，第 3 位数字采用"四舍五入"原则修约后，取前两位数字，后面用 0 代替位数，为了缩短数字后面的零数，也可用 10 的指数来表示，按"四舍五入"原则修约后，采用两位有效数字。

2）若所有平板上为蔓延菌落而无法计数，则报告菌落蔓延。

3）若空白对照上有菌落生长，则此次检测结果无效。

4）称重取样以 CFU/g 为单位报告，体积取样以 CFU/mL 为单位报告。

6.实验结果

对检样进行菌落总数测定的原始记录填入表 7-1 中。

表 7-1 菌落总数的原始记录

样品名称： 检验日期：

皿次	原液	10^{-1}	10^{-2}	10^{-3}	空白
1					
2					
平均					
计数稀释度			菌量[CFU/g(mL)]		

说明计数稀释度的选定依据，并根据产品标准判定该检样菌落总数的安全情况。

7.思考题

1）简述对检样进行菌落总数测定的基本程序和注意事项。

2）食品中检测到的菌落总数是不是食品中所有的细菌？为什么？

3）在进行菌落总数测定时，为什么需要中温（$36℃±1℃$）、倒置培养？

五、任务考核指标

细菌菌落总数检验操作的考核见表 7-2。

表 7-2 细菌菌落总数检验操作考核表

考核内容		考核指标	分值
准备工作及器皿标记	手部消毒	未用酒精棉球消毒	2
	酒精灯准备	未点燃就开始操作	4
		酒精灯位置不当	
	试管标记	未注明稀释度	2
	平皿标记	标记作在盖上	4
		未注明稀释度	

考核内容		考核指标	分值
样品稀释及加样	稀释用无菌水准备	移液管选择不恰当	8
		取水量不准	
	样品处理	取样前未摇匀	10
		取样量不准	
	梯度稀释	移液管放样方法不对	10
		水样与稀释水未混匀	
		加样顺序错误	
	加样操作	加样时打开皿盖手法不对	15
		加样时加样量不准	
		加样时远离酒精灯	
培养基加入		打开瓶盖手法错误	25
		棉塞放置桌面	
		加培养基时打开皿盖手法不对	
		倒培养基时远离酒精灯	
		未做平旋混合水样	
培养		未用原包装纸包装	10
		包装后出现平皿暴露	
		未作倒置培养	
		未调节培养箱温度	
报告		报告原理利用错误	10
		报告方式错误	
合计		—	100

项目八　大肠菌群测定

【知识目标】

1）熟悉微生物检验中大肠菌群的含义、卫生学意义及检验程序。

2）掌握微生物检验中大肠菌群的操作技术。

【能力目标】

1）能根据国标独立进行大肠菌群的测定实验。

2）会分析总结实验结果，并做出正确、规范的实验报告。

【素质目标】

培养学生对微观事物科学的、实事求是的、认真细致的学习和工作态度。

【案例导入】

2012/12/19信息时报讯　大肠菌群超标现象在食品中屡见不鲜，在××市质量技术监督局发布的食品质量抽查第十批公告中，又有3批次产品因此登上了不合格产品榜单。记者昨日了解到，本次抽查涉及水果制品、蔬菜制品、薯类食品和冷冻饮品、湿河粉、湿米粉等五类食品，其中有3批次产品被判定为不合格，不合格项目均为大肠菌群超标。

在湿河粉、湿米粉产品方面，本次抽检36批次样品，经检验合格34批次，有2批次不合格，合格率为94.4％。不合格项目为大肠菌群，分别为××食品有限公司生产的一批次湿米粉、××粉厂生产的一批次湿米粉（河粉）。据悉，大肠菌群作为食品污染的常用指示菌之一，食品出现大肠菌群超标最常见的原因有两个：一是生产环境卫生状况不佳；二是操作人员不注意个人卫生。

另外在冷冻饮品产品方面，共计抽查了10家企业生产的14批次产品，经检验合格13批次，有1批次不合格，合格率为92.9％。不合格项目同样也为大肠菌群，为××食品有限责任公司生产的一批次××绿豆冰雪泥。

专家提醒，湿河粉、湿米粉是一种保质期较短的产品，建议最好购买有包装的产品，且不要一味追求颜色白，因为这样的产品可能会添加含二氧化硫的漂白剂。而对于冷冻饮品，发现有变型或已解冻现象建议最好不要购买。

任务　大肠菌群计数（GB4789.3—2010）

一、任务目标

1）了解大肠菌群在食品安全检验中的意义。

2）学习并掌握食品中大肠菌群的测定方法。

二、任务相关知识

大肠菌群(colifoms)并非细菌学分类命名,而是卫生细菌领域的用语,它不代表某一种或某一属细菌,主要由肠杆菌科的四个属即大肠埃希氏菌属、柠檬酸杆菌属、克雷伯氏菌属和肠杆菌属中的一些细菌构成。这些细菌的生化及血清学试验并非完全一致,但在一定培养条件下能发酵乳糖、产酸产气的需氧和兼性厌氧的革兰氏阴性无芽孢杆菌则是大肠菌群的共同特点,国家标准也将此作为大肠菌群的概念。

研究表明,大肠菌群多存在于温血动物粪便、人类经常活动的场所以及有粪便污染的地方,人、畜粪便对外界环境的污染是大肠菌群在自然界广泛存在的主要原因。大肠菌群作为粪便污染指标菌,主要是以该菌群的检出情况来表示食品中是否有被粪便(直接或间接)污染。大肠菌群数的高低,表明了粪便污染的程度,也反映了对人体健康危害性的大小。粪便是人类肠道排泄物,其中有健康人粪便,也有肠道患者或带菌者的粪便,所以粪便内除一般正常细菌外,还会有一些肠道致病菌存在(如沙门氏菌、志贺氏菌等),因而食品中有粪便污染,则可以推测该食品中存在着肠道致病菌污染的可能性,潜伏着食物中毒和流行病的威胁,必须视其对人体健康具有潜在的危险性。

国家标准中食品大肠菌群的检测有两种方法:MPN 计数法(第一法)和平板计数法(第二法)。

MPN 计数法是基于泊松分布的一种间接计数方法。样品经过处理与稀释后用月桂基硫酸盐胰蛋白胨肉汤(LST)进行初发酵,是为了证实样品或其稀释液中是否存在符合大肠菌群的定义,即"在 37℃分解乳糖产酸产气",而在培养基中加入的月桂基硫酸盐能抑制革兰氏阳性细菌(但有些芽孢菌、肠球菌能生长),利于大肠菌群的生长和挑选。初发酵后观察 LST 肉汤管是否产气。初发酵产气管,不能肯定就是大肠菌群,经过复发酵试验后,有时可能成为阴性。有数据表明,食品中大肠菌群检验步骤的符合率,初发酵与证实试验相差较大。因此,在实际检测工作中,证实试验是必需的。而复发酵时培养基中的煌绿和胆盐能抑制产芽孢细菌。此法食品中大肠菌群数系以每克(毫升)检样中大肠菌群最可能数(MPN)表示,再乘以 100,即可得到 100g(mL)检样中大肠菌群的最可能数(MPN)。从规定的反应呈阳性管数的出现率,用概率论来推算样品中菌数最近似的数值。MPN 检索表只给了三个稀释度,如改用不同的稀释度,则表内数字应相应降低或增加 10 倍。该法适用于目前食品卫生标准中大肠菌群限量用 MPN/100g(mL)表示的情况。

平板计数法:根据检样的污染程度,做不同倍数稀释,选择其中的 2～3 个适宜的稀释度,与结晶紫中性红胆盐琼脂(VRBA)培养基混合,待琼脂凝固后,再加入少量 VRBA 培养基覆盖平板表层(以防止细菌蔓延生长),在一定培养条件下,计数平板上出现的大肠菌群典型和可疑菌落,再对其中 10 个可疑菌落用 BGLB 肉汤管进行证实实验后报告。称重取样以 CFU/g 为单位报告,体积取样以 CFU/mL 为单位报告。VRBA 培养基中,蛋白胨和酵母膏提供碳、氮源和微量元素;乳糖是可发酵的糖类;氯化钠可维持均衡的渗透压;胆盐或 3 号胆盐和结晶紫能抑制革兰氏阳性菌,特别抑制革兰氏阳性杆菌和粪链球菌,通过抑制杂菌生长,而有利于大肠菌群的生长;中性红为 pH 指示剂,培养后如平板上出现能发酵乳糖产生紫红色菌落时,说明样品稀释液中存在符合大肠菌群的定义的菌,即"在 37℃分解乳糖产酸产气",因为还有少数其他菌也有这样的特性,所以这样的菌落只能称为可疑,还需要用

BGLB 肉汤管试验进一步证实。该法适用于目前食品安全标准中大肠菌群限量用 CFU/100g(mL)表示的情况,主要是乳制品。

三、任务所需器材

(一)实验器材

恒温培养箱:36℃±1℃;冰箱:2～5℃;恒温水浴锅:46℃±1℃;天平:感量为 0.1g;吸管:10mL(具 0.1mL 刻度)、1mL(具 0.01mL 刻度)或微量移液器及吸头;锥形瓶:容量250mL、500mL;试管:16 mm×160mm;培养皿:直径为 90mm;pH 计或 pH 比色管或精密pH 试纸;放大镜和(或)菌落计数器;均质器;振荡器;电炉;酒精灯;接种针;等等。

微生物实验室常规灭菌及培养设备。

(二)培养基、试剂和样品

1.培养基和试剂

月桂基硫酸盐胰蛋白胨(LST)肉汤;煌绿乳糖胆盐(BGLB)肉汤;结晶紫中性红胆盐琼脂(VRBA);磷酸盐缓冲液或 0.85％生理盐水;无菌 1mol/L NaOH 溶液;无菌 1mol/LHCl溶液(制备方法参阅附录 A);75％乙醇溶液。

2.样品

酱牛肉、饼干、茶饮料、豆腐等。

四、任务技能训练

(一)MPN 计数法(第一法)检验程序与操作步骤

1.检验程序

大肠菌群 MPN 计数法检验程序如图 8-1 所示。

2.操作步骤

(1)检样的稀释

1)固体和半固体样品:称取 25g 检样,放入盛有 225mL 无菌生理盐水或磷酸盐缓冲液的均质杯内,8000～10000r/min 均质 1～2min,或放入盛有 225mL 稀释液的无菌均质袋中,用拍击式均质器拍打 1～2min,制成 1∶10(即 10^{-1})的样品匀液。

2)液体样品:以无菌吸管吸取 25mL 样品置盛有 225mL 无菌生理盐水或磷酸盐缓冲液的锥形瓶内(瓶内预置适当数量的无菌玻璃珠)中,充分混匀,制成 1∶10(即 10^{-1})的样品匀液。

3)样品匀液的 pH 值应控制在 6.5～7.5 之间,必要时用 1mol/L NaOH 溶液或 1mol/LHCl 溶液调节。

4)用 1mL 无菌吸管或微量移液器吸取 1∶10 样品匀液 1mL,沿管壁缓缓注入盛有 9mL无菌稀释液的试管中(注意吸管或吸头尖端不要触及稀释液面),振摇试管或换用 1 支 1mL无菌吸管反复吹打,使其混合均匀,做成 1∶100(即 10^{-2})的稀释液。

5)根据食品卫生(安全)标准要求或对检样污染状况的估计,按上述操作顺序,依次制成10 倍递增系列稀释样品匀液,每递增稀释一次,即换用 1 支 1mL 无菌吸管或吸头。从制备样品匀液至样品接种完毕,全过程不得超过 15min。

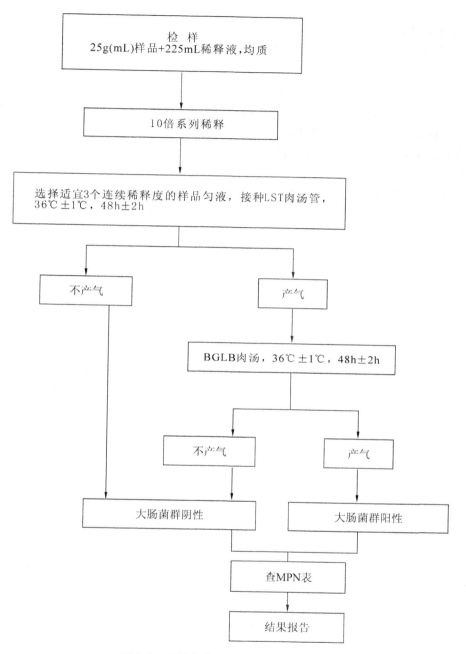

图 8-1 大肠菌群 MPN 计数法检验程序

（2）初发酵试验

每个样品，选择 3 个适宜的连续稀释度的样品匀液（液体样品可以选择原液），每个稀释度接种 3 管月桂基硫酸盐胰蛋白胨（LST）肉汤，每管接种 1mL（如接种量超过 1mL，则用双料 LST 肉汤），36℃±1℃，培养 24h±2h，观察倒管内是否有气泡产生，24h±2h 产气者进行复发酵试验，如未产气则继续培养至 48h±2h。48h±2h 产气者则进行复发酵试验，未产气者，则可计为大肠菌群阴性。

(3)复发酵试验

用接种环从产气的 LST 肉汤管分别取培养物 1 环,移种于煌绿乳糖胆盐肉汤(BGLB)管中,36℃±1℃,培养 8h±2h,观察产气情况。产气者,计为大肠菌群阳性。

(4)大肠菌群最可能数(MPN)的报告

根据复发酵试验确证为大肠菌群 LST 的阳性管数,查 MPN 检索表(见附录 B),报告每克(毫升)样品中大肠菌群的 MPN 值。

(二)平板计数法(第二法)检验程序与操作步骤

1. 检验程序

大肠菌群平板计数法检验程序如图 8-2 所示。

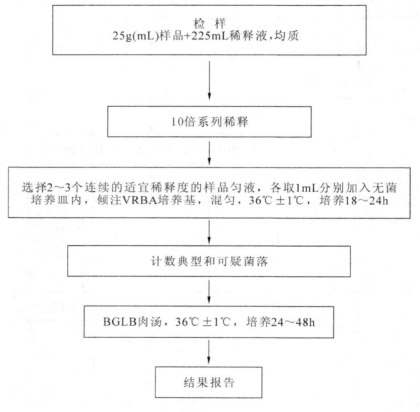

图 8-2 大肠菌群平板计数法检验程序

2. 操作步骤

(1)检样的稀释

按第一法进行。

(2)平板计数

1)根据对样品污染状况的估计,选择 2～3 个适宜的连续稀释度,每个稀释度接种 2 个无菌培养皿,每皿 1mL。同时取 1mL 稀释液加入两个无菌培养皿内作空白对照。

2)及时将 15～20mL 冷却至 46℃的结晶紫中性红胆盐琼脂培养基(VRBA)(可放置于 46℃±1℃恒温水浴锅中保温)倾注培养皿内,并小心转动培养皿使其混合均匀。

3)待琼脂凝固后,再加 3~4mL VRBA 覆盖平板表层。翻转平板,置于 36℃±1℃培养 18~24h。

（3）平板菌落数的选择

选取菌落数在 15~150CFU 之间的平板,分别计数平板上出现的典型和可疑大肠菌群菌落。典型菌落为紫红色,菌落周围有红色的胆盐沉淀环,菌落直径为 0.5mm 或更大。

（4）证实试验

从 VRBA 平板上挑取 10 个不同类型的典型和可疑菌落,分别移种于煌绿乳糖胆盐肉汤(BGLB)管中,36℃±1℃培养 24~48h,观察产气情况。如 BGLB 肉汤管产气,即可报告为大肠菌群阳性。

（5）大肠菌群平板计数的报告

经最后证实为大肠菌群阳性的试管比例乘以 3 中计数的平板菌落数,再乘以稀释倍数,即为每克(毫升)样品中大肠菌群数。

3. 实验结果

1)将对检样用 MPN 计数法进行大肠菌群测定的原始记录和结果填入表 8-1 中,并根据产品标准判定该检样大肠菌群的安全情况。

表 8-1　对检样用 MPN 计数法进行大肠菌群测定的原始记录

加样品量 试管编号	1	2	3	4	5	6	7	8	9
初发酵试验									
复发酵试验									
各管大肠菌群判定									
检索表[MPN/g(mL)]									
MPN[100g(mL)]									

注:初发酵试验和复发酵试验结果表示:产气用"＋",不产气用"－"表示。

2)将对检样用平板计数法进行大肠菌群测定的原始记录和报告填入表 8-2 中。

表 8-2　对检样用平板计数法进行大肠菌群测定的原始记录

皿次	原液	10^{-1}	10^{-2}	10^{-3}	空白
1					
2					
平均					
计数稀释度		计数菌量			
证实试验结果					
结果报告[CFU/g(mL)]					

4. 思考题

1)说明食品中大肠菌群测定的安全学意义。

2)为什么食品中大肠菌群的检验要经过复发酵试验才能证实?

附录 A:培养基和试剂的制备

1.月桂基硫酸盐胰蛋白胨(LST)肉汤

(1)成分

胰蛋白胨或胰酪胨 20.0g　氯化钠 5.0g　乳糖 5.0g

磷酸氢二钾(K_2HPO4) 2.75g　磷酸二氢钾(KH_2PO_4) 2.75g

月桂基硫酸钠 0.1g　水 1000mL　pH 6.8±0.2

(2)制法

将上述成分溶解于蒸馏水中,调节 pH 至 6.8±0.2,分装到有玻璃小倒管的试管中,每管 10mL,高压蒸汽灭菌(121℃,15min)。

注:双料月桂基硫酸盐胰蛋白胨(LST)肉汤除蒸馏水外,其他成分加倍。

2.煌绿乳糖胆盐(BGLB)肉汤

(1)成分

蛋白胨 10.0g　乳糖 10.0g　牛胆粉(oxgall 或 oxbile)溶液 200mL

0.1%煌绿水溶液 13.3mL　水 800mL　pH 7.2±0.1

(2)制法

将蛋白胨、乳糖溶于约 500mL 蒸馏水中,加入牛胆粉溶液 200mL(将 20.0g 脱水牛胆粉溶于 200mL 蒸馏水中,调节 pH 至 7.0~7.5),用蒸馏水稀释到 975mL,调节 pH 至 7.2±0.1,再加入 0.1%煌绿水溶液 13.3mL,用蒸馏水补足到 1000mL,用棉花过滤后,分装到有玻璃小倒管的试管中,每管 10mL,高压蒸汽灭菌(121℃,15min)。

3.结晶紫中性红胆盐琼脂(VRBA)

(1)成分

蛋白胨 7.0g　酵母膏 3.0g　乳糖 10.0g　氯化钠 5.0g

胆盐或 3 号胆盐 1.5g　中性红 0.03g　结晶紫 0.002g

琼脂 15g~18g　蒸馏水 1000mL　pH 7.4±0.1

(2)制法

将上述成分溶于蒸馏水中,静置几分钟,充分搅拌,调节 pH 至 7.4±0.1。煮沸 2min,将培养基冷却至 45~50℃倾注平板。使用前临时制备,不得超过 3h。

4.1mol/L NaOH 溶液

(1)成分

NaOH 40.0g　蒸馏水 1000mL

(2)制法

称取 40g NaOH 溶于 1000mL 蒸馏水中,高压蒸汽灭菌(121℃,15min)。

5.1mol/L HCl 溶液

(1)成分

HCl 90mL　蒸馏水 1000mL

(2)制法

移取 90mL 浓盐酸,用蒸馏水稀释至 1000mL,高压蒸汽灭菌(121℃,15min)。

附录 B 大肠菌群最可能数(MPN)检索表

表 8-3 大肠菌群最可能数(MPN)检索表 　　　　[单位:MPN/g(mL)]

阳性管数			MPN	95%可信限		阳性管数			MPN	95%可信限	
0.10	0.01	0.001		下限	上限	0.10	0.01	0.001		下限	上限
0	0	0	<3.0	—	9.5	2	2	0	21	4.5	42
0	0	1	3.0	0.15	9.6	2	2	1	28	8.7	94
0	1	0	3.0	0.15	11	2	2	2	35	8.7	94
0	1	1	6.1	1.2	18	2	3	0	29	8.7	94
0	2	0	6.2	1.2	18	2	3	1	36	8.7	94
0	3	0	9.4	3.6	38	3	0	0	23	4.6	94
1	0	0	3.6	0.17	18	3	0	1	38	8.7	110
1	0	1	7.2	1.3	18	3	0	2	64	17	180
1	0	2	11	3.6	38	3	1	0	43	9	180
1	1	0	7.4	1.3	20	3	1	1	75	17	200
1	1	1	11	3.6	38	3	1	2	120	37	420
1	2	0	11	3.6	42	3	1	3	160	40	420
1	2	1	15	4.5	42	3	2	0	93	18	420
1	3	0	16	4.5	42	3	2	1	150	37	420
2	0	0	9.2	1.4	38	3	2	2	210	40	430
2	0	1	14	3.6	42	3	2	3	290	90	1000
2	0	2	20	4.5	42	3	3	0	240	42	1000
2	1	0	15	3.7	42	3	3	1	460	90	2000
2	1	1	20	4.5	42	3	3	2	1100	180	4100
2	1	2	27	8.7	94	3	3	3	>1100	420	—

注:本表采用 3 个稀释度[0.1g(mL),0.01g(mL)和 0.001g(mL)],每个稀释度接种 3 管。表内所列检样量如改用 1g(mL),0.1g(mL)和 0.01g(mL)时,表内数字应相应降低 10 倍;如改用 0.01g(mL),0.001g(mL),0.0001g(mL)时,则表内数字应相应增高 10 倍,其余类推。

五、任务考核指标

大肠菌群检验操作的考核见表8-4。

表8-4 大肠菌群检验操作考核表

考核内容	考核指标		分值
准备	物品摆放(2分)	有序合理,便于操作	3
	试管编号(1分)	试管编号位置、数据正确	
检样处理	点燃酒精灯(1分)	点燃方法正确	12
	消毒(2分)	手、样品取样前消毒操作正确合理	
	取样(3分)	取样前混匀样品,移液管使用正确,取样量正确(准确制得10^{-1}稀释液)	
	无菌操作(4分)	在酒精灯无菌区域内操作,取样、放液各环节无菌操作正确	
	混合均匀(2分)	震荡正确,时间不低于1min	
10倍稀释	稀释度精确(3分)	稀释前混匀样品,取样量正确(准确制得10^{-2}、10^{-3}稀释液)	15
	移液管使用(5分)	移液管打开方法正确,取液、放液、读数操作规范,高浓度的移液管口不得伸入低浓度稀释液面下	
	无菌操作(5分)	在酒精灯无菌区域内操作,取样、放液各环节无菌操作正确	
	混合均匀(2分)	更换移液管后混匀各试管,混匀方法正确	
初发酵试验接种	接种与稀释的顺序(5分)	正确做到边稀释边接种,移液管不得混乱使用	15
	加入样品(5分)	准确加入1mL稀释待检液,菌液浓度与培养皿标记一致	
	无菌操作(3分)	在酒精灯无菌区域内操作,取样、放液各环节无菌操作正确,培养皿持法正确	
	平行(2分)	每个稀释度接种3管	
复发酵试验	接种(20分)	手、样品取样前消毒操作正确合理;接种环取菌过程规范正确;取菌后操作规范正确	35
	无菌操作(15分)	在酒精灯无菌区域内操作,取样、放液各环节无菌操作正确	
实验结果	菌落计数(8分)	浓度选择合理,计数方法正确,原始数据记录正确、清晰	15
	结果报告(7分)	报告方法正确,结果正确	
清场	卫生(3分)	清扫实验环境及收拾垃圾,归位有序	5
	实验习惯(2分)	文明操作,实验习惯良好	
合计	—	—	100

项目九　常见致病菌检测

【知识目标】

1）熟悉常见致病菌的含义、卫生学意义和检验程序。

2）了解常见致病菌的致病机理、危害和控制方式。

3）掌握常见致病菌检验的基本原理。

【能力目标】

1）具备检测食品检样中几种常见致病菌的检测能力。

2）会分析总结试验结果，并做出正确、规范的实验报告。

【素质目标】

培养学生对微观事物科学的、实事求是的、认真细致的学习和工作态度。

【案例导入】

1994 年 9 月 10 日，××市××幼儿园突然出现以高热、腹痛、腹泻为主要症状的 262 名儿童发并住院，属重病抢救者 3 名，占 12.6%。

（一）发病经过及流行病学调查

该幼儿园地处市中心，无论从规模、设备还是教学管理方面而言都是较好的一所幼儿园，但厨房设备陈旧，卫生状况一般。全园有日托班 7 个，194 名幼儿；全托班 11 个，356 名幼儿，全园共有幼儿 550 名和教师、保育员等 131 人。幼儿园 9 月 9 日一天三餐进食的样品有早餐：牛奶、豆沙面包；午餐：蒜蓉豆豉蒸鱼、丝瓜炒牛肉末、冬瓜草菇肉末汤、香蕉；晚餐：莲藕炒猪肉、葱花虾米蒸蛋、炒青菜。下午 3 时收到饼家送来该园给留宿幼儿作夜宵的食品——奶油蛋卷 355 份，由朱××等厨工用手直接点收，并分发到各班食物桶内，存放于厨房，5 时 30 分随晚餐被取回各班，晚上 7 时 30 分至 8 时分发给在园留宿的 341 名幼儿进食，其中有少数留宿幼儿被接回家，并把蛋卷带走，实际吃蛋卷者 336 人。9 月 10 日凌晨 3 时幼儿开始陆续发病，先后有 258 人被分别送到市内 10 间医院治疗，其中 5 人虽吃蛋卷，但在吃蛋卷前已发病或在吃蛋卷时刚发病，没吃蛋卷的有 6 人发病，症状与吃蛋卷的患者相同。最后一例发病时间在 9 月 14 日 14 时，该园合计发病 262 人，发病率为 76.83%。

蛋卷是某饼家于当天上午 7 时 30 分制作，制作后露空存放在案板上。调查发现该饼家卫生许可证已过期一个月，14 名职工中有 6 人无有效的健康证上岗，生产环境卫生差，苍蝇多，制作食品的裱花间无消毒手及工具的消毒水。蛋卷从制作、存放、运输、点收、分发到食用的时间长达 13 小时，污染机会多。医院调查：住院 262 人，作痢疾菌培养 163 人，检出福氏 2a 痢疾杆菌阳性 62 人，检出率为 38.04%。厨工朱××于幼儿发病前两天已发病。保育员陈××于幼儿发病一周前已患病，症状都是腹泻、腹痛，并自服小檗碱、腹可安等药物，而未进行隔离治疗（陈××9 月 14 日复发又入院治疗）。另外，医院还从 220 份患者粪便中检出金葡菌 23 份，检出率为 10.45%；检出蜡样芽孢杆菌 6 份，检出率为 2.73%；××市防疫站从幼儿吃剩的奶油蛋卷中检出蜡样芽孢杆菌 2.2×10^6 个/克食物。

(二)临床特点

潜伏期：最短 7 小时,最长 107 小时(4 天半),平均潜伏期 11 小时 44 分,发病时间大多数集中在 3~14 小时内,发病人数 199 人,占 75.95%。

症状和病程：多数患者第一天出现高热,最高 41.5℃,39℃ 以上者占发热总数的70.75%,超过 40℃ 的有 41 人;阵发性腹痛伴腹泻、恶心。第二天腹泻加剧,每日 3 至 30 次,无明显恶臭。腹泻为黏液血便和水样稀便,部分患者伴里急后重,其中 33 名重患者出现休克、神志不清、心肌炎等,经抢救全部脱险。多数患者经使用大剂量广谱抗生素、输液等治疗后 4 天开始出院,35 天内全部出院,无一例死亡。

(三)实验室检查

1)调查采集幼儿园退回饼家的奶油蛋卷 1 份,检出蜡样芽孢杆菌 1×10^6 个/克食物。

2)用肛拭法采取幼儿园厨房工作人员大便培养 18 份,检出福氏 2a 痢疾杆菌 1 份(厨工朱××)。

3)用肛拭法采取教职员工大便培养 23 份,检出两人带福氏 2a 痢疾杆菌(均为全托班保育员)。

4)采集患者呕吐物 5 份,没检出致病菌。

5)用肛拭法采取饼家职工大便培养 14 份(每人做两次)及工、用具 3 份,其他食品 7 份均无检出致病菌。对幼儿园的水、厕所、小儿玩具、配菜台、水龙头等厨具进行采样 31 份,没检出致病菌。

任务 1 沙门氏菌检验(GB4789.4—2010)

一、任务目标

1)了解食品中沙门氏菌检验的安全学意义。

2)掌握食品中沙门氏菌检验的检验原理和方法。

二、任务相关知识

沙门氏菌属是一大群寄生于人类和动物肠道,其生化反应和抗原构造相似的革兰氏阴性杆菌。种类繁多,少数只对人致病,其他对动物致病,偶尔可传染给人。主要引发人类伤寒、副伤寒及食物中毒或败血症。在世界各地的食物中毒中,沙门氏菌食物中毒常占首位或第二位。

按国家标准方法,沙门氏菌的检验有五个基本步骤:前增菌;选择性增菌;平板分离沙门氏菌;生化试验鉴定到属;血清学分型鉴定。目前检验食品中的沙门氏菌按统计学取样方案为基础,以 25g(mL)食品为标准分析单位。

1.前增菌

用无选择性的培养基使处于濒死状态的沙门氏菌恢复活力。沙门氏菌在食品加工、储藏等过程中,常常受到损伤而处于濒死状态,因此对食品检验沙门氏菌时应进行前增菌,即用不加任何抑菌剂的培养基缓冲蛋白胨水（BPW）进行增菌。一般增菌时间为 8～18h，不宜过长，因为 BPW 培养基中没有抑菌剂，时间太长了，杂菌也会相应增多。

2. 选择性增菌

前增菌后需要选择性增菌，使沙门氏菌得以增殖，而大多数其他细菌受到抑制。沙门氏菌选择性增菌常用的增菌液有：亚硒酸盐胱氨酸（SC）增菌液、四硫磺酸钠煌绿（TTB）增菌液。这些选择性培养基中都加有抑菌剂，SC 培养基中的亚硒酸盐与某些硫化物形成硒硫化合物可起到抑菌作用，胱氨酸可促进沙门氏菌生长；TTB 中的主要抑菌剂为四硫磺酸钠和煌绿。SC 更适合伤寒沙门氏菌和甲型副伤寒沙门氏菌的增菌，最适增菌温度为 36℃；而 TTB 更适合其他沙门氏菌的增菌，最适增菌温度为 42℃，时间皆为 18～24h。所以增菌时，必须用一个 SC，同时再用一个 TTB，培养温度也有差别，这样可提高检出率，以防漏检。因为沙门氏菌有 2000 多个血清型，一种增菌液不可能适合所有的沙门氏菌增菌，因此，沙门氏菌增菌要同时用两种以上的培养基增菌。

3. 平板分离沙门氏菌

分离沙门氏菌的培养基为选择性鉴别培养基。经过选择性增菌后大部分杂菌已被抑制，但仍有少部分杂菌未被抑制。因此在设计分离沙门氏菌的培养基时，应根据沙门氏菌及与其相伴随的杂菌的生化特性，在培养基中加入指示系统，使沙门氏菌的菌落特征与杂菌的菌落特征能最大限度地区分开，这样才能将沙门氏菌分离出来。沙门氏菌主要来源于粪便，而粪便中埃希氏菌属占绝对优势，所以选择性增菌后，与沙门氏菌相伴随的主要是埃希氏菌属。因此，在培养基中加入的指示系统主要是使沙门氏菌和埃希氏菌属的菌落特征最大限度地区分开。由沙门氏菌和埃希氏菌属的生化特性可知，沙门氏菌乳糖试验阴性，而埃希氏菌属乳糖试验阳性，因而在培养基中加入乳糖和酸碱指示剂作为乳糖指示系统。沙门氏菌亚属Ⅰ、Ⅱ、Ⅳ、Ⅴ、Ⅵ绝大部分不分解乳糖，不产酸，培养基中的指示剂不会发生颜色变化，菌落颜色也不会发生变化；而埃希氏菌属分解乳糖产酸，使培养基中酸碱指示剂发生颜色反应，所以菌落亦发生颜色变化，呈现出不同的颜色。因此可以通过菌落颜色变化将埃希氏菌和沙门氏菌最大限度地区分开。但是沙门氏菌亚属Ⅲ，即亚利桑那菌，大部分能分解乳糖，这样光靠乳糖指示系统不能将亚属Ⅲ和埃希氏菌属区分开来，因此，要将亚属Ⅲ和埃希氏菌属区分开，必须再增加一个指示系统，即硫化氢指示系统。因为亚属Ⅲ绝大部分硫化氢试验阳性，而埃希氏菌属硫化氢试验阴性。硫化氢指示系统中有含硫氨基酸及二价铁盐，亚属Ⅲ分解含硫氨基酸产生硫化氢，硫化氢与铁盐反应生成硫化铁（FeS）黑色化合物，因此菌落为黑色或中心黑色。乳糖指示系统主要是为了分离沙门氏菌亚属Ⅰ、Ⅱ、Ⅳ、Ⅴ、Ⅵ，硫化氢指示系统主要是为了分离亚属Ⅲ。

常用的分离沙门氏菌的选择性培养基有亚硫酸铋（BS）琼脂、木糖赖氨酸脱氧胆盐（XLD）琼脂、HE 琼脂、沙门氏菌属显色培养基。BS 中没有乳糖指示系统，培养基中只有葡萄糖，沙门氏菌利用葡萄糖将亚硫酸铋还原为硫化铋，产硫化氢的菌株形成黑色菌落，其色素掺入培养基内并扩散到菌落周围，对光观察有金属光泽，不产硫化氢的菌株形成绿色的菌落。XLD、HE、显色培养基中既有乳糖指示系统，又有硫化氢指示系统。例如，HE 的乳糖指示系统中的酸碱指示剂为溴麝香草酚蓝，分解乳糖的菌株产酸使溴麝香草酚蓝变为黄色，菌落亦为黄色。不分解乳糖的菌株分解牛肉膏蛋白胨产碱，使溴麝香草酚蓝变为蓝绿色或蓝色，菌落亦呈蓝绿色或蓝色。

BS较其他培养基选择性强,即抑菌作用强,以至于沙门氏菌生长亦被减缓,所以要适当延长培养时间,培养40h±48h。而XLD、HE、显色培养基相对于BS来说选择性弱,再者BS更适合于分离伤寒沙门氏菌。一种培养基不可能适合所有的沙门氏菌分离,因此,分离沙门氏菌要同时用两种以上的培养基,必须用一个BS,同时再用一个XLD或HE或显色培养基,这样互补,可提高检出率,以防漏检。

4.生化试验鉴定到属

在沙门氏菌选择性琼脂平板上符合沙门氏菌特征的菌落,只能说可能是沙门氏菌,也可能是其他杂菌。因为肠杆菌科中的某些菌属和沙门氏菌在选择性平板上的菌落特征相似,而且埃希氏菌属中的极少部分菌株也不发酵乳糖,所以只能称为可疑沙门氏菌,是不是沙门氏菌,还需要做生化试验进一步鉴定。首先做初步的生化试验,然后再做进一步的生化试验。

初步生化试验做三糖铁(TSI)琼脂试验和赖氨酸脱羧酶试验。三糖铁琼脂试验主要是测定细菌对葡萄糖、乳糖、蔗糖的分解、产气和产硫化氢情况,可谓一举多得。培养基做好后,摆成高层斜面,培养基颜色为砖红色。接种时将典型或可疑菌株先在斜面划线、后底层穿刺接种,再接种于(接种针不要灭菌)赖氨酸脱羧酶试验培养基,初步生化试验为沙门氏菌可疑时,需要做进一步的生化试验。

进一步的生化试验,即在接种三糖铁琼脂和赖氨酸脱羧酶试验培养基的同时,可直接接种蛋白胨水(供做靛基质试验)、尿素琼脂(pH7.2)、氰化钾(KCN)培养基,也可在初步判断结果后从营养琼脂平板上挑取可疑菌落接种,按生化试验反应判定结果。

5.血清学分型试验

可疑菌株被鉴定为沙门氏菌属后,进行血清学分型鉴定,以确定菌型。血清学分型试验采用玻片凝集试验。血清有单因子血清、多因子血清及多价血清。含有一种抗体的血清称为单因子血清,含有两种抗体的血清称为复因子血清,含有两种以上抗体的血清称为多价血清。市售沙门氏菌血清有11种因子血清、30种因子血清、57种因子血清和163种因子血清。11种因子血清只能鉴定A~F群中个别常见的菌型,30种因子血清只能鉴定A~F群中最常见的菌型。57种因子血清能够鉴定A~F群中常见的菌型,163种因子血清基本上可鉴定出所有的沙门氏菌。如11种因子血清中有9种血清,O_4、O_7、O_9、Ha、Hb、Hc、Hd、Hi、Vi各一瓶;A~F多价O血清两瓶,共11种因子血清。A~F多价O血清是把A、B、C、D、E、F这6个群中各群共同抗原的抗体混合起来做成一种多价血清,若能和这种多价血清凝集的沙门氏菌,一定是这6个群中的沙门氏菌。

6.血清型(菌型)鉴定原则

先用多价血清鉴定,再用单因子血清鉴定;先用常见菌型的血清鉴定,后用不常见菌型的血清鉴定。

95%以上的沙门氏菌属于A~F6个群,引起人类疾病的沙门氏菌主要在A~F6个群中。常见的菌型只有20多个,因此应先用A~F群的血清鉴定,后用A~F群以外的血清鉴定,以确定O群;确定O群后,再用H因子血清确定菌型。H抗原的鉴定,也是先用常见菌型的H抗原的血清去鉴定,再用不常见菌型的H抗原的血清鉴定。

三、任务所需器材

(一)实验器材

恒温培养箱:36℃±1℃,42℃±1℃;冰箱:2～5℃;天平:感量为0.1g;吸管:10mL(具0.1mL刻度),1mL(具0.01mL刻度)或微量移液器及吸头;锥形瓶:容量250mL,500mL;试管:3 mm×50mm;10 mm×75mm;培养皿:直径为90mm;毛细管;pH计或pH比色管或精密pH试纸;均质器;振荡器;电炉;酒精灯;瓷量杯;等等。

微生物实验室常规灭菌及培养设备。

(二)培养基、试剂和样品

1.培养基和试剂

缓冲蛋白胨水(BPW),6-四硫磺酸钠煌绿(TTB)增菌液,6-亚硒酸盐胱氨酸(SC)增菌液,6-亚硫酸铋琼脂(BS)琼脂,6-HE琼脂或木糖赖氨酸脱氧胆盐(XLD)琼脂或沙门氏菌属显色培养基,6-三糖铁(TSI)琼脂,6-蛋白胨水、靛基质试剂,6-尿素琼脂(pH7.2),6-氰化钾(KCN)培养基,6-赖氨酸脱羧酶试验培养基,6-糖发酵管,6-邻硝基酚 β-D 半乳糖苷(ONPG)培养基,6-丙二酸钠培养基(制备方法参阅附录),沙门氏菌O和H诊断血清,等等。

2.样品

酱牛肉、饼干、茶饮料、豆腐等。

四、任务技能训练

(一)检验程序

沙门氏菌检验程序如图9-1所示。

(二)操作步骤

1.前增菌

称取25g(mL)检样置盛有225mL BPW的无菌均质杯中,以8000～10000r/min均质1～2min,或放入盛有225mL BPW的无菌均质袋中,用拍击式均质器拍打1～2min,若检样为液态,不需要均质,振荡混匀,如需要测定pH值,用1mol/L无菌NaOH溶液或1mol/L HCl溶液调节pH至6.8±0.2。以无菌操作将样品转至500mL锥形瓶中,如用均质袋,可直接培养,于36℃±1℃培养8～18h。

如为冷冻产品,应在45℃以下不超过15min,或2～5℃不超过18h解冻。

2.增菌

轻轻摇动培养过的样品混合物,移取1mL,转种于10mL四硫磺酸钠煌绿(TTB)增菌液内,于42℃±1℃培养18～24h。同时,另取1mL,转种于10mL亚硒酸盐胱氨酸(SC)增菌液内,于36℃±1℃培养18～24h。

3.选择性平板分离

将增菌培养液混匀,分别用接种环取1环,划线接种于1个亚硫酸铋琼脂(BS)平板和1个XLD琼脂平板(或HE琼脂平板或沙门氏菌属显色培养基平板)。于36℃±1℃分别培养18～24h(XLD琼脂平板、HE琼脂平板、沙门氏菌属显色培养基平板)或40～48h(BS琼脂平板),观察各个平板上生长的菌落,沙门氏菌属在各个平板上的菌落特征见表9-1。

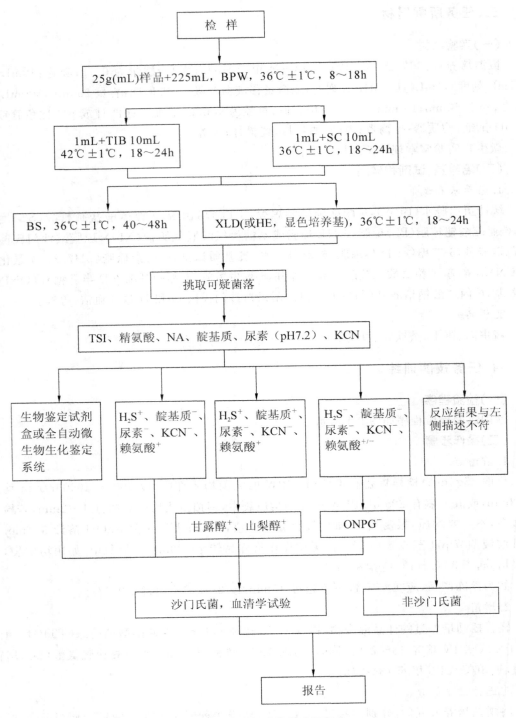

图 9-1　沙门氏菌检验程序

表 9-1　沙门氏菌属在不同选择性琼脂平板上的菌落特征

选择性琼脂平板	沙门氏菌
BS 琼脂	菌落为黑色有金属光泽、棕褐色或灰色,菌落周围培养基可呈黑色或棕色;有些菌株形成灰绿色的菌落,周围培养基不变
HE 琼脂	蓝绿色或蓝色,多数菌落中心黑色或几乎全黑色;有些菌株为黄色,中心黑色或几乎全黑色
XLD 琼脂	菌落呈粉红色,带或不带黑色中心,有些菌株可呈现大的带光泽的黑色中心,或呈现全部黑色的菌落;有些菌株为黄色菌落,带或不带黑色中心
沙门氏菌属显色培养基	按照显色培养基的说明进行判定

4. 生化试验

1)自选择性琼脂平板上分别挑取 2 个以上典型或可疑菌落,接种三糖铁琼脂,先在斜面划线,再于底层穿刺,接种针不要灭菌,直接接种赖氨酸脱羧酶试验培养基和营养琼脂平板,于 36℃±1℃ 培养 18～24h,必要时可延长至 48h。在三糖铁琼脂和赖氨酸脱羧酶试验培养基内,沙门氏菌属的反应结果见表 9-2。

表 9-2　沙门氏菌属在三糖铁琼脂和赖氨酸脱羧酶试验培养基内的反应结果

三糖铁琼脂				赖氨酸脱羧酶试验培养基	初步判断
斜面	底层	产气	硫化氢		
K	A	+(−)	+(−)	+	可疑沙门氏菌
K	A	+(−)	+(−)	−	可疑沙门氏菌
A	A	+(−)	+(−)	+	可疑沙门氏菌
A	A	+/−	+/−	−	非疑沙门氏菌
K	K	+/−	+/−	+/−	非疑沙门氏菌

K:产碱,A:产酸;+:阳性,−:阴性;+(−):多数阳性,少数阴性;+/−:阳性或阴性。

2)在接种三糖铁琼脂和赖氨酸脱羧酶试验培养基的同时,可直接接种蛋白胨水(供做靛基质试验)、尿素琼脂(pH7.2)、氰化钾(KCN)培养基,也可在初步判断结果后从营养琼脂平板上挑取可疑菌落接种。于 36℃±1℃ 培养 18～24h,必要时可延长至 48h,按表 9-3 判定结果。将已挑菌落的平板储存于 2～5℃ 或室温至少保留 24h,以备必要时复查。

表 9-3　沙门氏菌属生化反应初步鉴别表

反应序号	H_2S	靛基质	pH7.2 尿素	KCN	赖氨酸脱羧酶
A1	+	−	−	−	+
A2	+	+	−	−	+
A3	−	−	−	−	+/−

注:+:阳性,−:阴性;+/−:阳性或阴性。

反应序号 A1:典型反应判定为沙门氏菌属。如尿素、KCN 和赖氨酸脱羧酶试验 3 项中有 1 项异常,按表 9-4 可判定为沙门氏菌。如有 2 项异常则为非沙门氏菌。

表 9-4　沙门氏菌属生化反应初步鉴别表

pH7.2 尿素	KCN	赖氨酸脱羧酶	判定结果
－	－	－	甲型副伤寒沙门氏菌（要求血清学鉴定结果）
－	＋	＋	沙门氏菌Ⅳ或Ⅴ（要求符合本群生化特性）
＋	－	＋	沙门氏菌个别变体（要求血清学鉴定结果）

注：＋阳性，－阴性。

反应序号 A2：补做甘露醇和山梨醇试验，沙门氏菌靛基质阳性变体两项试验结果均为阳性，但需要结合血清学鉴定结果进行判定。

反应序号 A3：补做 ONPG。ONPG 阴性为沙门氏菌，同时赖氨酸脱羧酶阳性，甲型副伤寒沙门氏菌为赖氨酸脱羧酶阴性。

必要时按表 9-5 进行沙门氏菌生化群的鉴别。

表 9-5　沙门氏菌属各生化群的鉴别

项目	Ⅰ	Ⅱ	Ⅲ	Ⅳ	Ⅴ	Ⅵ
卫矛醇	＋	＋	－	－	＋	－
山梨醇	＋	＋	＋	＋	＋	－
水杨苷	－	－	－	＋	－	－
ONPG	－	－	＋	－	＋	－
丙二酸盐	－	＋	＋	－	－	－
KCN	－	－	－	＋	＋	－

注：＋阳性，－阴性。

3）如选择生化鉴定试剂盒或全自动微生物生化鉴定系统，可根据 1）初步判断结果，从营养琼脂平板上挑取可疑菌落，用生理盐水制备成浊度适当的菌悬液，使用生化鉴定试剂盒或全自动微生物生化鉴定系统进行鉴定。

5.血清学鉴定

在上述进一步的生化实验后如需做血清学检验证实时，一般用沙门氏菌属 A～F 多价"O"诊断血清进行鉴定。步骤为在洁净的玻片上划出 2 个约为 1cm×2cm 的区域，用接种环挑取 1 环待测菌，各放 1/2 环于玻片上的每个区域上部，在其中一个下部加一滴沙门氏菌多价抗血清，在另一区域下部加入 1 滴生理盐水，作为对照。再用无菌的接种针或环分别将两个区域内的菌落研成乳状液，将玻片倾斜摇动 60s，并对着黑色背景进行观察（最好用放大镜观察）。任何程度的凝聚现象都为阳性反应。

6.结果与报告

综合以上生化试验和血清学鉴定的结果，报告 25g(mL)样品中检出或未检出沙门氏菌。

（三）实验结果

对检样进行沙门氏菌检验时的原始记录填入表 9-6 中，并报告检验结果。

表 9-6　沙门氏菌检验时的原始记录

前增菌与增菌			
25g 样品处理后加入 225mL BPW,培养温度____℃、时间____h,取 1mL 接种于 10mL TTB 内,培养温度____℃、时间____h,另取 1mL 接种于 10mL SC 内,培养温度____℃、时间____h			
选择性平板分离			
接自 TTB 增菌液		接自 SC 增菌液	
BS 上菌落特征	HE 上菌落特征	BS 上菌落特征	HE 上菌落特征
现象:	现象:	现象:	现象:
判定:	判定:	判定:	判定:
生化试验与血清学试验			
现象:	现象:	现象:	现象:
判定:	判定:	判定:	判定:
综合生化试验与血清学,试验报告			

(四)思考题

1)如何提高沙门氏菌的检出率?

2)在进行沙门氏菌检验时为什么要进行前增菌和增菌?

附录:培养基和试剂的制备

1.缓冲蛋白胨水(BPW)

(1)成分

蛋白胨 10.0g　氯化钠 5.0g　磷酸氢二钠(含 12 个结晶水)9.0g　磷酸二氢钾 1.5g　蒸馏水 1000mL

(2)制法

将各成分加入蒸馏水中,搅拌均匀,静置约 10min,煮沸溶解,调节 pH 至 7.2±0.2,500mL。三角瓶装,高压蒸汽灭菌(121℃,15min)。

2.四硫磺酸钠煌绿(TTB)增菌液

(1)基础液

蛋白胨 10.0g　牛肉膏 5.0g　氯化钠 3.0g　碳酸钙 45.0g　蒸馏水 1000mL

除碳酸钙外,将各成分加入蒸馏水中,煮沸溶解,再加入碳酸钙,调节 pH 至 7.2±0.2,高压蒸汽灭菌(121℃,20min)。

(2)硫代硫酸钠溶液

硫代硫酸钠(含 5 个结晶水)50.0g　蒸馏水加至 100mL

高压蒸汽灭菌(121℃,20min)。

(3)碘溶液

碘片 20.0g　碘化钾 25.0g　蒸馏水加至 100mL

将碘化钾充分溶解于少量的蒸馏水中,再投入碘片,振摇三角瓶至碘片全部溶解为止,然后加蒸馏水至规定的总量,储存于棕色瓶内,塞紧瓶盖备用。

(4)0.5％煌绿水溶液

煌绿 0.5g　蒸馏水 100mL

溶解后,存放暗处,不少于 1d,使其自然灭菌。

(5)牛胆盐溶液

牛胆盐 10.0g　蒸馏水 100mL

加热煮沸至完全,高压蒸汽灭菌(121℃,20min)。

(6)制法

基础液 900mL　硫代硫酸钠溶液 100mL　碘溶液 20.0mL　煌绿水溶液 2.0mL　牛胆盐溶液 50.0mL

临用前,按上述顺序,以无菌操作依次加入基础液中,加入一种成分摇匀后再加入另一种成分。

3.亚硒酸盐胞胱氨酸(SC)增菌液

(1)成分

蛋白胨 5.0g　乳糖 4.0g　磷酸氢二钠 10.0g　亚硒酸氢钠 4.0g　L-胱氨酸 0.01g　蒸馏水 1000mL

(2)制法

将除亚硒酸氢钠和 L-胱氨酸以外的各成分加入蒸馏水中,加热煮沸溶解,冷却至 55℃以下,以无菌操作加入亚硒酸氢钠和 1g/L L-胱氨酸溶液 10mL(称取 0.1gL-胱氨酸,加 1mol/L 氢氧化钠溶液 15mL,使溶解,再加无菌蒸馏水至 100mL 即成,如为 DL-胱氨酸,用量应加倍),摇匀,调节 pH 至 7.0±0.2。

4.亚硫酸铋(BS)琼脂

(1)成分

蛋白胨 10.0g　牛肉膏 5.0g　葡萄糖 5.0g　硫酸亚铁 0.3g　磷酸氢二钠 4.0g　煌绿 0.025g 或 5.0g/L 水溶液 5.0mL　柠檬酸铋铵 2.0g　亚硫酸钠 6.0g　琼脂 18.0～20.0g　蒸馏水 1000mL

(2)制法

将前三种成分加入 300mL 蒸馏水(制作基础液);硫酸亚铁和磷酸氢二钠分别加入 20mL 和 30mL 蒸馏水中,柠檬酸铋铵和亚硫酸钠分别加入另一 20mL 和 30mL 蒸馏水中;将琼脂加入 600mL 蒸馏水中,搅拌、煮沸溶解,冷至 80℃;先将硫酸亚铁和磷酸氢二钠混匀,倒入基础液中,混匀。将柠檬酸铋铵和亚硫酸钠混匀,倒入基础液中,再混匀。调节 pH 至 7.5±0.2,随即倾入琼脂液中,混合均匀,冷却至 50～55℃,加入煌绿溶液,充分混匀后立即倾注平皿。

注意:本培养基不需要高压蒸汽灭菌。在制备过程中不宜过分加热,避免降低其选择性。储存于室温暗处,超过 48h 会降低其选择性,本培养基宜于当天制备,第二天使用。

5.HE 琼脂

(1)成分

蛋白胨 12.0g　牛肉膏 3.0g　乳糖 12.0g　蔗糖 12.0g　水杨素 2.0g　胆盐 20.0g　氯化钠 5.0g　琼脂 18.0～20.0g　蒸馏水 1000mL　0.4％溴麝香草酚蓝溶液 16.0mL　Andrade 指示剂 20.0mL　甲液 20.0mL　乙液 20.0mL

（2）制法

将前面七种成分溶解于 400mL 蒸馏水内作为基础液；将琼脂加入于 600mL 蒸馏水内，然后分别搅拌均匀，煮沸溶解。将甲液和乙液加入基础液内，调节 pH 至 7.5±0.2。再加入指示剂，并与琼脂液合并，待冷却至 50～55℃，倾注平板。

注意：1）此培养基不需要高压蒸汽灭菌。在制备过程中不宜过分加热，避免降低其选择性。

2）甲液的配制：硫代硫酸钠 34.0g　柠檬酸铁铵 4.0g　蒸馏水 100mL

3）乙液的配制：去氧胆酸钠 10.0g　蒸馏水 100mL

4）Andrade 指示剂：酸性复红 0.5g　1mol/L 氢氧化钠溶液 16.0mL　蒸馏水 100mL

将复红溶解于蒸馏水中，加入氢氧化钠溶液。数小时后如复红褪色不全，再加氢氧化钠溶液 1～2mL。

6. 三糖铁（TSI）琼脂

（1）成分

蛋白胨 20.0g　牛肉膏 5.0g　乳糖 10.0g　蔗糖 10.0g　葡萄糖 1.0g　氯化钠 5.0g

硫酸亚铁铵（含 6 个结晶水）0.2g　硫代硫酸钠 0.2g　琼脂 12.0g　酚红 0.025g 或 5.0g/L 水溶液 5.0mL　蒸馏水 1000mL

（2）制法

将除琼脂和酚红以外的其他成分加入 400mL 蒸馏水中，煮沸溶解，调节 pH 至 7.4±0.2。另将琼脂加入 600mL 蒸馏水中，煮沸溶解。

将上述两溶液混合均匀后，再加入指示剂，混匀，分装试管，每管大约 2～4mL，高压蒸汽灭菌（121℃，10min 或 115℃，15min），灭菌后置成高层斜面，成橘红色。

7. 蛋白胨水、靛基质试剂

（1）成分

蛋白胨（或胰蛋白胨）20.0g　　氯化钠 5.0g　　蒸馏水 1000mL

将上述成分加入蒸馏水中，煮沸溶解，调节 pH 至 7.4±0.2，分装小试管，高压蒸汽灭菌（121℃，15min）。

（2）靛基质试剂

柯凡克试剂：将 5g 对二甲氨基苯甲醛溶解于 75mL 戊醇中，然后缓慢加入浓盐酸 25mL。

欧-波试剂：将 1g 对二甲氨基苯甲醛溶解于 95mL 95％乙醇内，然后缓慢加入浓盐酸 20mL。

（3）试验方法

挑取小量培养物接种，在 36℃±1℃ 培养 1～2d，必要时可培养 4～5d。加入柯凡克试剂约 0.5mL，轻摇试管，阳性者于试剂层呈深红色；或加入欧-波试剂约 0.5mL，沿管壁流下，覆盖于培养液表面，阳性者于液面接触处呈玫瑰红色。

注意：蛋白胨中应含有丰富的色氨酸。每批蛋白胨买来后，应先用已知菌种鉴定后方可使用。

8. 尿素琼脂

（1）成分

蛋白胨 1.0g　氯化钠 5.0g　葡萄糖 1.0g　磷酸二氢钾 2.0g　0.4％酚红溶液 3.0mL

琼脂 20.0g 蒸馏水 1000mL 20％尿素溶液 100mL

（2）制法

除尿素、琼脂和酚红外，其他成分加入 400mL 蒸馏水中，煮沸溶解，调节 pH 至 7.2±0.2，另将琼脂加入 600mL 蒸馏水中，煮沸溶解。

将上述量溶液混合均匀后，再加入指示剂后分装，高压蒸汽灭菌（121℃，15min）。冷却至 50～55℃，加入经过滤除菌的尿素溶液。尿素的最终浓度为 2％。分装于灭菌试管内，放成斜面备用。

（3）试验方法

挑取琼脂培养物接种，在 36℃±1℃ 培养 24h，观察结果。尿素酶阳性者由于产碱而使培养基变为红色。

9. 氰化钾（KCN）培养基

（1）成分

蛋白胨 10.0g 氯化钠 5.g 磷酸二氢钾 0.225g 磷酸氢二钠 5.64g 蒸馏水 1000mL 0.5％氰化钾溶液 20.0mL

（2）制法

将除氰化钾以外的成分加入蒸馏水中，煮沸溶解，分装后高压蒸汽灭菌（121℃，15min）。放在冰箱内使其充分冷却。每 100mL 培养基加入 0.5％氰化钾溶液 2.0mL（最后浓度为 1∶10000），分装于无菌试管内，每管约 4mL，立刻用灭菌橡皮塞塞紧，放在 4℃冰箱内，至少可保存两个月。同时，将不加氰化钾的培养基作为对照培养基，分装试管备用。

（3）试验方法

将琼脂培养物接种于蛋白胨水内成为稀释菌液，挑取 1 环接种于氰化钾（KCN）培养基。并另挑取 1 环接种于对照培养基。在 36℃±1℃ 培养 1～2d，观察结果。如有细菌生长即为阳性（不抑制），经 2d 细菌不生长为阴性（抑制）。

注意：氰化钾是剧毒药物，使用时应小心，切勿沾染，以免中毒。夏天分装培养基应在冰箱内进行。试验失败的主要原因是封口不严，氰化钾逐渐分解，产生氢氰酸气体逸出，以致药物浓度降低，细菌生长，因而造成假阳性反应。试验时对每一环节都要特别注意。

10. 赖氨酸脱羧酶试验培养基

（1）成分

蛋白胨 5.0g 酵母浸膏 3.0g 葡萄糖 1.0g 蒸馏水 1000mL 1.6％溴甲酚紫-乙醇溶液 1.0mL L-赖氨酸或 DL-赖氨酸 0.5g/100mL 或 1g/100mL

（2）制法

除赖氨酸以外的成分加热溶解后，分装每瓶 100mL，加入赖氨酸。L-氨基酸按 0.5％加入，DL 氨基酸按 1％加入。调节 pH 至 6.8±0.2。对照培养基不加赖氨酸。分装于无菌的小试管内，每管 0.5mL，上面滴加一层液体石蜡，高压蒸汽灭菌（115℃，10min）。

（3）试验方法

从琼脂斜面上挑取培养物接种，于 36℃±1℃ 培养 18～24h，观察结果。氨基酸脱羧酶阳性者由于产碱，培养基应呈紫色。阴性者无碱性产物，但因葡萄糖产酸而使培养基变为黄色。对照管应为黄色。

11. 糖发酵管

（1）成分

牛肉膏 5.0g　蛋白胨 10.0g　氯化钠 3.0g　磷酸氢二钠（含 12 个结晶水）2.0g　0.2%溴麝香草酚蓝溶液 12.0mL　蒸馏水 1000mL

（2）制法

葡萄糖发酵管按上述成分配好后，调节 pH 至 7.4±0.2。按 0.5%加入葡萄糖，分装于有一个倒置小管的小试管内，高压蒸汽灭菌（121℃，15min）。

其他各种糖发酵管可按上述成分配好后，分装每瓶 100mL，高压蒸汽灭菌（121℃，15min）。另将各种糖类分别配好 10%溶液，同时高压蒸汽灭菌。将 5mL 糖溶液加入于 100mL 培养基内，以无菌操作分装小试管。

注意：蔗糖不纯，加热后会自行水解者，应采用过滤法除菌。

（3）试验方法

从琼脂斜面上挑取小量培养物接种，于 36℃±1℃培养，一般观察 2~3d。迟缓反应需观察 14~30d。

12. ONPG 培养基

（1）成分

邻硝基酚 β-D-半乳糖苷（ONPG）60.0mg

0.01mol/L 磷酸钠缓冲液（pH7.5）10.0mL

1%蛋白胨水（pH7.5）30.0mL

（2）制法

将 ONPG 溶于缓冲液内，加入蛋白胨水，以过滤法除菌，分装于无菌的小试管，每管 0.5mL，用橡皮塞塞紧。

（3）试验方法

自琼脂斜面上挑取培养物 1 满环接种，于 36℃±1℃培养 1~3h 和 24h 观察结果。如果 β-半乳糖苷酶产生，则于 1~3h 变黄色，如无此酶则 24h 不变色。

13. 丙二酸钠培养基

（1）成分

酵母浸膏 1.0g　硫酸铵 2.0g　磷酸氢二钾 0.6g　磷酸二氢钾 0.4g　氯化钠 2.0g　丙二酸钠 3.0g

0.2%溴麝香草酚蓝溶液 12.0mL　蒸馏水 1000mL

（2）制法

除指示剂外的成分溶解于水，调节 pH6.8±0.2，再加入指示剂，分装试管，高压蒸汽灭菌（121℃，15min）。

（3）试验方法

用新鲜的琼脂培养物接种，于 36℃±1℃培养 48h，观察结果。阳性者由绿色变为蓝色。

五、任务考核指标

沙门氏菌检验操作的考核见表9-7。

表 9-7 沙门氏菌检验的操作考核表

考核内容	考核指标		分值
菌的鉴别	菌落形态、大小、边缘、颜色、色泽描述	SS、DHL	25
		HE、WS	
		BS	
		三糖铁	
三糖铁斜面接种鉴定	接种前准备（4分）	物品准备	35
		手消毒	
		废物处理	
		酒精灯的使用	
	取菌（6分）	接种环的拿法	
		接种环的灭菌	
		接种环的冷却	
		平皿的拿法与开盖	
		挑选菌落正确	
	接种操作（13分）	斜面的拿法	
		棉塞的拿法	
		棉塞过火焰	
		试管口灭菌	
		斜面划线接种正确	
		穿刺接种正确	
		接种环的灭菌	
		火焰区操作	
	接种后的整理（2分）	记号正确	
		台面清洁	
	分离效果（10分）	效果好,结果正确	
		一般	
		差	
生化试验		现象描述恰当	20
		结果判定正确	

续表

考核内容	考核指标	分值
显微镜操作	采光、对光(光圈、聚光器等、观察方法)的操作	20
	镜头选择正确	
	调焦操作正确	
	视野清晰、涂片均匀、颜色正确	
	形态描述正确	
	擦镜头	
	显微镜复原	
合计	—	100

任务 2 金黄色葡萄球菌检验(GB4789. 10—2010)

一、任务目标

1)了解食品中金黄色葡萄球菌检验的安全学意义。

2)掌握食品中金黄色葡萄球菌定性和定量检验的原理和方法。

二、任务相关知识

金黄色葡萄球菌属于微球菌科葡萄球菌属,也是引起人类疾病的主要葡萄球菌。该菌除了可引起皮肤组织炎症外,还产生肠毒素。如食品中生长有金黄色葡萄球菌,人误食了含有肠毒素的食品,就会发生食物中毒,因此食品中存在金黄色葡萄球菌是食品安全的一种潜在危害,所以检查食品中的金黄色葡萄球菌及数量具有实际意义。

国家标准金黄色葡萄球菌检验的原理如下:金黄色葡萄球菌耐盐性强,在 $100\sim150g/L$ 的氯化钠培养基中能生长,适宜生长的盐含量为 5%~7.5%,可以利用这个特性对金黄色葡萄球菌增菌,抑制杂菌。金黄色葡萄球菌可产生溶血素,在血平板上生长,菌落周围有透明的溶血环,可产生卵磷脂酶,分解卵磷脂,产生甘油酯和可溶性磷酸胆碱,所以在 Baird-Parker(含卵黄和亚碲酸钾)平板上生长,菌落为黑色,周围有一混浊带,在其外层有一透明圈,利用此特性可分离金黄色葡萄球菌。金黄色葡萄球菌还可产生凝固酶,凝固酶可使血浆中的血浆蛋白酶原变成血浆蛋白酶,使血浆凝固,这是鉴定致病性金黄色葡萄球菌的重要指标,是不是致病的金黄色葡萄球菌主要看它是否产生凝固酶。

金黄色葡萄球菌数量的测定采用稀释平板法中的涂菌法,采用 Baird-Parker 培养基,1mL 样品稀释液分成 0.3mL、0.3mL 和 0.4mL,分别接入三个平板中,然后用 L 形玻璃棒涂匀,倒置培养。注意不能像混菌法那样一个平板接种 1mL,因为琼脂吸收不了 1mL 样品稀释液,倒置培养时,样品稀释液会流出来。在平板上,随机挑取五个可疑为金黄色葡萄球菌的菌落,做证实试验,计算出平板上金黄色葡萄球菌的比例数,最后计算出每克(毫升)样品中的金黄色葡萄球菌数。

三、任务所需器材

(一)实验器材

恒温培养箱:36℃±1℃;冰箱:2～5℃;恒温水浴锅:37～65℃;天平:感量为0.1g;吸管:10mL(具0.1mL刻度)、1mL(具0.01mL刻度)或微量移液器及吸头;锥形瓶:容量100mL、500mL;试管:16mm×160mm,13mm×130mm;培养皿:直径为90mm;注射器:0.5mL;pH计或pH比色管或精密pH试纸;均质器;振荡器;电炉;酒精灯;等等。

微生物实验室常规灭菌及培养设备。

(二)、培养基、试剂和样品

1. 培养基和试剂

7.5％氯化钠肉汤(或10％氯化钠胰酪胨大豆肉汤)、血琼脂平板、Baird-Parker琼脂平板、脑心浸出液肉汤(BHI)(制备方法参阅附录)、生理盐水(或磷酸盐缓冲液)、冻干血浆或兔血浆、营养琼脂小斜面、革兰氏染色液。

2. 样品

酱牛肉、芝麻糊、面包、酱油等。

四、任务技能训练

(一)金黄色葡萄球菌定性检验(第一法)实验步骤

1. 金黄色葡萄球菌定性检验(第一法)程序

金黄色葡萄球菌定性检验(第一法)程序如图9-2所示。

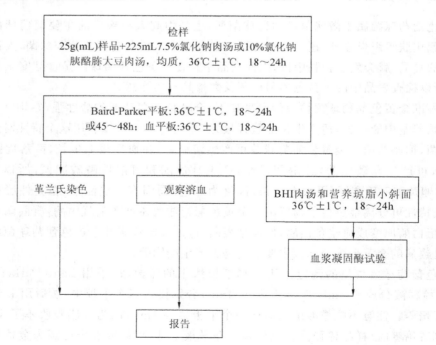

图9-2　金黄色葡萄球菌定性检验(第一法)程序

2.操作步骤

（1）检样处理

称取 25g 样品至盛有 225mL 7.5％氯化钠肉汤或 10％氯化钠胰酪陈大豆肉汤的无菌均质杯内，8000～10000r/min 均质 1～2min，或放入盛有 225mL 7.5％氯化钠肉汤或 10％氯化钠胰酪陈大豆肉汤的无菌均质袋中，用拍击式均质器拍打 1～2min。若样品为液态，吸取 25mL 样品至盛有 225mL 7.5％氯化钠肉汤或 10％氯化钠胰酪陈大豆肉汤的无菌锥形瓶（瓶内可预置适当数量的无菌玻璃珠）中，振荡混匀。

（2）增菌和分离培养

1）将上述样品匀液于 36±1℃培养 18～24h。金黄色葡萄球菌在 7.5％氯化钠肉汤中呈混浊生长，污染严重时在 10％氯化钠胰酪陈大豆肉汤内呈混浊生长。

2）将上述培养物，分别划线接种到 Baird-Parker 平板和血平板，血平板置于 36℃±1℃培养 18～24h。Baird-Parker 平板置于 36℃±1℃培养 18～24h 或 45～48h。

3）金黄色葡萄球菌在 Baird-Parker 平板上，菌落直径为 2～3mm，颜色呈灰色到黑色，边缘为淡色，周围为一混浊带，在其外层有一透明圈。用接种针接触菌落有似奶油至树胶样的硬度，偶然会遇到非脂肪溶解的类似菌落，但无混浊带及透明圈。长期保存的冷冻或干燥食品中所分离的菌落比典型菌落所产生的黑色较淡些，外观可能粗糙并干燥。在血平板上，形成菌落较大，圆形、光滑凸起、湿润、金黄色（有时为白色），菌落周围可见完全透明溶血圈。挑取上述菌落进行革兰氏染色镜检及血浆凝固酶试验。

（3）鉴定

1）染色镜检：金黄色葡萄球菌为革兰氏阳性球菌，排列呈葡萄球状，无芽孢，无荚膜，直径约为 0.5～1μm。

2）血浆凝固酶试验：挑取 Baird-Parker 平板或血平板上可疑菌落 1 个或以上，分别接种到 5mL BHI 和营养琼脂小斜面上，置于 36℃±1℃培养 18～24h。

取新鲜配制兔血浆 0.5mL，放入小试管中，再加入 BHI 培养物 0.2～0.3mL，振荡摇匀，置于 36℃±1℃温箱内，每半小时观察一次，观察 6h，如呈现凝固（即将试管倾斜或倒置时，呈现凝块）或凝固体积大于原体积的一半，被判定为阳性结果。同时以血浆凝固酶试验阳性和阴性葡萄球菌菌株的肉汤培养物作为对照。也可用商品化的试剂（如冻干血浆），按说明书操作即可。

结果如可疑，挑取营养琼脂小斜面的菌落到 5mL BHI，置于 36℃±1℃培养 18～48h，重复试验。

（4）结果与报告

结果判定：符合上述 Baird-Parker 平板和血平板菌落特征、革兰氏染色特征及血浆凝固酶试验阳性者，可判定为金黄色葡萄球菌。

结果报告：25g(mL) 样品中检出或未检出金黄色葡萄球菌。

（二）Baird-Parker 平板计数（第二法）实验步骤

1.金黄色葡萄球菌平板计数（第二法）程序

金黄色葡萄球菌平板计数（第二法）程序如图 9-3 所示。

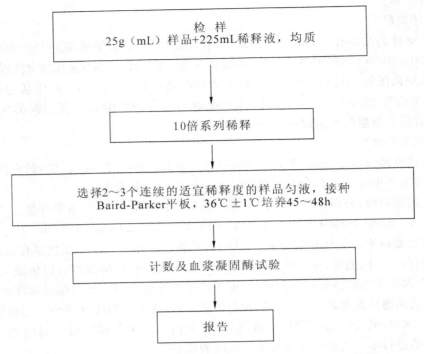

图 9-3　金黄色葡萄球菌 Baird-Parker 平板计数（第二法）程序

2. 操作步骤

（1）检样的稀释

1）固体和半固体样品：称取 25g 检样置盛有 225mL 无菌生理盐水或磷酸盐缓冲液的均质杯内，8000～10000r/min 均质 1～2min，或放入盛有 225mL 稀释液的无菌均质袋中，用拍击式均质器拍打 1～2min，制成 1 : 10（即 10^{-1}）的样品匀液。

2）液体样品：以无菌吸管吸取 25mL 样品置盛有 225mL 无菌生理盐水或磷酸盐缓冲液的锥形瓶内（瓶内预置适当数量的玻璃珠）中，充分混匀，制成 1 : 10（即 10^{-1}）的样品匀液。

3）用 1mL 无菌吸管或微量移液器吸取 1 : 10 稀释液 1mL，沿管壁缓慢注于盛有 9mL 稀释液的无菌试管中（注意吸管或吸头尖端不要触及稀释液面），振摇试管或换用 1 支 1mL 无菌吸管反复吹打使其混合均匀，做成 1 : 100（即 10^{-2}）的样品匀液。

另取，1mL 无菌吸管，按上述操作顺序，做 10 倍递增稀释液，如此每递增稀释一次，即换用 1 支 1mL 无菌吸管。

（2）接种与培养

1）根据对样品污染状况的估计，选择 2～3 个适宜稀释度的样品匀液（液体样品可包括原液），在进行 10 倍递增稀释时，每个稀释度分别吸取 1mL 样品匀液以 0.3mL，0.3mL，0.4mL 接种量分别加入三块 Baird-Parker 平板，然后用无菌 L 型玻璃棒涂布整个平板，注意不要触及平板边缘。使用前，如 Baird-Parker 平板表面有水珠，可放在 25～50℃的培养箱里干燥，直到平板表面的水珠消失。

2）在通常情况下，涂布后，将平板静置 10min，如样品不容易吸收，可将平板放在 36℃±1℃培养箱中培养 1h，等样品匀液吸收后翻转培养皿，倒置于培养箱，36℃±1℃培养45～48h。

（3）典型菌落计数和确认

1）金黄色葡萄球菌在 Baird-Parker 平板上，菌落直径为 2～3mm，颜色呈灰色到黑色，边缘为淡色，周围为一混浊带，在其外层有一透明圈。用接种针接触菌落有似奶油至树胶样的硬度。偶然会遇到非脂肪溶解的类似菌落，但无混浊带及透明圈。长期保存的冷冻或干燥食品中所分离的菌落比典型菌落所产生的黑色较淡些，外观可能粗糙并干燥。

2）选择有典型的金黄色葡萄球菌菌落的平板，并且同一稀释度 3 个平板所有菌落数合计在 20～200CFU 之间的平板，计数典型菌落数。

- 如果只有一个稀释度平板上的菌落数在适宜计数范围内（20～200CFU）并且有典型菌落，计数该稀释度平板上的典型菌落。

- 最低稀释度平板的菌落数小于 20CFU，并且有典型菌落，计数该稀释度平板上的典型菌落。

- 某一稀释度平板的菌落数大于 200CFU，并且有典型菌落，但下一稀释度平板上没有典型菌落，应计数该稀释度平板上的典型菌落。

- 某一稀释度平板的菌落数大于 200CFU，并且有典型菌落，同时下一稀释度平板上有典型菌落，但其平板上的菌落数不在 20～200CFU 之间，应计数该稀释度平板上的典型菌落。

以上按式（9-1）计算。

- 2 个连续稀释度的平板菌落数在适宜计数范围内（20～200CFU），按式（9-2）计算。

（3）从典型菌落中任选 5 个菌落（小于 5 个全选），分别做血浆凝固酶试验。

（4）结果计算

$$T = \frac{AB}{Cd} \tag{9-1}$$

式中：T—— 样品中金黄色葡萄球菌菌落数；

　　A—— 某一稀释度典型菌落的总数；

　　B—— 某一稀释度血浆凝固酶试验阳性的菌落数；

　　C—— 某一稀释度用于血浆凝固酶试验的菌落数；

　　d—— 稀释因子。

$$T = \frac{A_1 B_1/C_1 + A_2 B_2/C_2}{1.1d} \tag{9-2}$$

式中：T—— 样品中金黄色葡萄球菌菌落数；

　　A_1—— 第一稀释度（低稀释倍度）典型菌落的总数；

　　A_2—— 第二稀释度（高稀释倍度）典型菌落的总数；

　　B_1—— 第一稀释度（低稀释倍度）血浆凝固酶试验阳性的菌落数；

　　B_2—— 第二稀释度（高稀释倍度）血浆凝固酶试验阳性的菌落数；

　　C_1—— 第一稀释度（低稀释倍度）用于血浆凝固酶试验的菌落数；

　　C_2—— 第二稀释度（高稀释倍度）用于血浆凝固酶试验的菌落数；

　　1.1—— 计算系数；

　　d—— 稀释因子（第一稀释度）。

(5)结果与报告

根据 Baird-Parker 平板上金黄色葡萄球菌的典型菌落数,按式(9-1)或式(9-2)计算,报告每克(毫升)样品中金黄色葡萄球菌数,以 CFU/g(mL)表示;如 T 值为 0,则以小于 1 乘以最低稀释倍数报告。

3.实验结果

1)将对检样进行金黄色葡萄球菌定性检验(第一法)的原始记录填入表 9-8 和表 9-9 中,并报告检验结果。

表 9-8　增菌和分离培养的原始记录

增　菌
25g 样品处理后加入 225mL _____ 增菌液,均质,培养温度____℃,时间____h,现象_____

平板分离	
Baird-Parker 琼脂平板(培养温度____℃,时间____h)	血平板(培养温度____℃,时间____h)
菌落特征:	菌落特征:
判定:	判定:

表 9-9　鉴定原始记录

革兰氏染色和血浆凝固酶试验		
取可疑菌落____个,培养温度____℃,时间____h		
试验项目	可疑菌落 1	可疑菌落 2	可疑菌落 3
革兰氏染色			
形态			
染色反应			
血浆凝固酶试验	判定:	判定:	判定:
综合平板特征、染色与血浆凝固酶试验,报告			

2)将对检样进行金黄色葡萄球菌 BP 平板计数(第二法)的原始记录填入表 9-10 中,并报告检验结果。

表 9-10　BP 平板计数(第二法)的原始记录

检样稀释与接种			
25g 样品处理后加入 225mL ____稀释液,均质,10 倍稀释,选择适宜稀释度为_____;每个稀释度分别吸取 0.3mL,0.3mL,0.4mL 涂布 BP 平板,培养温度____℃,时间____h			

金黄色葡萄球菌典型菌落计数			
稀释度	10^{-1}	10^{-2}	10^{-3}	10^{-4}
0.3mL				
0.3mL				
0.4mL				
合计				
计数稀释度		典型菌落数(CFU)		

续表

金黄色葡萄球菌 _____ 个典型菌落的确认					
试验项目	典型菌落 1	典型菌落 2	典型菌落 3	典型菌落 4	典型菌落 5
血浆凝固酶试验	判定：	判定：	判定：	判定：	判定：
根据典型菌落数和血浆凝固酶试验结果报告					

4. 思考题

1) 金黄色葡萄球菌为什么用 7.5% 氯化钠肉汤增菌？

2) 简述血浆凝固酶试验的过程和结果表示。

附录：培养基和试剂的制备

1. 7.5% 氯化钠肉汤

(1) 成分

蛋白胨 10.0g　牛肉膏 5.0g　氯化钠 75.0g　蒸馏水 1000mL

(2) 制法

将上述成分加热溶解，调节 pH 至 7.4，分装，每瓶 225mL，高压蒸汽灭菌（121℃，15min）。

2. 10% 氯化钠胰酪胨大豆肉汤

(1) 成分

胰酪胨（或胰蛋白胨）17.0g　植物蛋白胨（或大豆蛋白胨）3.0g　氯化钠 100.0g　磷酸氢二钾 2.5g　丙酮酸钠 10.0g　葡萄糖 2.5g　蒸馏水 1000mL

(2) 制法

将上述成分混合，加热，轻轻搅拌并溶解，调节 pH 至 7.3 ± 0.2，分装，每瓶 225mL，高压蒸汽灭菌（121℃，15min）。

3. 血琼脂平板

(1) 成分

豆粉琼脂（pH7.4～7.6）100mL　脱纤维羊血（或兔血）5～10mL

(2) 制法

加热溶化琼脂，冷却至 50℃，以无菌操作加入脱纤维羊血，摇匀，倾注平板。

4. Baird-Parker 琼脂平板

(1) 成分

胰蛋白胨 10.0g　牛肉膏 5.0g　酵母膏 1.0g　丙酮酸钠 10.0g　甘氨酸 12.0g　氯化锂（$LiCl \cdot 6H_2O$）5.0g　琼脂 20.0g　蒸馏水 950mL

(2) 增菌剂的配法

30% 卵黄盐水 50mL 与经过过滤除菌的 1% 亚碲酸钾溶液 10mL 混合，保存于冰箱内。

(3) 制法

将各成分加到蒸馏水中，加热煮沸至完全溶解。调节 pH 至 7.0 ± 0.2。分装每瓶 95mL，高压蒸汽灭菌（121℃，15min）。临用时加热溶化琼脂，冷却至 50℃，每 95mL 加入预热至 50℃ 的卵黄亚碲酸钾增菌剂 5mL,摇匀后倾注平板。培养基应是致密不透明的。使用前在冰箱储存不得超过 48h。

5.脑心浸出液肉汤(BHI)

(1)成分

胰蛋白胨 10.0g　氯化钠 5.0g　磷酸氢二钠(含 12H$_2$O) 2.5g　葡萄糖 2.0g　牛心浸出液 500mL

(2)制法

加热溶解,调节 pH 至 7.4±0.2。分装 16mm×160mm 试管,每管 5mL,高压蒸汽灭菌(121℃,15min)。

6.兔血浆

取柠檬酸钠 3.8g,加蒸馏水 100mL,溶解后过滤,装瓶,高压蒸汽灭菌(121℃,15min)。

兔血浆制备:取 3.8% 柠檬酸钠溶液一份,加兔全血四份,混匀后静置(或以 3000r/min 离心 30min),使血液细胞下降,即可得血浆。

7.营养琼脂小斜面

(1)成分

蛋白胨 10.0g　牛肉膏 3.0g　氯化钠 5.0g　琼脂 15.0～20.0g　蒸馏水 1000mL

(2)制法

将除琼脂以外的各成分溶解于蒸馏水内,加入 15% 氢氧化钠溶液约 2mL,调节 pH 至 7.2～7.4。加入琼脂,加热煮沸,使琼脂溶化。分装 13mm×130mm 试管,每管 5mL,高压蒸汽灭菌(121℃,15min)。

五、任务考核指标

金黄色葡萄球菌检验操作的考核见表 9-11。

表 9-11　金黄色葡萄球菌检验的操作考核表

考核内容	考核指标		分值
菌的鉴别	菌落形态、大小、边缘、颜色、色泽、溶血环、卵磷脂环的描述	血平板中的生长现象	25
		卵黄高盐平板中的生长现象	
菌的分离培养	接种前准备(4分)	物品准备	35
		手消毒	
		废物处理	
		酒精灯的使用	
	取菌(6分)	接种环的拿法	
		接种环的灭菌	
		接种环的冷却	
		棉塞的拿法与开盖	
		取菌操作	

续表

考核内容	考核指标		分值
菌的分离培养	接种操作(7分)	平皿的拿法与开盖	35
		火焰区操作	
		划线(力度、速度、角度)	
		接种环的灭菌	
	接种后的整理(3分)	记号正确	
		倒置培养	
		台面清洁	
	分离效果(15分)	效果好,有单个菌落	
		能基本分离	
		一般	
		差	
细菌涂片与革兰氏染色	取菌(5分)	手的消毒方法正确	20
		接种环的灭菌	
		选菌与取菌正确	
		火焰区操作	
	制片(5分)	玻片的拿法正确	
		涂片操作正确、规范	
		干燥操作正确	
		固定操作正确	
		细菌涂片厚薄均匀	
	染色(10分)	试剂瓶使用正确	
		染色步骤正确	
		时间控制适当	
		冲水操作正确	
		桌面等操作环境清洁	
显微镜操作		采光、对光(光圈、聚光器等、观察方法)的操作	20
		镜头选择正确	
		调焦操作正确	
		视野清晰、涂片均匀、颜色正确	
		形态描述正确	
		擦镜头	
		显微镜复原	
合计	—	—	100

项目十 药品微生物学检验

【知识目标】

1）了解药品微生物学检验的意义。

2）掌握无菌检验和微生物限度检验的基本原理和方法。

【能力目标】

1）能够进行药品的无菌检验。

2）能够进行药品微生物限度检验，掌握《中华人民共和国药典》中规定的限制菌的检验方法。

3）能够正确判断药品是否符合药典规定的标准。

【素质目标】

1）树立无菌观念、质量意识与责任意识。

2）学习认真，态度积极，操作细心。

3）能以小组为单位合理分工，共同完成检验任务，增强协作精神与沟通能力。

【案例导入】

2006 年 7 月 27 日，国家食品药品监督管理局接到××省食品药品监督管理局报告，××市部分患者在使用某药厂生产的"欣弗"后，出现了胸闷、心悸、心慌、寒战、肾区疼痛、腹痛、腹泻等症状。随后，广西、浙江、黑龙江、山东等地食品药品监督管理部门也分别报告在本地发现相同品种出现相似的临床症状的病例。

经查，该公司 2006 年 6 月至 7 月生产的欣弗未按标准的工艺参数灭菌，降低灭菌温度，缩短灭菌时间，按照批准的工艺，该药品应当经过 105℃，30min 的灭菌过程，但该公司却擅自将灭菌温度降低到 100～104℃不等，将灭菌时间缩短到 1～4min 不等，明显违反规定。此外，增强灭菌柜装载量，影响了灭菌效果。经中国药品生物制品检定所对相关样品进行检验，结果表明，无菌检查和热源检查不符合规定。

不良事件发生后，药品监管部门采取了果断的控制措施，开展了全国范围拉网式检查，尽全力查控和收回所涉药品。经查，该药厂自 2006 年 6 月份以来共生产欣弗产品 3701120 瓶，售出 3186192 瓶，流向全国 26 个省份。除未售出的 484700 瓶已被封存外，截至 8 月 14 日 13 点，企业已收回 1247574 瓶，收回途中 173007 瓶，异地查封 403170 瓶。

欣弗事件给公众健康和生命安全带来了严重威胁，致使 11 人死亡，并造成了恶劣的社会影响。

任务 0.9%氯化钠注射剂的无菌检验

一、任务目标

1)掌握无菌检查的程序和操作要点。
2)能够进行注射剂的无菌检验。
3)能够正确判断无菌检验的结果。

二、任务相关知识

广泛分布于自然界中的微生物,以其在自然界的物质转换作用中,绝大多数对人类是有益的,但从药品生产的卫生学而论,微生物对药品原料、生产环境和成品的污染,却是造成生产失败、成品不合格、直接或间接对人类造成危害的重要因素。

(一)药品无菌检查法

无菌检查法是针对无菌或灭菌药品、敷料、器械等的无菌可靠性而建立的检查法,即药品、敷料、器械等无菌的可靠性可通过无菌检查来确认,而无菌检测的可信度与抽样量、检查用的培养基质量、材料、操作环境、无菌技术等有关。

1.无菌检查的概念及范围

(1)无菌检查的概念

无菌检查是指检查无菌或灭菌制品、敷料、缝合线、无菌器具及适用于药典要求无菌检查的其他品种是否无菌的一种方法。也就是说,凡直接进入人体血液循环系统、肌肉、皮下组织或接触创伤、溃疡等部位而发生作用的制品或要求无菌的材料、灭菌器具等都要进行无菌检查。

(2)无菌检查的范围

需要进行无菌检查的药品、敷料、灭菌器具的范围主要有以下几类:各种注射剂、眼用及外伤用制剂、植入剂、可吸收的止血剂、外科用敷料、器材。按无菌检查法规定,上述各类制剂均不得检出需氧菌、厌氧菌、真菌等任何类型的活菌。从微生物类型的角度看,即不得检出细菌、放线菌、酵母菌、霉菌等活菌。

无菌检查的结果为无菌时,在一定意义上讲,它要受抽验样本数量的限制,同时也要受灭菌工艺的限制,对最终灭菌品达到 10^{-6} 的微生物存活概率,就认为灭菌的注射制品合格。所以并非绝对无菌,这个结果也是有相对意义的。

2.培养基及培养基灵敏度试验

(1)无菌检查用培养基

1)需氧菌、厌氧菌培养基(硫乙醇酸盐液体培养基)。现在采用的硫乙醇酸盐液体培养基基本上适用于需氧菌与厌氧菌的生长要求。

2)真菌培养基。《中华人民共和国药典》(以下简称《中国药典》)1995 年版规定的真菌培养基,其处方为改良马丁培养基,与《中国生物制品规程》1995 年版收载的真菌培养基是一致的。

3)选择性培养基。①对氨基苯甲酸培养基(用于磺胺类药物的无菌检查);②聚山梨酸培养基(用于油剂药品的无菌检查)。

(2)培养基灵敏度试验

1)菌种。《中国药典》与英、美药典规定的菌种:需氧菌有藤黄微球菌、金黄色葡萄球菌、枯草杆菌、铜绿假单胞菌;厌氧菌有生孢梭菌和普通拟杆菌;真菌有白色念珠菌和黑曲霉。加菌量皆在 10～100 个之间。

2)细菌计数方法。采用细菌标准浓度比浊法和原菌培养液直接稀释法。

3)培养基临用前的检查。需氧菌、厌氧菌培养基在临用前必须做检查,培养基上部约 1/10～1/15 处呈现淡红色时可以使用,若淡红色部分超过 1/3 高度时,应将培养基用水浴或其他方法加热,直到无色后,冷却至 45℃ 以下时再立即接种待检品。但用沸水加热法去除培养基内游离氧时,每批培养基只限加热一次,否则影响培养基的质量。全管呈现淡红色时,不得再用。

3.阳性对照菌及抑细菌、抑真菌试验

(1)阳性对照菌

阳性对照菌液是为供试品做阳性对照试验使用的。阳性对照试验的目的是检查阳性菌在加入供试品的培养基中能否生长,以验证供试品有无抑菌活性物质和试验条件是否符合要求。阳性菌生长表明使用的技术条件恰当,反之,试验无效。因此,无论有无抗菌活性的供试品都应做阳性对照试验,以此作为评定检查方法的可行性的重要依据。

(2)抑细菌和抑真菌试验

在用直接接种法无菌检查前,必须对供试品的抑菌性有所了解。为此,可用如下方法测定供试品是否具有抑细菌和抑真菌作用。用需氧菌、厌氧菌培养基 4 管及真菌培养基 2 管,分别接种金黄色葡萄球菌、生孢梭菌、白色念珠菌均 10～100 个菌各 2 管,其中 1 管加供试品规定量,所有培养基管置规定的温度,培养 3～5d。如培养基各管 24h 内微生物生长良好,则供试品无抑菌作用。如加供试品的培养基管与未加供试品的培养基管对照比较,微生物生长微弱、缓慢或不生长,均判为供试品有抑菌作用。该供试品需用稀释法(相同量的供试品接种入较大量培养基中)或中和法、薄膜过滤法处理,消除供试品的抑菌性后,方可接种至培养基。

4.无菌检查方法

各国药典的无菌检查法均包括:直接接种法和薄膜过滤法。前者适用于非抗菌作用的供试品;后者适用于有抗菌作用的或大容量的供试品。

(1)直接接种法

1)供试品的制备。以无菌的方法取内容物。如在真空下包装的管状内容物,用适当的无菌装置进入无菌空气。例如一种需附加含无菌过滤材料的注射器。

● 液体。供试品如为注射液、供角膜创伤及手术用的滴眼剂或灭菌溶液,按规定量取供试品,混合。

● 固体。注射用灭菌粉末或无菌冻干品或供直接分装成供注射用的无菌粉末原料,加无菌水或 0.9% 无菌氯化钠溶液,或加该药品项下的溶剂用量制成一定浓度的供试品溶液。按规定量取供试品,混合。①软膏:从 11 个容器中,每个取 100mg 加至 1 个含 100mL 适当稀释剂如含无菌的十四烷酸异丙酯的容器中,使其均化,按薄膜过滤法检查。②油剂:其培养基加 0.1%(质量/体积,4-叔氧基辛苯)聚乙氧基乙醇或 1%聚山梨酯 80 或别的适当乳化剂,在无任何抗菌性的浓度下检查。

● 供试品如为青霉素类药品。按规定量取供试品,分别加入足够使青霉素灭活的无菌青霉素酶溶液适量,摇匀,混合后,按上述操作项进行。亦可按薄膜过滤法检查。

● 供试品如为放射性药品。取供试品 1 瓶(支),接种于装量为 7.5mL 的培养基中,每管接种量为 0.2mL。

2)操作。取上述备妥的供试品,以无菌操作将供试品分别接种于需氧菌、厌氧菌培养基 6 管,其中 1 管接种金黄色葡萄球菌对照用菌液 1mL 作阳性对照,另接种于真菌培养基 5 管,轻轻摇动,使供试品与培养基混合,需氧菌、厌氧菌培养基管置 30~35℃,真菌培养基管置 20~25℃培养 7d,在培养期间应观察并记录是否有菌生长,阳性对照管在 24h 内应有菌生长,如在加入供试品后,培养基出现浑浊,培养 7d 后,不能从外观上判断有无微生物生长,可取该培养液适量转种至同种新鲜培养基中或斜面培养基上继续培养,细菌培养 2d,真菌培养 3d,观察是否再出现浑浊或斜面有无菌生长,或用接种环取培养液涂片,染色,用显微镜观察是否有菌。

有轻微抑菌性的供试品,可加入扩大量的每种培养基中,使供试品稀释至不具抑菌活性浓度即可。含磺胺类的供试品,接种至 PABA 培养基中。

直接接种法阴性对照试验可针对固体供试品所用的稀释剂和相应溶剂,取相应接种量加入 1 管需氧菌、厌氧菌培养基,1 管真菌培养基中,作阴性对照。培养时间与检查供试品相同。

青霉素产品,如用青霉素酶法,每批也应有阴性对照。分别取 1mL 无菌青霉素酶加至 100mL 需氧菌、厌氧菌培养基,100mL 真菌培养基培养。培养温度和时间与检查供试品相同。

(2)薄膜过滤法

如供试品有抗菌作用,按规定量取样,按该药品项下规定的方法处理后,全部加至含 0.9%无菌氯化钠溶液或其他适宜的溶剂至少 100mL 的适当容积的容器中,混合后,通过装有孔径不大于 0.45μm、直径约 50mm 的薄膜过滤器,然后用 0.9%无菌氯化钠溶液或其他适宜的溶液冲洗滤膜至阳性对照菌正常生长。阳性对照管应根据供试品的特性(抗细菌药物,以金黄色葡萄球菌为对照菌;抗厌氧菌药物,以生孢梭菌为对照菌;抗真菌药物,以白色念珠菌为对照菌),加入相应的对照菌菌液 1mL。阳性对照管的细菌应在 24~48h,真菌应在 24~72h 有菌生长。

无菌检查均应取相应溶剂和稀释剂同法操作,作阴性对照。阴性对照的目的是检查取样用的吸管、针头、注射器、稀释剂、溶剂、冲洗液、过滤器等是否无菌,同时也是对无菌检查区域及无菌操作技术等条件的测试。

(二)微生物限度检查法

1.药品微生物限度标准

微生物限度规定的作用是为药品生产提供一个标准或指导,以确保药品使用的安全。各国药典标准分为强制性的(要求无菌)和非强制性的(允许有一定数量的菌)可达到的限度标准,这些指标正确、有效地规范了药品生产、核定和监督的程序。

2.供试品的制备

（1）供试品的检查量

1）抽样。供试品应按批号随机抽样，抽样量为检验用量（2个以上最小包装单位）的3倍量。

2）检验量。每批供试品的检验量，固体制剂为10g；液体制剂为10mL；外用的软膏、栓剂、眼膏剂等为5g；膜剂为10cm²；贵重的或极微量包装的药品，口服固体制剂不得少于3g，液体制剂不得少于3mL，外用药不得少于5g。

3）取样数。供试品均需取自2个以上的包装单位；膜剂还应取自4片以上样品；中药蜜丸至少应取4丸以上，共10g。

（2）一般供试品的制备

1）固体供试品。称取10g，置研钵中，以100mL稀释剂分次加入，研磨细匀，使成1∶10供试液。对吸水膨胀或黏度大的供试品，可制成1∶20之供试液。

2）液体供试品。量取10mL，加入90mL稀释剂中，使成1∶10供试液。合剂（含王浆、蜂蜜者）滴眼剂可以原液为供试液。

3）软膏剂、乳膏剂等非水溶性制剂。称取供试品5g，置乳钵或烧杯中，加8mL灭菌吐温80，充分研匀，加入西黄蓍胶或羧甲基纤维素2.5g，充分研匀，加92mL 45℃的稀释剂，边加边研磨，使成均匀的乳剂，即成1∶20供试液。或称取供试品5g，加灭菌液体石蜡20mL，研匀，加20mL吐温80，研匀，将60mL稀释剂少量多次加入，边加边研磨，使充分乳化，即得1∶20供试液。

4）难溶的胶囊剂、胶丸剂、胶剂等可将供试品加稀释剂在45℃水浴中保温、振摇、助溶，使成1∶10供试液。

3.细菌总数的测定

（1）测定方法

采用平板菌落计数法，一般采用3个稀释级，分别作10倍递增稀释，每个稀释级用2～3个平皿，每皿中加1mL稀释液。加15mL已融化并冷却至45℃的0.001%TTC肉汤琼脂培养基，随即摇匀，待冷凝，倒置于36℃±1℃培养48h，点数平板上的菌落，求出各稀释级的平均菌落数，再乘以稀释倍数，即得每克或每毫升供试品所含菌落总数。

由于细菌体内含有多种脱氢酶，遇TTC指示剂菌落呈红色，在测定细菌总数时培养基中加入适量的TTC，即可限制细菌蔓延生长又容易点数菌落。

（2）菌落计数

接种的平板在适合温度下培养到规定的时间后，应作菌落计数，计数时应注意以下问题。

1）应选择平板菌落数在30～300个的范围内。

2）生长之菌落用肉眼直接标记计数。若平板上有片状或花斑状菌落，该平板无效。若平板上有2个或2个以上的菌落挤在一起，但可分辨开，仍按2个或2个以上菌落计。并用5～10倍放大镜检查，防止遗漏。记录每一平板之菌落数。

（3）菌数报告方法

正常情况的菌数报告参见项目七"菌落总数测定"中的"5.菌落总数的报告"（p134）。

4.霉菌和酵母菌数测定

考察供试品中每克或每毫升内所污染的霉菌和酵母菌的活菌数量。

（1）测定方法

供试液按细菌总数测定项下的方法进行制备，合剂（含蜂蜜或王浆者）和滴眼剂可用原液作第一级供试液。每稀释级作 2～3 个平皿，每一平皿加 15mL 融化并冷却至 45℃ 之孟加拉红琼脂培养基，随即摇匀，待凝后，倒置于 25～28℃ 培养 72h。

一般制剂用孟加拉红琼脂作霉菌测定（液体制剂包括酵母菌数）。但含蜂蜜或王浆的合剂用酵母膏陈葡萄糖琼脂培养基作酵母菌的测定，而霉菌数测定仍用孟加拉红琼脂培养基。

在霉菌培养基中加入孟加拉红或四氯四碘荧光素，常作为细胞质染色剂，是一种弱酸性荧光染料，对霉菌的生长有较好的选择性，对细菌的生长有抑制作用。

（2）菌落计数方法

1）霉菌和酵母菌种属繁多，采用一种培养基和培养条件，不可能适合所有霉菌和酵母菌生长繁殖。故本法的测定结果只能是在本法规定的条件下平板生长的霉菌和酵母菌菌落数。

2）霉菌计数一般以 72h 报告之。但有些霉菌的生长速度较快，应在 24h，48h，72h 分别计数。如根霉、毛霉，其菌落特征为菌毛呈毛丝状，蔓延生长而影响其他菌落的计数，遇此情况应及时取出计数。

3）霉菌生长过程中，很快形成孢子，成熟的孢子散落在培养基上，又可萌发形成新的菌落，因此在观察过程中，不要反复翻转平板，以免影响结果的准确性。

4）以肉眼直接标记计数，必要时用放大镜检查，以防遗漏。

（3）菌数报告方法

1）选择菌落数在 30～100 之间的稀释级平板计数，以该稀释级的平均菌落数乘以稀释倍数报告之。

2）各级平均菌落数不足 30 时，以最低稀释级平均菌落数乘以稀释倍数报告之。

3）报告的规则同细菌菌落报告方法。

5.大肠杆菌的检验

详见项目八中"大肠菌群的检验"。

6.金黄色葡萄球菌的检验

详见项目九中"金黄色葡萄球菌的检验"。

三、任务所需器材

1）0.9% 氯化钠注射液（0.9%NS），需氧菌、厌氧菌培养基（硫乙醇酸盐液体培养基），真菌培养基（改良马丁培养基）；

2）金黄色葡萄球菌［Staphylococcus aureus，CMCC(B) 26003］、生孢梭菌［Clostridium sporogenes，CMCC(B) 64941］、白色念珠菌［Candida albicans，CMCC(F)98001］；

3）无菌生理盐水、无菌吸管、针头、注射器等，消毒小砂轮、酒精棉球、无菌镊子、酒精灯。微生物实验室常规灭菌及培养设备。

四、任务技能训练

(一)训练任务

1.配制无菌检验培养基

以小组为单位配制需氧菌、厌氧菌、霉菌培养基,灭菌后,待用。

2.0.9%氯化钠注射液的无菌检验

每位同学检测一只 0.9%氯化钠注射液,判断结果。

(二)训练操作

无菌检查的基本原则是采用严格的无菌操作方法,取一定量被检查的药物,将其接种于适合各种不同微生物生长的培养基中,于合适的温度下,培养一定时间后,观察有无微生物生长,以判断被检药品是否合格。

注射液无菌检查的取样方法及程序必须按照《中国药典》的规定进行。

1.试验方法

(1)抽取待检注射剂 2 支,用酒精棉球将安瓿外部消毒,再用消毒小砂轮轻挫安瓿颈部,用无菌镊子打断安瓿颈部。

(2)用无菌注射器吸取药液,分别加入需氧菌、厌氧菌及霉菌的培养基中,各接种两管。使药液与培养基混匀,待检注射剂取量与培养基的分装量应根据待检注射剂装量,按《中国药典》要求取用(见表 10-1)。

表 10-1　注射剂无菌检验的每管接种量与培养基分装量

供试品装量	每管接种量(mL)	培养基分装量(mL)
2mL 或 2mL 以下	0.5	15
2～20mL	1.0	15
20mL 以上	5.0	40

(3)用 3 支无菌吸管分别取上述 3 种阳性对照菌液各 1mL,分别接种于需氧菌、厌氧菌、霉菌培养基中,作为阳性对照。

(4)将上述待检管和对照管按规定要求分别进行培养(见表 10-2)。

表 10-2　无菌检验用培养基种类、数量、培养温度及培养时间

培养基种类	培养温度(℃)	培养时间(d)	培养基数量(支)	
			测试管	对照管
需氧培养基	30～37	5	2	2
厌氧培养基	30～37	5	2	2
霉菌培养基	20～28	7	2	2

2.结果判断

取出上述各管,先观察对照管,再观察待检管。

(1)阳性对照管。各管培养基均显浑浊,经涂片、染色、镜检后,检出相应阳性对照菌。

(2)待检管。分别观察需氧菌、厌氧菌、霉菌试验管,如澄清或虽显浑浊,但经涂片、染

色、镜检后,证实无菌生长时,判为待检注射剂合格;如待检管浑浊,经涂片、染色、镜检确认有菌生长,应进行复试。复试时,待检药物及培养基量均需加倍。若复试后仍有相同菌生长,可确认被检注射剂无菌检验不合格。若复试后有不同细菌生长,应再做一次试验,若仍有菌生长,即可判定被检注射剂无菌检验不合格。

3.报告内容

1)简述无菌检验操作过程的要点。

2)描述对照管和待检管中微生物的生长情况。

3)根据试验结果判断注射剂是否无菌。

4.思考题

1)试验中为什么要做阳性对照?

2)试验中无菌操作要注意哪些事项?

3)药品的无菌检验有什么意义?

五、任务考核指标

细菌的接种(液体到液体)操作考核见表10-3。

表10-3 细菌的接种(液体到液体)操作考核表

考核内容	考核指标	分值
取菌	酒精灯点火正确	45
	手的消毒方法正确	
	接种环的拿法正确	
	接种环的灭菌正确	
	接种环有冷却	
	菌种管和培养基管握持方法正确	
	菌种管和培养基管塞子打开方式正确	
	菌种管和培养基管口灭菌操作正确	
	选菌及取菌正确	
	在火焰无菌区操作	
接种	接种操作正确	40
	塞塞子操作正确(含灭菌操作)	
	接种环有灭菌	
	在火焰无菌区操作	
	盖灭酒精灯的操作正确	
培养及结果观察	培养温度、液体管放置正确	15
	细菌生长现象正确	
合计	—	100

学习情境三　微生物检验综合技能实训

项目十一　微生物检验综合技能实训

【知识目标】

1)掌握常用设备的名称、使用、维护、安全保护知识和仪器正确使用知识。

2)掌握构建微生物检验室各室的基本要求。

3)掌握细菌菌落总数、大肠菌群的检验程序及工作流程,并能进行物品准备。

4)掌握细菌菌落计数原则、大肠菌群结果的查表方法、数据统计分析、报告表填报与评价。

【能力目标】

1)学会按功能区划分布局微生物检验室,掌握微生物检验室各功能区所需要的仪器设备、试剂、玻璃器皿及其他物品。

2)具备仪器设备使用、维护能力。

3)能独立进行微生物检验的测定项目。

4)在项目完成过程中,实验设计、实验自主准备、实验组织、实验开展、数据处理的能力得到提高。

【素质目标】

培养学生对微观事物科学的、实事求是的、认真细致的学习和工作态度。

【案例导入】

2008-06-12羊城晚报报讯　记者刘虹、通讯员习文江报道:长期以来,公众都将大气污染归咎于粉尘、化学物质等,殊不知微生物也是祸首之一。广东一项最新研究表明,随着环境污染加剧,大气中的微生物污染日益严重,南方潮湿的天气此问题更为突出,近来一些重大公共卫生事件如流感、手足口病等,微生物污染都难脱干系。

这项由省微生物研究所和广州大学承担的省科技攻关项目名为"珠三角城市群空气微生物气溶胶污染及快速检测技术研究"。项目历经几年研究,总结出珠三角城市群空气微生物的种群特征及分布规律,最近通过有关部门验收。

两成呼吸道疾病,祸起大气微生物污染

项目研究人员介绍,微生物对大气的污染,与普通环境污染关系密切。比如粉尘增多,造成灰霾天气,会减少阳光照射,从而为微生物创造了生存的条件。广东潮湿的气候十分适合微生物生长,加上菌种数量较多,大气微生物污染的情况比内陆省份更严重。

大气微生物污染对人们的健康带来很大危害。专家指出,有20%的呼吸道疾病是因大气微生物污染引起的。世界上最主要的41种重大传染性疾病,其中有14种是由空气中的微生物传播的。近年来一些公共卫生事件的发生,都和大气微生物污染有很大关系,如今年来香港发生的导致多名儿童死亡的流感,以及内地发生的手足口病等。

据介绍,受到微生物严重污染的空气,还会对粮食、电子、食品、饮料、化妆品等带来二次污染。

工业化程度越高,大气微生物污染越重

研究人员几年间在广州、深圳、中山、惠州、东莞、江门、珠海、佛山等8个城市设置了50多个样点,对当地大气中的微生物进行采样分析,最终得出珠三角空气微生物的分布特点。

总体上,空气微生物污染的严重程度为:工业区最严重,其次依次是交通枢纽区(火车站、汽车站)、商业区、居民区。在各个城市中,则工业化程度高的城市污染较为严重,依次为东莞、深圳、广州等,中山、珠海情况相对较好。在季节上,冬春两季的大气微生物污染相对严重一些。

对于防治大气微生物污染,研究人员提出了对策,如:加强对垃圾的处理管理;对城市各个功能区要进行合理布局;重视绿化,因植物对减少微生物污染有明显作用;推进清洁生产,减少化学废气等产生……

微生物污染危机,若无防备会猛然爆发

针对此次调研情况,研究人员提出了珠三角室内外空气微生物污染与卫生标准建议值。据了解,在此之前,国家虽然也有一个关于空气微生物污染的标准,但由于各个地区的环境以及气候的不同,这个标准很难覆盖全国。目前,大气污染公布的指标中,还是以粉尘、化学等物质为主,微生物指标则较少提及。

专家指出,微生物污染所造成的危机往往会在人们完全无防备的情况下"一次性"大规模爆发。

专家建议,设立关于大气微生物污染的标准,经常对其进行监测,掌握其规律,以便及时采取有效防治手段。

任务1 某企业微生物检验实验室建设策划书

一、任务目标

学生完成本项目的学习后,能够做到通过自己仔细观察,认真搜集资料,对企业微生物检验室的布局、所需设备和常用物品有较全面的了解。

二、任务相关知识

(一)微生物实验室的设计

微生物实验室由准备室、洗涤室、灭菌室、无菌室、恒温培养室和普通实验室六部分组成。这些房间的共同特点是地板和墙壁的质地光滑坚硬,仪器设备的陈设简洁,便于打扫卫生。

(二)微生物实验室的基本要求

1.准备室

准备室用于配制培养基和样品处理等。室内设有试剂柜、存放器具或材料的专柜、实验台、电炉、冰箱和上下水道、电源等。

2.洗涤室

洗涤室用于洗刷器皿等。由于使用过的器皿已被微生物污染,有时还会存在病原微生物。因此,在条件允许的情况下,最好设置洗涤室。室内应备有加热器、蒸锅,洗刷器皿用的盆、桶等,还应有各种瓶刷、去污粉、肥皂、洗衣粉等。

3.灭菌室

灭菌室主要用于培养基、各种器具及使用后被污染的物品的灭菌,室内应备有高压蒸汽灭菌器、烘箱等灭菌设备及设施。

4.无菌室

无菌室也称接种室,是系统接种、纯化菌种等无菌操作的专用实验室。在微生物检验工作中,菌种的接种移植是一项主要操作,这项操作的特点就是要保证菌种纯种,防止杂菌的污染。在一般环境的空气中,由于存在许多尘埃和杂菌,易造成污染,对接种工作干扰很大。因此,接种工作要在空气经过灭菌的环境里进行,小规模的可利用超净工作台,大规模的则在无菌室里操作。

(1)无菌室的设置

无菌室应根据既经济又科学的原则来设置。其基本要求有以下几点。

1)无菌室应有内、外两间,内间是无菌室,外间是缓冲室。房间容积不宜过大,以便于空气灭菌。内间面积 $2×2.5=5(m^2)$,外间面积 $1×2=2(m^2)$,高以 2.5m 以下为宜,都应有天花板。

2)内间应当设拉门,以减少空气的波动,门应设在离工作台最远的位置上;外间的门最好也用拉门,要设在距内间最远的位置上。

3)在分隔内间与外间的墙壁或"隔窗"上,应开一个小窗,作接种过程中必要的内外传递物品的通道,以减少人员进出内间的次数,降低污染程度。小窗宽 60cm、高 40cm、厚 30cm,内外都挂对拉的窗扇。

4)无菌室容积小而严密,使用一段时间后,室内温度很高,故应设置通气窗。通气窗应设在内室进门处的顶棚上(即离工作台最远的位置),最好为双层结构,外层为百叶窗,内层可用抽板式窗扇。通气窗可在内室使用后、灭菌前开启,以流通空气。有条件可安装恒温恒湿机。

(2)无菌室内设备和用具

1)无菌室内的工作台,不论是什么材质、用途的,都要求表面光滑、台面水平。光滑是便于用消毒药剂擦洗,水平是在倒琼脂平板时可以保证培养皿内平板的厚度一致。

2)在内室和外室各安装一个紫外灯(多为 30W)。内室的紫外线灯应安装在经常工作的座位正上方,离地面 2m,外室的紫外线灯可安装在外室中央。

3)外室应有专用的工作服、鞋、帽、口罩、盛有来苏儿的瓷盆和毛巾、手持喷雾器和 5% 石炭酸溶液等。

4)内室应有酒精灯、常用接种工具、不锈钢制的刀、剪、镊子、70% 的酒精棉球、工业酒精、载玻璃片、特种蜡笔、记录本、铅笔、标签纸、胶水、废物筐等。

(3)无菌室的灭菌消毒

1)紫外线杀菌。

无菌室在使用前,应首先搞好清洁卫生,再打开紫外灯,照射 20～30min,基本可以使室内空气、墙壁和物体的表面无菌。为了确保无菌室经常保持无菌状态,可定期打开紫外灯进行照射杀菌,最好每隔 1～2d 照射一次。

紫外灯每次开启 30min 左右即可,时间过长,紫外灯管易损坏,且产生过多的臭氧,对工作人员不利。

经过长时间使用后,紫外灯的杀菌效率会逐渐降低,所以隔一定时间后要对紫外灯的杀菌能力进行实际测定,以决定照射的时间或更换新的紫外灯。

紫外线对物质的穿透力很小,对普通玻璃也不能通过,因此紫外线只能用于空气及物体表面的灭菌。

紫外线对眼结膜及视神经有损伤作用,对皮肤有刺激作用,所以开着紫外灯的房间人不要进入,更不能在紫外灯下工作,以免受到损伤。

2)喷洒石炭酸。

具体操作步骤见项目一中任务 3"环境的化学试剂消毒"。

3)熏蒸。

主要采用甲醛熏蒸消毒法。具体操作步骤见项目一中任务 3"环境的化学试剂消毒"。

4)无菌室工作规程。

● 无菌室灭菌。每次使用前开启紫外线灯照射 30min 以上,或在使用前 30min,对内外室用 5% 石炭酸喷雾。

● 用肥皂洗手后,把所需器材搬入外室;在外室换上已灭菌的工作服、工作帽和工作鞋,戴好口罩,然后用 2% 甲酚皂液将手浸洗 2min。

● 将各种需用物品搬进内室清点、就位,用 5% 石炭酸在工作台面上方和操作员站位空间喷雾,返回外室,5～10min 后再进内室工作。

● 接种操作前,用 70% 酒精棉球擦手;进行无菌操作时,动作要轻缓,尽量减少空气波动和地面扬尘。

● 工作中应注意安全。如遇棉塞着火,用手紧握或用湿布包裹熄灭,切勿用嘴吹,以免扩大燃烧;如遇有菌培养物洒落或打碎有菌容器时,应用浸润 5% 石炭酸的抹布包裹后,丢到废物筐内,并用浸润 5% 石炭酸的抹布擦拭台面或地面,用酒精棉球擦手后再继续操作。工作中用完的火柴、废纸等,应丢到废物筐内。

● 工作结束,立即将台面收拾干净,将不应在无菌室存放的物品和废弃物全部拿出无菌室后,对无菌室用 5% 石炭酸喷雾,或开紫外线灯照射 30min。

5)超净工作台。

超净工作台作为代替无菌室的一种设备,具有占地面积小、使用简单方便、无菌效果可靠、无消毒剂对人体的危害、可移动等优点,现在已被广泛采用。

超净工作台是一种局部层流装置,它由工作台、过滤器、风机、静压箱和支撑体等组成。其工作原理是借助箱内鼓风机将外界空气强行通过一组过滤器,净化的无菌空气连续不断地进入操作台面,并且台内设有紫外线杀菌灯,可对环境进行杀菌,保证了超净工作台面的正压无菌状态,能在局部造成高洁度的工作环境。

使用前将所用物品事先放入超净台内,再将无菌风及紫外灯开启,对工作区域进行照射杀菌,30min 后便可使用。

使用时,先关闭紫外灯,但无菌风不能关闭,打开照明灯。用酒精棉或白纱布将台面及双手擦拭于净,再进行有关的操作。在使用超净台的过程中,所有的操作尽量要连续进行,减少染菌的机会。

操作区为层流区,因此物品的放置不应妨碍气流正常流动,工作人员应尽量避免能引起扰乱气流的动作,如对着台面说话、咳嗽等,以免造成人身污染。

工作完毕后将台面清理干净,取出培养物品及废物,再次用酒精棉擦拭台面,再打开紫外灯照射 0.5h 后,关闭无菌风,放下防尘帘,切断电源后方可离开。

放置超净工作台的房间要求清洁无尘,应远离有震动及噪声大的地方,以防止震动对它的影响。超净工作台用三相四线 380V 电源,通电后检查风机转向是否正确,风机转向不对,则风速很小,将电源输入线调整即可。

每 3～6 个月用仪器检查超净工作台性能有无变化,测试整机风速时,采用热球式风速仪(QDF-2 型)。如操作区风速低于 0.2m/s,应对初、中、高三级过滤器逐级做清洗除尘。

5. 恒温培养室

每一类微生物生长所需的温度范围各不相同,且各有其最适温度。如果温度较低,微生物代谢低下,则生长缓慢。如果温度适宜,微生物代谢旺盛,生长快。如果温度太高,则会因为高温将导致蛋白质变性,使酶失去活力而抑制生长,其至引起死亡。恒温培养室就是对接种微生物提供恒定适宜温度进行培养的场所。

(1)培养室的设置

1)培养室应有内、外两间,内室是培养室,外室是缓冲室。房间容积不宜大,以利于空气灭菌,内室面积在 3.2×4.4＝14(m²)左右,外室面积在 3.2×1.8＝6(m²)左右,高以 2.5m 左右为宜,都应有天花板。

2)分隔内室与外室的墙壁上部应设带空气过滤装置的通风口,使内室有良好的空气供应,以满足好氧微生物对氧的需要。

3)为满足微生物对温度的需要,需安装恒温恒湿机。恒温恒湿机的主机部分应安装在内室以外。

4)内外室都应在室中央安装紫外线灯,以供灭菌用。

(2)培养室内设备及用具

1)内室通常配备培养架和摇瓶机(摇床)。常用的摇瓶机有旋转式、往复式两种。

2)外室应有专用的工作服、鞋、帽、口罩、手持喷雾器和 5%石炭酸溶液、70%酒精棉球等。

(3)培养室的灭菌、消毒

同无菌室的灭菌、消毒措施。

小规模的培养可不启用恒温培养室,而在恒温培养箱中进行。

6.普通实验室

普通实验室是进行微生物的观察、计数和生理生化测定工作的场所。室内的陈设因工作侧重点不同而有很大的差异。一般均配备实验台、显微镜、柜子及凳子。实验台要求平整、光滑,实验柜要足以容纳日常使用的用具、药品等。

教学用的微生物实验室,通常按 $80m^2/40$ 名学生设计,最好是长方形,应设置讲台、黑板、实验桌。实验桌上配有药品架,药品架的适当高度安装日光灯,作为观察微生物时的光源。

在非专业化实验时或条件有限时,准备室、洗涤室、普通实验室的划分并不十分明确,甚至合而为一。在专业化研究或条件允许的情况下,上述六室最好都单独设置。

7.实验室其他要求

水、电、气等的容量、布设、性能均应满足实验室工作的需要。

(三)常用仪器及其使用要领

1.恒温培养箱

恒温培养箱可分为两大类:直热式恒温培养箱和隔水式恒温培养箱。

(1)直热式恒温培养箱

为直接加热空气方式的培养箱,采用"继电器控温电加热空气"技术,结构为保温板材,箱内装继电器、控温电加热器。这种培养箱造价低,制造工艺简单,但恒温效果较差,温度波动大。

(2)隔水式恒温培养箱

为间接加热空气方式的培养箱,采用"继电器控温电加热水控制空气温度"技术,结构为:薄钢板外壳内衬玻璃棉,内置紫铜板水箱,水箱内装继电器控温电加热器,设双层门。这种培养箱制造工艺复杂,造价高,但由于先用电加热水层,再由水传热至箱内空气,因而温度上升和下降缓慢,加之可通过双层门的玻璃内门观察,对箱内温度影响小,故恒温效果好,调温为 $(20\sim60)℃\pm0.5℃$,很适于微生物培养之用,如图11-1所示。

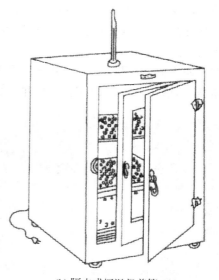

(a) 隔水式恒温保养箱(一)   (b) 隔水式恒温保养箱(二)

图 11-1 培养箱

使用恒温培养箱,必须注意以下事项:

1)箱内不应放入过热或过冷的东西,以免箱内温度急剧变化,阻碍培养物的生长。取放培养物时,应随手关闭箱门,以保持箱内恒温。

2)箱内应放入水容器一只,以维持培养箱内湿度或减少培养物中水分的大量蒸发。

3)培养箱底部因接近电源,温度较高,故培养物不宜放在底层,以免高温影响其微生物的生长繁殖。

4)箱内培养物不宜太挤,以免热空气不能流通,而使箱内温度不匀。

5)箱内要保持清洁,并经常用3%来苏儿消毒,再用清洁抹布擦净。

2. 冰箱

用于储存培养基和培养物的设备,储存病毒必须使用低温冰箱,储存一般培养基和培养物使用普通冰箱即可。

低温冰箱整个箱壁内侧围绕冷却管,可保持-70～-20℃的低温。

使用冰箱时,必须注意以下事项:

1)冰箱适用电压与所供电压一致。如所供电压为220V,而冰箱适用110V电压时,必须用变压器调压。

2)供电线路和保险丝满足冰箱的工作电流要求。

3)使用时,应将温度调节至所需的温度。一般应使水在冷却室中结冰,使储藏箱下部温度为5～10℃。

4)当冰箱冷却室结冰太厚时,会导致温度调节器的不灵敏,此时,必须停电融冰后,再投入使用。

5)冰箱门打开时间越短越好,打开次数越少越好。

6)不宜将温度过高的物品放入冰箱内,以免消耗电能过大、机件工作时间过长,缩短冰箱使用寿命。

7)冰箱内应保持整洁,如箱内有霉菌生长,应清洗,并用福尔马林熏蒸消毒。

8)保存烈性病菌、病毒的冰箱,要专人保管,并加锁。

3. 水浴箱

水浴箱也叫水温箱(见图11-2),用于融化培养基和各种保温操作。该设备是金属制成的长方形箱,箱内盛水,箱底装有电热丝,并有自动调节温度装置控制温度恒定。

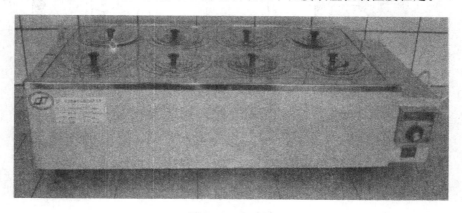

图11-2　水浴箱

4.超净工作台

用于创造局部无菌环境的设备。超净工作台(见图 11-3)是一个由预过滤器、高效过滤器、空气幕风机有效排除空气中的悬浮灰尘、微生物,由紫外灯或喷雾灭菌,装有照明灯、操作台面板、配电装置,并有消音、减震设备的箱体。超净工作台是没有建设无菌室的微生物实验室的必备设备,也可用于有更严格无菌要求或其他小环境条件要求的微生物接种、分离、鉴定等操作。

使用超净工作台应注意以下几点。

1)清除工作台内的灰尘、杂物。

2)在使用超净工作台进行无菌操作前 30min 启动过滤、通风装置,检测操作区气流速度、洁净度,并灭菌。

3)穿紧口工作服,戴紧口帽。

图 11-3　超净工作台

4)严禁在超净工作台前做任何可能增加空气灰尘量的动作。

5)必须在超净工作台内使用的物品要放在下风侧。

6)在超净工作台内使用的物品必须是不易起纤尘的。

7)在全部无菌操作结束后,才能停止工作台运转。

8)定期进行性能检测,如超净工作台内操作区气流速度、洁净度等出现问题,应立即检修。

5.电动抽气机

电动抽气机又叫真空泵(见图 11-4),由电动机转轮、轮带、偏心轮等组成。通电后,电动机带动偏心轮,即可将与其相关的容器内的空气抽出。

图 11-4　电动抽气机

电动抽气机主要供细菌过滤器、厌氧培养、培养基过滤和真空干燥时抽气用。使用抽气机时,应注意以下事项。

1)抽气机的适用电压要与所供电压一致,否则,要经变压器变压后才能使用。

2)要保持机油箱内的油量,防止机器损坏。

3)必须使用硬质的连接管,保证气路畅通以确保器皿内抽真空效果。冷冻干燥抽真空时,需要在连接管上连一只麦氏真空针。

4)被抽气的器皿,必须有良好的抗压性能,以防内部真空后被外部空气破碎。

5)如果在抽滤过程中滤液出现大量气泡,可以暂时停机,待气泡消失后,再开机继续抽气。

6)如果要作冷冻干燥,则需用精密度高、功率大的抽气机。

6.电动离心机

离心机为进行致病菌病毒检验鉴定中不可缺少的工具。离心机的种类很多,实验室常用小型倾斜电动离心机。小型倾斜电动离心机机顶正中有孔盖,以便放入和取出离心试管,内有离心管座 4 或 6 个,均匀地绕离心轴排列,底座上装有开关和调速器(见图 11-5)。

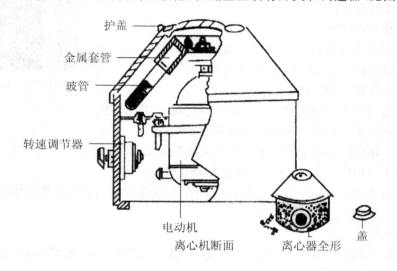

图 11-5 小型倾斜电动离心器

使用离心机时应注意以下事项。

1)应放在平稳的地方,并保持水平。

2)将装有标本的离心试管放入离心管座的金属套管内,两两成对,每个重量基本平衡。

3)放好试管后,盖上孔盖。

4)开启电源开关,先用最低转速,逐渐调节到最高转速。

5)达到离心时间后,逐步降低转速,待降到最低转速后,关闭电源开关。

6)待离心机自然停止转动后,打开孔盖,取出离心试管。

7)离心试管需加棉塞时,离心前应将棉塞上端用橡皮圈扎紧在试管外或用大头针别住,以免离心时棉塞沉入管内。

8)应经常保持转轴润滑。

7.天平

(1)粗天平

粗天平又称工业天平或药物天平,是用于粗略称量的仪器。常用的有 100g、200g、500g、1000g 四种,感量为 1/1000,供配制普通试剂和粗略称量之用。这种天平结构简单,操作方便,坚固耐用,价格低廉,是微生物实验室不可缺少的常用低级天平。

(2)电子天平

电子天平只有一个盘,构造比一般天平复杂,但使用起来却十分方便。

(四)微生物实验室常用的玻璃器皿

微生物实验室常用的玻璃器皿见表11-1。

表 11-1　常用的玻璃器皿

名称	规　格
试管	18mm×180mm、15mm×150mm、10mm×100mm,还有反应管(杜氏小管),以厚管壁为宜
培养皿	常用的培养皿直径为 900mm,高为 15mm
吸管	0.1mL、0.2mL、0.5mL、1.0mL、5.0mL、10.0mL 的刻度吸管
量筒	10.0mL、50.0mL、100mL、500mL、1000mL
漏斗	直径 3.0cm、6.0cm、10.0cm
烧杯	50mL、100mL、250mL、500mL、800mL、1000mL
容量瓶	各种容量
试剂瓶	各种容量(白色和棕色)
滴瓶	一般用 125mL(白色和棕色)
载玻片	2.5cm×7.5cm,厚 0.01~0.13cm
盖玻片	1.8cm×1.8cm,厚 0.17cm
干燥器	不同直径的普通干燥器

(五)实例——小型微生物厂主要仪器及设备

小型微生物厂的主要仪器及设备见表11-2。

表 11-2　小型微生物厂的主要仪器及设备一览表

名称	数量	规模	制造材料	备注
无菌柜	1	长 110~120cm,宽 80cm,高 70cm		
摇瓶机	1	往复式或旋转式,能放 500mL 三角瓶 20 个	钢木	须放在恒温室内
显微镜	1	放大 1000~1500 倍		须带血球计数板、载玻片和盖玻片
分析天平	1	1/1000		
恒温箱	1	100cm×130cm×80cm		可自制
电冰箱	1			
恒温干燥箱	1	鼓风机		
种子罐	2	立式圆筒形蝶底盖具夹套及搅拌		
发酵罐	3	立式圆筒形蝶底盖具夹套及搅拌		
空压机	2	固定水冷式压力 2~3kg/cm²,风量 0.4m³/min		两台轮换使用
总空气过滤器	2	立式圆筒形 Φ360×1200	钢	
锅炉	1	蒸发量 0.3t/h,压力 0.4kg/cm²		
消毒柜	1	柜式容积 1m³	钢	每 4h 消一柜,每柜 400kg,每日两班
其他		温度表、酒精灯、小天平、试管、试管架(自制)、漏斗架、吸管(毫升)、三角瓶、培养皿、烧杯、量筒、玻璃棒、牛皮纸、架子、小骨勺、橡皮管、紫外线、钟表、石棉网、洗瓶刷等		

(六)实验环境控制

微生物实验操作中的环境控制主要是对无菌室空气污染情况的检验。

无菌室应定期进行空气污染情况的检验,其目的一是了解无菌室灭菌的效果,二是了解在操作过程中操作行动对空气的污染影响,以便的放矢地及时改进灭菌措施和操作方法。

1.检验方法

(1)平板检验法

将用于培养微生物主要类群的常规培养基,如牛肉膏蛋白胨琼脂培养基、高氏1号培养基、马丁氏培养基、马铃薯蔗糖培养基,分别倒成平板,每种2个,都放入无菌室内。检验时,按无菌操作各将其中一个平板的盖子打开,经过预定时间后再行盖好;另外一个不开盖子的作为对照,一起放入30℃环境培养,48h后检验有无菌落生长。

(2)斜面检验法

将常用的牛肉膏蛋白胨培养基斜面(与上相同)各取2管,放入无菌室。按无菌操作各将其中的一管打开棉塞,将棉塞放入灭菌的培养皿内。经过预定时间后,再将棉塞通过火焰塞好试管。连同对照一起培养,48h后检验有无杂菌生长。

2.检验时间

(1)空气灭菌后的检验

无菌室用甲醛或其他药剂熏蒸后,在开始使用前30min或1h打开培养皿盖子,至使用无菌室时盖好,其目的是为了检验无菌室内空气灭菌的效果。

(2)操作过程中空气污染情况的检验

为了检验在使用无菌室的过程中,由于人员的进出、器材的搬放、接种操作的动作等原因造成的空气污染的情况,可在准备工作结束后接种操作开始时打开盖子,经5min、30min或直到工作结束时再盖好,以检验在不同的使用时间内空气污染的程度。

(3)紫外线灭菌效果的检验

无菌室用紫外线灯照射后,可在不同高度和不同位置用琼脂平板检验空气中的杂菌,以判断紫外线的灭菌效果。必要时应调整照射时间或紫外线灯的高度。

3.检验结果分析

检验用的平板或斜面,在30℃培养48h后,检验是否长有菌落及菌落的数量,并由菌落形态判断杂菌的种类。一般要求平板开盖5min者应不超过3个菌落,斜面开塞30min者应不长菌落为合格。从空气中杂菌的种类可以考虑采取有效措施,增进灭菌效果。如霉菌较多,可先用5%石炭酸灭菌后,再用甲醛熏蒸;如细菌较多时,可采用乳酸与甲醛交替熏蒸的办法。

三、任务所需器材

1)学院的教学用微生物准备室、无菌室、灭菌室、实验室等场地。
2)各场地内仪器设备、物品。
3)实验公共区域现有布置。

四、任务技能训练

为某新建食品厂策划微生物检验实验室的建设方案。

1)学生分组。

2)设定学生为检验室主管。

3)考察学院现有的微生物实验教学用房、仪器设备及涉及的物品。

4)描绘出几间微生物实验室的相对位置图,列出实验室常用设备及物品清单。

5)草拟微生物检验实验室的建设方案。

6)每组选派一名学生代表进行主动推介自己的策划(限时3min),其他同学补充完善。

7)采用相互评比方式,进行投票选出最佳策划。

8)取长补短,进一步完善各组策划书。

五、任务考核指标

微生物检验实验室建设技能的考核见表11-3。

表 11-3 微生物检验实验室建设技能考核表

考核内容	考核指标	分值
场地考察	表格设计	20
	考察全面、仔细	
方案制订	布局合理	60
	设备满足需要	
	物品齐备	
简答题	电力系统是否需要同步考虑?	20
	各场地的装饰要求是否应该一致?	
合计	—	100

任务2 食品生产环境(空气、工作台)的微生物检测

一、任务目标

1)了解食品生产车间空气、与食品有直接接触设备的微生物检测的意义。

2)掌握食品生产环境空气和工作台的微生物检测方法。

二、任务相关知识

空气中有较强的紫外辐射,具有较干燥、温度变化大、缺乏营养等特点。因此,空气不是微生物生长繁殖的场所。虽然空气中微生物数量多,但只是暂时停留。微生物在空气中停留时间的长短由风力、气流和雨、雪等气象条件决定,但它最终要沉降到土壤、水中、建筑物和植物上。

(一)空气微生物的种类、数量和分布

空气中微生物来源很多,尘土飞扬可将土壤微生物带至空中,小水滴飞溅将水中微生物

带至空中,人和动物身体的干燥脱落物,呼吸道、口腔内含微生物的分泌物通过咳嗽、打喷嚏等方式飞溅到空气中。室外空气中微生物数量与环境卫生状况、环境绿化程度等有关。室内空气微生物数量与人员密度和活动情况、空气流通程度关系很大,也与室内卫生状况有关。

空气微生物没有固定类群,在空气中存活时间较长的主要有芽孢杆菌、霉菌和放线菌的孢子、野生酵母菌、原生动物及微型后生动物的胞囊。

(二)空气微生物的卫生标准

空气是人类与动植物赖以生存的极为重要的因素,也是传播疾病的媒介。为了防止疾病传播,提高人类的健康水平,要控制空气中微生物的数量。目前,空气还没有统一的卫生标准,一般以室内 1m³ 空气中细菌总数为 500～1000 个以上作为空气污染的指标。

(三)空气微生物检测

我国检测空气微生物所用的培养皿直径为 90mm,也有用 100mm 的。

评价空气的洁净程度需要测定空气中的微生物数量和空气污染微生物。测定的细菌指标有细菌总数和绿色链球菌,在必要时则测病源微生物。

1.空气微生物的测定方法

(1)固体法

1)平皿落菌法。将营养琼脂培养基融化倒入 90mm 无菌平皿中制成平板。将它放在待测点(通常设 5 个测点),打开皿盖暴露于空气 5～10min,以待空气微生物降落在平板表面上,盖好皿盖,置于培养箱中培养 48h 后取出计菌落数,即为落菌数。

2)撞击法。以缝隙采样器为例,用吸风机或真空泵将含菌空气以一定流速穿过狭缝而被抽吸到营养琼脂培养基平板上。狭缝长度为平皿的半径,平板与缝的间隙有 2mm,平板以一定的转速旋转。通常平板转动一周,取出置于 37℃恒温培养箱中培养 48h,根据空气中微生物的密度可调节平板转动的速度。

(2)过滤法

过滤法用于测定空气中的浮游微生物,主要是浮游细菌。该法将一定体积的含菌空气通入无菌蒸馏水或无菌液体培养基中,依靠气流的洗涤和冲击使微生物均匀分布在介质中,然后取一定量的菌液涂布于营养琼脂平板上,或取一定量的菌液于无菌培养皿中,倒入 10mL 融化(45℃)的营养琼脂培养基,混匀,待冷凝制成平板,置于 37℃恒温箱中培养 48h,取出计菌落数。再以菌液体积和通入空气量计算出单位体积空气中的细菌数。

2.空气微生物的检测点数

空气微生物的检测点数越多越准确,为了方便工作,又相对准确,以 20～30 个测点数为宜,最少测点数为 5～6 个。

3.空气微生物的培养温度和时间

长期以来,培养空气细菌的温度和时间是 37℃,48h,根据试验认为培养一般细菌和细菌总数以 31～32℃,24h 或 48h;培养真菌以 25℃,96h 为好。

4.浮游菌最小采样量和最小沉降面积

在测浮游菌时,为了避免出现"0"粒的概率,确保测定结果的可靠性,须考虑最小采样量。同样,在测定落菌时,要考虑最小沉降面积(见表 11-4 和表 11-5)。

表 11-4　浮游菌最小采样量

浮游菌上限浓度 [个/(平方厘米·分钟)]	计算最小采样量 (m³)	浮游菌上限浓度 [个/(平方厘米·分钟)]	计算最小采样量 (m³)
10	0.3	0.5	6
5	0.6	0.1	30
1	3	0.05	60

表 11-5　落菌法测细菌所需要的最少培养皿数(沉降 0.5h)

含尘浓度最大值 (pc/L)	需要 90mm 培养皿数	含尘浓度最大值 (pc/L)	需要 90mm 培养皿数
0.35	40	350	2
3.5	13	3500～35000	1
35	4		

在食品卫生环境中,必须保证洁净的空气和工作台,才能防止和减少来自空气和工作台的微生物污染。在自然条件下,空气中和工作台存在的微生物以球菌、芽孢杆菌和一些真菌孢子为主,它们在空气和工作台中的分布是不均匀的,常随着灰尘等悬浮微粒的数量变化而变化。在工作机器和人群活动的地方以及在潮湿的空气中,其微生物数量多。因此,在食品生产中,应采取相应措施防止来自空气中的微生物的污染,并对食品生产的环境进行空气和工作台的微生物学检测,从而保证食品生产环境卫生,保证食品的安全。

三、任务所需器材

(一)实验器材

恒温培养箱:36℃±1℃,44.5℃±0.5℃;冰箱:2~5℃;恒温水浴锅:46℃±1℃;天平:感量为 0.1g;吸管:10mL(具 0.1mL 刻度),1mL(具 0.01mL 刻度)或微量移液器及吸头;锥形瓶:容量 250mL,500mL;试管:16mm×160mm;培养皿:直径为 90mm;显微镜:10100;放大镜或菌落计数器;pH 计或精密 pH 试纸;小倒管;紫外灯:6W,波长 366nm;接种环;电炉;载玻片;酒精灯;等等。

微生物实验室常规灭菌及培养设备。

(二)培养基、试剂和样品

1.培养基和试剂

平板计数琼脂、结晶紫中性红胆盐琼脂(VRBA)、7.5%氯化钠肉汤(或 10%氯化钠胰酪陈大豆肉汤)、Baird-Parker 琼脂平板、脑心浸出液肉汤(BHI)、生理盐水、冻干血浆。

2.样品

空气、工作台等。

四、任务技能训练

(一)空气的采样与测试方法

1.空气的采样

(1)取样频率

1)车间转换不同卫生要求的产品时,在加工前进行采样,以便了解车间卫生清扫消毒情况。

2)全厂统一放长假后,车间生产前,进行采样。

3)产品检验结果超内控标准时,应及时对车间进行采样,如有检验不合格点,整改后再进行采样检验。

4)正常生产状态的采样,每周一次。

(2)采样方法

在动态下进行,室内面积不超过 30m²,在对角线上设里、中、外 3 点,里、外点位置距墙1m;室内面积超过 30m²,设东、西、南、北、中 5 点,周围 4 点距墙 1m。采样时,将含平板计数琼脂培养基的平板(直径 9cm)置采样点(约桌面高度),并避开空调、门窗等空气流通处,打开培养皿盖,使平板在空气中暴露 5min。采样后必须尽快对样品进行相应指标的检测,送检时间不得超过 6h,若样品保存于 0~4℃条件时,送检时间不得超过 24h。

2.测试方法

1)在采样前将准备好的平板计数琼脂培养基平板置 36℃±1℃培养 24h,取出检查有无污染,将污染培养基剔除。

2)将已采集样品的培养基在 6h 内送至实验室,细菌总数于 36℃±1℃培养 48h 观察结果,计数平板上细菌菌落数。

3)记录平均菌落数,用"CFU/皿"来报告结果。用肉眼直接计数,标记或在菌落计数器上点计,然后用 5~10 倍放大镜检查,不可遗漏。若培养皿上有 2 个或 2 个以上的菌落重叠,可分辨时仍以 2 个或 2 个以上菌落计数。

(二)工作台(机械器具)表面与操作工人手表面采样与测试方法

1.样品采集

(1)取样频率

1)车间转换不同卫生要求的产品时,在加工前进行擦拭检验,以便了解车间卫生清扫消毒情况。

2)全厂统一放长假后,车间生产前,进行全面擦拭检验。

3)产品检验结果超内控标准时,应及时对车间可疑处进行擦拭,如有检验不合格点,整改后再进行擦拭检验。

4)对工作台表面消毒产生怀疑时,进行擦拭检验。

5)正常生产状态的擦拭,每周一次。

(2)采样方法

1)工作台(机械器具):用浸有灭菌生理盐水的棉签在被检物体表面(取与食品直接接触或有一定影响的表面)取 25cm² 的面积,在其内涂抹 10 次,然后剪去手接触部分棉棒,将棉签放入含 10mL 灭菌生理盐水的采样管内送检。

2)操作工人手:被检人五指并拢,用浸湿生理盐水的棉签在右手指曲面,从指尖到指端来回涂擦 10 次,然后剪去手接触部分棉棒,将棉签放入含 10mL 灭菌生理盐水的采样管内送检。

擦拭时棉签要随时转动,保证擦拭的准确性。对每个擦拭点应详细记录所在分场的具体位置、擦拭时间及所擦拭环节的消毒时间。

2.测试方法

将放有棉棒的试管充分振摇,此液为 1:10 稀释液。如污染严重,可 10 倍递增稀释,吸取 1mL 1:10 样液加入 9mL 无菌生理盐水中,混匀,此液为 1:100 稀释液。

(1)细菌总数

以无菌操作,选择 1~2 个稀释度各取 1mL 样液分别注入无菌平皿内,每个稀释度做两个平皿(平行样),将已融化冷却至 45℃左右的平板计数琼脂培养基倾入平皿,每皿约 15mL,充分混合。待琼脂凝固后,将平皿翻转,置 36℃±1℃ 培养 48h 后计数。以 25cm² 食品接触面中的菌落数或每只手的菌落数报告结果。

(2)大肠菌群

工作台(机械器具)表面与操作工人手表面的大肠菌群检测一般采用平板法:以无菌操作,选择 1~2 个稀释度各取 1mL 样液分别注入无菌平皿内,每个稀释度做两个平皿(平行样),将已融化冷却至 45℃左右的结晶紫中性红胆盐琼脂培养基倾入平皿,每皿约 15mL,充分混合。待琼脂凝固后,再覆盖一层培养基,约 3~5mL。待琼脂凝固后,将平皿翻转,置 36℃±1℃ 培养 24h 后计数,以平板上出现紫红色菌落的个数乘以稀释倍数得出。以每 25cm² 食品接触面中的菌落数或每只手的菌落数报告结果。

(3)金黄色葡萄球菌

1)定性检测:取 1mL 稀释液注入灭菌的平皿内,倾注 15~20mL 的 Baird-Parker 培养基(或是吸取 0.1 稀释液,用 L 棒涂布于表面干燥的 Baird-Parker 琼脂平板),放进 36℃±1℃ 的恒温箱内培养 48h±2h。从每个平板上至少挑取 1 个可疑金黄色葡萄球菌的菌落做血浆凝固酶试验。如 Baird-Parker 琼脂平板的可疑菌落的血浆凝固酶试验为阳性,即报告工作台或手上有金黄色葡萄球菌存在。

2)定量检测:以无菌操作,选择 3 个稀释度各取 1mL 样液分别接种到含 10% 氯化钠胰蛋白胨大豆肉汤培养基中,每个稀释度接种 3 管。置肉汤管于 36℃±1℃ 的恒温箱内培养 48h。划线接种于表面干燥的 Baird-Parker 琼脂平板,置 36℃±1℃ 培养 45~48h。从 Baird-Parker 琼脂平板上,挑取典型或可疑金黄色葡萄球菌菌落接种肉汤培养基,36℃±1℃ 培养 20~24h。取肉汤培养物做血浆凝固酶试验,记录试验结果。根据凝固酶试验结果,查 MPN 表(参阅项目八附录 B)报告每 25cm² 食品接触面中的金黄色葡萄球菌值或每只手的金黄色葡萄球菌值。

(三)实验结果

对食品生产环境空气、工作台和操作人员的手的微生物检测进行适当记录,并报告检验结果。

(四)思考题

为什么要对生产环境的空气和工作台进行微生物检测?

附录:培养基和试剂的制备

1. 平板计数琼脂(plate count agar,PCA)培养基

(1)成分

胰蛋白胨 5.0g　　酵母浸膏 2.5g　　葡萄糖 1.0g　　琼脂 15.0g　　蒸馏水 1000mL

(2)制法

将上述成分加于蒸馏水中,煮沸溶解,调节 pH 至 7.0±0.2,分装三角瓶或试管,高压蒸汽灭菌(121℃,15min)。

2. 无菌生理盐水

(1)成分

氯化钠 8.5g　　蒸馏水 1000mL

(2)制法

称取 8.5g 氯化钠溶于 1000mL 蒸馏水中,分装三角瓶或试管,高压蒸汽灭菌(121℃,15min)。

3. 结晶紫中性红胆盐琼脂(VRBA)

(1)成分

蛋白胨 7.0g　　酵母膏 3.0g　　乳糖 10.0g　　氯化钠 5.0g
胆盐或 3 号胆盐 1.5g　　中性红 0.03g　　结晶紫 0.002g
琼脂 15～18g　　蒸馏水 1000mL　　pH 7.4±0.1

(2)制法

将上述成分溶于蒸馏水中,静置几分钟,充分搅拌,调节 pH 至 7.4±0.1。煮沸 2min,将培养基冷却至 45～50℃倾注平板。使用前临时制备,不得超过 3h。

4. 10%氯化钠胰酪胨大豆肉汤

(1)成分

胰酪胨(或胰蛋白胨) 17.0g　　植物蛋白胨(或大豆蛋白胨) 3.0g　　氯化钠 100.0g　　磷酸氢二钾 2.5g　　丙酮酸钠 10.0g　　葡萄糖 2.5g　　蒸馏水 1000mL

(2)制法

将上述成分混合,加热,轻轻搅拌并溶解,调节 pH 至 7.3±0.2,分装,每瓶 225mL,高压蒸汽灭菌(121℃,15min)。

5. Baird-Parker 琼脂平板

(1)成分

胰蛋白胨 10.0g　　牛肉膏 5.0g　　酵母膏 1.0g　　丙酮酸钠 10.0g　　甘氨酸 12.0g　　氯化锂(LiCl·6 H_2O) 5.0g　　琼脂 20.0g　　蒸馏水 950mL

(2)增菌剂的配法

30%卵黄盐水 50mL 与经过过滤除菌的 1%亚碲酸钾溶液 10mL 混合,保存于冰箱内。

(3)制法

将各成分加到蒸馏水中,加热煮沸至完全溶解。调节 pH 至 7.0±0.2。分装每瓶 95mL,高压蒸汽灭菌(121℃,15min)。临用时加热溶化琼脂,冷却至 50℃,每 95mL 加入预热至 50℃的卵黄亚碲酸钾增菌剂 5mL,摇匀后倾注平板。培养基应是致密不透明的。使用前在冰箱里储存不得超过 48h。

6.脑心浸出液肉汤(BHI)

(1)成分

胰蛋白胨 10.0g　氯化钠 5.0g　磷酸氢二钠(含 $12H_2O$)2.5g　葡萄糖 2.0g　牛心浸出液 500mL

(2)制法

加热溶解,调节 pH 至 7.4 ± 0.2。分装 16mm×160mm 试管,每管 5mL,高压蒸汽灭菌(121℃,15min)。

五、任务考核指标

配置培养基和灭菌技术的考核见表 11-6。

表 11-6　培养基的配置和灭菌技术考核表

考核内容		考核指标	分值
称量	称量前准备	托盘是否洁净	5
		是否检查天平平衡	
	天平的使用	称量操作是否正确	5
		读数和记录是否正确	
	称量后的处理	砝码是否归位	5
		称量后是否清洁托盘和台面	
加热融化		加热过程中是否经常搅拌,有没有发生焦化现象	30
		是否有培养基溢出现象	
		加热过程中是否注意补充水分	
pH 调节		pH 判断是否正确	20
		调节 pH 过程中有无过度	
分装		分装时瓶口是否沾有培养基	20
		每瓶分装的量是否过多或过少	
包扎		包扎过程中是否污染瓶塞	15
		包扎是否合格	
合计		—	100

任务3　食品生产用水的微生物学检验(GB/T5750.12—2006)

一、任务目标

1)了解微生物指标在食品生产用水中的重要性。

2)掌握生活饮用水中微生物指标的测定方法。

二、任务相关知识

在食品工业中,水不仅仅是制作食品的成分,在生产过程中各种设备和容器等的洗涤、冷却均需要水,因此水的卫生状况会直接影响食品的安全状况,为了确保食品安全,《食品安全法》第二十七条明确规定食品生产用水应当符合国家规定的生活饮用水的卫生标准。根据 GB5749—2006 生活饮用水卫生标准,生活饮用水包括微生物指标、毒理指标、感官形状与一般化学指标和放射性指标。微生物指标包括菌落总数、总大肠菌群、耐热大肠菌群和大肠埃希氏菌四项,GB/T 5750.12—2006 规定了这些指标的检测方法。

菌落总数是指水样在一定条件下培养后(培养基成分,培养温度和时间、pH、需氧性质等)所得 1mL 水样所含菌落的总数。按本方法规定所得结果只包括一群能在营养琼脂上发育的嗜中温的需氧的细菌菌落总数,它反映的是水样中活菌的数量。水中菌落总数采用平板计数法测定。

总大肠菌群系指一群在 37℃培养、24h 能发酵乳糖、产酸产气、需氧和兼性厌氧的革兰氏阴性无芽孢杆菌。在正常情况下,肠道中主要有大肠菌群、粪链球菌、厌氧芽孢杆菌等多种细菌,这些细菌都可随人、畜排泄物进入水源。由于大肠菌群在肠道内数量最多,所以,水源中大肠菌群的数量,是直接反映水源被人畜排泄物污染的一项重要指标。目前,国际上已公认大肠菌群的存在是粪便污染的指标,因而对饮用水必须进行大肠菌群的检查。水中总大肠菌群采用多管发酵法、滤膜法和酶底物法测定。本实验按照多管发酵法测定,其检验原理是通过三步实验证明水中是否有符合大肠菌群生化特性和形态特性的菌,以此来报告。

耐热大肠菌群系指在 44.5℃仍能生长的大肠菌群。水中耐热大肠菌群采用多管发酵法和滤膜法测定。本实验按照多管发酵法测定,其检验原理是用提高培养温度的方法将自然环境中大肠菌群与粪便中的大肠菌群区分开。作为一种卫生指标菌,耐热大肠菌群中很可能含有粪源微生物,因此耐热大肠菌群的存在表明水很可能受到了粪便污染,与总大肠菌群相比,水中含肠道致病菌和食物中毒菌的可能性更大,同时可能存在大肠杆菌。

大肠埃希氏菌是耐热大肠菌群中的一种,只有它是粪源特异性的,是最准确和最专一的粪便污染指示菌,可采用多管发酵法、滤膜法和酶底物法测定。本实验按照多管发酵法测定,其检验原理利用大肠埃希氏菌能产生 β-葡萄糖醛酸酶分解 MUG 使培养液在波长 366nm 紫外光下产生荧光的原理,来判断水样中是否含有大肠埃希氏菌。

根据 GB5749—2006 生活饮用水卫生标准,生活饮用水中的总大肠菌群、耐热大肠菌群和大肠埃希氏菌(MPN 或 CFU/100mL)均不得检出,菌落总数应≤100CFU/mL。

三、任务所需器材

(一)实验器材

恒温培养箱:36℃±1℃;44.5℃±0.5℃;冰箱:2～5℃;恒温水浴锅:46℃±1℃;天平:感量为 0.1g;吸管:10mL(具有 0.1mL 刻度),1mL(具有 0.01mL 刻度)或微量移液器及吸头;锥形瓶:容量 250mL,500mL;试管:16 mm×160mm;培养皿:直径为 90mm;显微镜:10×～100×;放大镜或菌落计数器;pH 计或精密 pH 试纸;小倒管;紫外灯:6W,波长 366nm;接种环;电炉;载玻片;酒精灯;等等。

微生物实验室常规灭菌及培养设备。

(二)培养基、试剂和样品

1.培养基和试剂

营养琼脂、乳糖蛋白胨培养液、二倍(双料)浓缩乳糖蛋白胨培养液、伊红美蓝琼脂培养基、革兰氏染色液、EC 培养基、EC-MUG 培养基。

2.样品

自来水、水箱水等。

四、任务技能训练

(一)菌落总数的测定

1.生活饮用水

1)以无菌操作方法用灭菌吸管吸取 1mL 充分混匀的水样,注入灭菌平皿中,倾注约 15mL 已融化并冷却到 45℃左右的营养琼脂培养基,立即旋摇平皿,使水样与培养基充分混匀。每次检验时应做一平行接种,同时另用一个平皿只倾注营养琼脂培养基作为空白对照。

2)待冷却凝固后,翻转平皿,使底面向上,置于 36℃±1℃培养箱内培养 48h,进行菌落计数,即为水样 1mL 中的菌落总数。

2.水源水

1)以无菌操作方法吸取 1mL 充分混匀的水样,注入盛有 9mL 灭菌生理盐水的试管中,混匀成 1∶10 稀释液。

2)吸取 1∶10 的稀释液 1mL 注入盛有 9mL 灭菌生理盐水的试管中,混匀成 1∶100 稀释液。按同法依次稀释成 1∶1000,1∶10000 稀释液等备用。如此递增稀释一次,必须更换一支 1mL 灭菌吸管。

3)用灭菌吸管取未稀释的水样和 2~3 个适宜稀释度的水样 1mL,分别注入灭菌平皿内。以下操作同生活饮用水的检验步骤。

3.菌落计数及报告方法

作平皿菌落计数时,可用眼睛直接观察,必要时用放大镜检查,以防遗漏。在记下各平皿的菌落数后,应求出同稀释度的平均菌落数,供下一步计算时应用。在求同稀释度的平均数时,若其中一个平皿有较大片状菌落生长时,则不宜采用,而应以无片状菌落生长的平皿作为该稀释度的平均菌落数。若片状菌落不到平皿的一半,而其余一半中菌落数分布又很均匀,则可将此半皿计数后乘以 2 以代表全皿菌落数。然后再求该稀释度的平均菌落数。

4.不同稀释度的选择及报告方法

1)首先选择平均菌落数在 30~300 之间者进行计算,若只有一个稀释度的平均菌落数符合此范围时,则将该菌落数乘以稀释倍数报告之(见表 11-7 中实例 1)。

2)若有两个稀释度,其生长的平均菌落数在 30~300 之间,则视两者之比值来决定,若其比值小于 2,应报告两者的平均数(见表 11-7 中实例 2)。若大于 2,则报告其中稀释度较小的菌落总数(见表 11-7 中实例 3)。若等于 2 亦报告其中稀释度较小的菌落数(见表 11-7 中实例 4)。

(3)若所有稀释度的平均菌落数均大于 300,则应按稀释度最高的平均菌落数乘以稀释倍数报告之(见表 11-7 中实例 5)。

(4)若所有稀释度的平均菌落数均小于 30,则应以按稀释度最低的平均菌落数乘以稀释倍数报告之(见表11-7中实例6)。

(5)若所有稀释度的平均菌落数均不在30～300之间,则应以最接近30或300的平均菌落数乘以稀释倍数报告之(见表11-7中实例7)。

(6)若所有稀释度的平板上均无菌落生长,则以未检出报告之。

(7)菌落计数的报告:菌落数在100以内时按实有数报告,大于100时,采用两位有效数字,在两位有效数字后面的数值,以四舍五入方法计算,为了缩短数字后面的零数也可用10的指数来表示(见表11-7"报告方式"栏)。

表 11-7 稀释度选择及菌落总数报告方式

实例	稀释液及菌落数			两个稀释度菌落数之比	菌落总数(CFU/mL)	报告方式(CFU/mL)
	10^{-1}	10^{-2}	10^{-3}			
1	多不可计	164	20		16400	16000 或 1.6×10^4
2	多不可计	295	46	1.6	37750	38000 或 3.8×10^4
3	多不可计	271	60	2.2	27100	27000 或 2.7×10^4
4	150	30	8	2	1500	1500 或 1.5×10^3
5	多不可计	多不可计	313		313000	310000 或 3.1×10^5
6	27	11	5		270	270 或 2.7×10^2
7	多不可计	305	12		30500	31000 或 3.1×10^4

(二)总大肠菌群的测定——多管发酵法

1.乳糖发酵试验

取10mL水样接种到10mL双料乳糖蛋白胨培养液中,取1mL水样接种到10mL单料乳糖蛋白胨培养液中,另取1mL水样注入9mL灭菌生理盐水中,混匀后吸取1mL(即0.1mL水样)注入10mL单料乳糖蛋白胨培养液中,每一稀释度接种5管。对已处理过的出厂自来水,需经常检验或每天检验一次的,可直接接种5份10mL水样双料培养基,每份接种10mL水样。

检验水源水时,如污染较严重,应加大稀释度,可接种1mL,0.1mL,0.01mL,甚至0.1mL,0.01mL,0.001mL,每个稀释度接种5管,每个水样共接种15管。接种1mL以下水样时,必须作10倍递增稀释后,取1mL接种,每递增稀释一次,换用1支1mL灭菌刻度吸管。

将接种管置36℃±1℃培养箱内,培养24h±2h,如所有乳糖蛋白胨培养管都不产气产酸,则可报告为总大肠菌群阴性,如有产酸产气者,则按下列步骤进行。

2.分离培养

将产酸产气的发酵管分别转种在伊红美蓝琼脂平板上,于36℃±1℃培养箱内培养18～24h,观察菌落形态,挑取符合下列特征的菌落:深紫黑色、具有金属光泽的菌落;紫黑色、不带或略带金属光泽的菌落;淡紫红色、中心较深的菌落做革兰氏染色、镜检和证实试验。

3.证实试验

经上述染色镜检为革兰氏阴性无芽孢杆菌,同时接种乳糖蛋白胨培养液,置36℃±1℃培养箱中培养24h±2h,有产酸产气者,即证实有总大肠菌群存在。

4.结果报告

根据证实为总大肠菌群阳性的管数,查 MPN 检索表,报告每 100mL 水样中的总大肠菌群最可能数(MPN)值。5 管法结果见表 11-8,15 管法结果见表 11-9。稀释样品查表后所得结果应乘以稀释倍数。如所有乳糖发酵管均阴性时,可报告未检出总大肠菌群。

表 11-8 用 5 份 10mL 水样时各种阳性阴性结果组合时的最可能数(MPN)

5 个 10mL 管中阳性管数	最可能数(MPN)	5 个 10mL 管中阳性管数	最可能数(MPN)
0	<2.2	3	9.2
1	2.2	4	16.0
2	5.1	5	>16

表 11-9 总大肠菌群最可能数(MPN)检索表

(总接种量 55.5mL,其中 5 份 10mL 水样,5 份 1mL 水样,5 份 0.1mL 水样)

接种量(mL)			总大肠菌群(MPN/100mL)	接种量(mL)			总大肠菌群(MPN/100mL)
10	1	0.1		10	1	0.1	
0	0	0	0	1	1	0	4
0	0	1	2	1	1	1	6
0	0	2	4	1	1	2	8
0	0	3	5	1	1	3	10
0	0	4	7	1	1	4	12
0	0	5	9	1	1	5	14
0	1	0	2	1	2	0	6
0	1	1	4	1	2	1	8
0	1	2	6	1	2	2	10
0	1	3	7	1	2	3	12
0	1	4	9	1	2	4	15
0	1	5	11	1	2	5	17
0	2	0	4	1	3	0	8
0	2	1	6	1	3	1	10
0	2	2	7	1	3	2	12
0	2	3	9	1	3	3	15
0	2	4	11	1	3	4	17
0	2	5	13	1	3	5	19
0	3	0	6	1	4	0	11
0	3	1	7	1	4	1	13
0	3	2	9	1	4	2	15
0	3	3	11	1	4	3	17
0	3	4	13	1	4	4	19
0	3	5	15	1	4	5	22

续表

接种量（mL）			总大肠菌群	接种量（mL）			总大肠菌群
10	1	0.1	（MPN/100mL）	10	1	0.1	（MPN/100mL）
0	4	0	8	1	5	0	13
0	4	1	9	1	5	1	15
0	4	2	11	1	5	2	17
0	4	3	13	1	5	3	19
0	4	4	15	1	5	4	22
0	4	5	17	1	5	5	24
0	5	0	9	2	0	0	5
0	5	1	11	2	0	1	7
0	5	2	13	2	0	2	9
0	5	3	15	2	0	3	12
0	5	4	17	2	0	4	14
0	5	5	19	2	0	5	16
1	0	0	2	2	1	0	7
1	0	1	4	2	1	1	9
1	0	2	6	2	1	2	12
1	0	3	8	2	1	3	14
1	0	4	10	2	1	4	17
1	0	5	12	2	1	5	19
2	2	0	9	3	3	0	17
2	2	1	12	3	3	1	21
2	2	2	14	3	3	2	24
2	2	3	17	3	3	3	28
2	2	4	19	3	3	4	32
2	2	5	22	3	3	5	36
2	3	0	12	3	4	0	21
2	3	1	14	3	4	1	24
2	3	2	17	3	4	2	28
2	3	3	20	3	4	3	32
2	3	4	22	3	4	4	36
2	3	5	25	3	4	5	40
2	4	0	15	3	5	0	25
2	4	1	17	3	5	1	29
2	4	2	20	3	5	2	32
2	4	3	23	3	5	3	37
2	4	4	15	3	5	4	41
2	4	5	28	3	5	5	45

续表

接种量（mL）			总大肠菌群	接种量（mL）			总大肠菌群
10	1	0.1	（MPN/100mL）	10	1	0.1	（MPN/100mL）
2	5	0	17	4	0	0	13
2	5	1	20	4	0	1	17
2	5	2	23	4	0	2	21
2	5	3	26	4	0	3	25
2	5	4	29	4	0	4	30
2	5	5	32	4	0	5	36
3	0	0	8	4	1	0	17
3	0	1	11	4	1	1	21
3	0	2	13	4	1	2	26
3	0	3	16	4	1	3	31
3	0	4	20	4	1	4	36
3	0	5	23	4	1	5	42
3	1	0	8	4	0	0	22
3	1	1	11	4	2	1	26
3	1	2	13	4	2	2	32
3	1	3	16	4	2	3	38
3	1	4	20	4	2	4	44
3	1	5	23	4	2	5	50
3	2	0	14	4	3	0	27
3	2	1	17	4	3	1	33
3	2	2	20	4	3	2	39
3	2	3	24	4	3	3	45
3	2	4	27	4	3	4	52
3	2	5	31	4	3	5	59
4	4	0	34	5	2	0	49
4	4	1	40	5	2	1	70
4	4	2	47	5	2	2	94
4	4	3	54	5	2	3	120
4	4	4	62	5	2	4	150
4	4	5	69	5	2	5	180
4	5	0	41	5	3	0	79
4	5	1	48	5	3	1	110
4	5	2	56	5	3	2	140
4	5	3	64	5	3	3	180
4	5	4	72	5	3	4	210
4	5	5	81	5	3	5	250

续表

接种量（mL）			总大肠菌群（MPN/100mL）	接种量（mL）			总大肠菌群（MPN/100mL）
10	1	0.1		10	1	0.1	
5	0	0	23	5	4	0	130
5	0	1	31	5	4	1	170
5	0	2	43	5	4	2	220
5	0	3	58	5	4	3	280
5	0	4	76	5	4	4	350
5	0	5	95	5	4	5	430
5	1	0	33	5	5	0	240
5	1	1	46	5	5	1	350
5	1	2	63	5	5	2	540
5	1	3	84	5	5	3	920
5	1	4	110	5	5	4	1600
5	1	5	130	5	5	5	>1600

（三）耐热大肠菌群的测定——多管发酵法

1. 检验步骤

自总大肠菌群乳糖发酵试验中的阳性管中取 1 滴转种于 EC 培养基中，44.5℃±0.5℃培养 24h±2h。如所有管均不产气，则可报告为阴性；如有产气者，则转种于伊红美蓝琼脂平板上，于 44.5℃±1℃培养箱内培养 18～24h，凡平板上有典型菌落者，则证实为耐热大肠菌群阳性。

2. 结果报告

根据证实为耐热大肠菌群阳性的管数，查 MPN 检索表，报告每 100mL 水样中耐热大肠菌群最可能数（MPN）值。

（四）大肠埃希氏菌的测定——多管发酵法

1. 检验步骤

将总大肠菌群多管发酵法初发酵产酸或产气的管进行大肠埃希氏菌的检测。用灭菌的接种环或无菌棉签将上述试管中的液体接种到 EC-MUG 管中，44.5℃±0.5℃培养 24h±2h。

2. 结果观察与报告

将培养后的 EC-MUG 管在暗处用波长 366nm、功率 6W 的紫外灯照射，如果有蓝色荧光产生，则表示水样中含有大肠埃希氏菌。

计算 EC-MUG 阳性管数，查对应的 MPN 检索表，报告每 100mL 水样中大肠埃希氏菌最可能数（MPN）值。

（五）实验结果

1. 将对实验水样菌落总数检测的原始记录填入表 11-10 中，并说明计数稀释度的选定依据。

表 11-10 对实验水样菌落总数检测的原始记录

水样来源： 检验日期：

皿次	原液	10^{-1}	10^{-2}	10^{-3}	空白
1					
2					
平均					
计数稀释度			菌量[CFU/g(mL)]		

2. 将对实验水样总大肠菌群检测（多管发酵法）的原始记录填入表 11-11 中。

表 11-11 对实验水样总大肠菌群检测（多管发酵法）的原始记录

水样来源： 检验日期：

加水样量																
试管编号	1	2	3	4	5	1	2	3	4	5	1	2	3	4	5	
乳糖发酵试验*																
分离培养																
证实试验																
大肠菌群判定*																
检索表（MPN/100mL）																

* 乳糖发酵试验、证实试验中产酸产气，记为"＋"；不产酸产气，记为"－"。

3. 对实验水样耐热大肠菌群检测（多管发酵法）的原始记录填入表 11-12 中。

表 11-12 对实验水样耐热大肠菌群检测（多管发酵法）的原始记录

水样来源： 检验日期：

加水样量																
试管编号	1	2	3	4	5	1	2	3	4	5	1	2	3	4	5	
乳糖发酵试验*																
EC 培养基																
EMB 培养基																
耐热大肠菌群判定																
检索表（MPN/100mL）																

* 乳糖发酵试验、EC 培养基试验中产酸和（或）产气，记为"＋"；不产酸和（或）不产气，记为"－"。

4.对实验水样大肠埃希氏菌检测(多管发酵法)的原始记录填入表 11-13 中。

表 11-13 对实验水样大肠埃希氏菌检测(多管发酵法)的原始记录

水样来源：   检验日期：

加水样量															
试管编号	1	2	3	4	5	1	2	3	4	5	1	2	3	4	5
乳糖发酵试验①															
EC-MUG 培养基															
紫外线灯照射②															
大肠埃希氏菌判定															
检索表(MPN/100mL)															

①乳糖发酵试验、EC-MUG 培养基试验中产酸和(或)产气,记为"＋";不产酸和(或)不产气,记为"－"。

②紫外线灯照射后,有蓝色荧光,记为"＋";无蓝色荧光,记为"－"。

5.根据生活饮用水的标准评价该水样微生物指标的安全情况(见表 11-14)。

表 11-14 水样微生物指标的安全情况评价表

微生物指标	限值	测定值	单项判定
菌落总数(CFU/mL)	100		
总大肠菌群(MPN/100mL)	不得检出		
耐热大肠菌群(MPN/100mL)	不得检出		
大肠埃希氏菌(MPN/100mL)	不得检出		

(六)思考题

为什么要选择大肠菌群作为水被肠道致病菌污染的指示菌?

附录:有关培养基的制备

1.营养琼脂

(1)成分

蛋白胨 10.0g   牛肉膏 3.0g   氯化钠 5.0g   琼脂 15.0～20.0g   蒸馏水 1000mL

(2)制法

将各成分混合后,加热溶解,调节 pH 至 7.4～7.6。加入琼脂,加热煮沸,使琼脂溶化。分装锥形瓶,高压蒸汽灭菌(121℃,20min)。

2.乳糖蛋白胨培养液

(1)成分

蛋白胨 10.0g   牛肉膏 3.0g   乳糖 5.0g   氯化钠 5.0g   1.6%溴甲酚紫乙醇溶液 1.0mL   蒸馏水 1000mL

(2)制法

将蛋白胨、牛肉膏、乳糖及氯化钠加热溶解于蒸馏水中,调节 pH 至 7.2～7.4。加入 1.6%溴甲酚紫乙醇溶液 1mL,充分混匀,分装于有小倒管的试管中,高压蒸汽灭菌(115℃,20min)。

二倍(双料)乳糖蛋白胨培养液:除蒸馏水外,其他成分量加倍。

3.伊红美蓝琼脂培养基(EMB培养基)

(1)成分

蛋白胨10.0g　乳糖10.0g　磷酸氢二钾2.0g　琼脂20.0～30.0g　蒸馏水1000mL

2%伊红水溶液20.0mL　0.5%美蓝水溶液13.0mL

(2)制法

将蛋白胨、磷酸二氢钾和琼脂溶解于蒸馏水中,调节pH至7.2。加入乳糖,混匀后分装,高压蒸汽灭菌(115℃,20min),临用时加热溶化琼脂,冷却至50～55℃,加入伊红水溶液及美蓝水溶液,混匀后,倾注平板。

4.EC培养基

(1)成分

胰蛋白胨20.0g　乳糖5.0g　氯化钠5.0g　磷酸氢二钾4.0g　磷酸二氢钾1.5g

3号胆盐或混合胆盐1.5g

(2)制法

将上述成分加热搅拌溶解于蒸馏水中,分装到带有小倒管的试管中,高压蒸汽灭菌(115℃,20min),最终pH值为6.9±0.2。

5.EC-NUG培养基

(1)成分

胰蛋白胨20.0g　乳糖5.0g　氯化钠5.0g　磷酸氢二钾4.0g　磷酸二氢钾1.5g

3号胆盐或混合胆盐1.5g

4-甲基伞形酮-β-D-葡萄糖醛酸苷(MUG)0.05g

(2)制法

将干燥成分加入水中,充分混匀,加热溶解,在366nm紫外光下检查无自发荧光后分装于试管中,高压蒸汽灭菌(115℃,20min),最终pH值6.9±0.2。

五、任务考核指标

水样中菌落总数的测定考核见表11-15和表11-16。

表11-15　水样中菌落总数的测定考核表

考核内容		考核指标	分值
准备	物品摆放及酒精擦手	物品摆放合理,酒精擦手正确,得10分	15
		摆放的物品影响操作,扣0.5分	
		取菌前未用酒精擦手,扣0.5分	
	编号(试管、培养皿)	都编号且正确,得5分	
		每漏编一个,扣0.5分	
		每错编一个,扣0.5分	

续表

考核内容		考核指标	分值
样品稀释	样品混匀（原始样品、稀释样品）	进行且操作正确（平摇蓝盖瓶、手心震摇试管或吸管吹放），得5分	40
		原始样品没有混匀，扣1分	
		稀释样品没有混匀，一个扣1分	
		手心震摇试管时没塞塞子，扣0.5分	
		吸管吸放时棉花掉落，一支扣1分	
	吸管使用（打开方式、取液、调节液面、放液、稀释顺序）	吸管使用正确，得5分	
		打开吸管包扎纸时手碰到管尖至吸管的1/3处，一次扣1分	
		放液时若吸管外壁碰到试管口却没有灼烧试管口，一次扣1分	
		吸取刻度不准确，1次扣1分	
		稀释时将移取过高浓度菌液的吸管插入低浓度试管中，一次扣1分	
		移液过程中液体流滴在试管外面，一次扣1分	
	试管、蓝盖瓶操作（开塞、管口灭菌、持法、盖塞）	试管操作正确，得5分	
		开塞不正确，一次扣0.5分	
		盖塞不正确，一次扣0.5分	
		持法不正确（移液时未做到右手至少持一个试管塞），一次扣0.5分	
		菌种试管开塞未灼烧，扣1分	
	接种（换管、培养皿个数）	操作正确，得5分	
		将移取过高浓度菌液的吸管插入低浓度试管中进行接种，一次扣1分	
		吸管外壁碰到培养皿壁，一次扣0.5分	
		漏接培养皿，一个扣0.5分	
		试管被污染，每根扣1分	
	加培养基（培养皿持法、加入量、污染皿壁、混匀）	正确（单手持皿，平端，两指自如开合皿盖，另一只手持培养基瓶），得5分	
		加入培养基量低于10mL，一次扣0.5分	
		培养基污染皿壁，一次扣1分	
		培养基瓶接触平皿，一次扣0.5分	
		培养基有凝块、不透明，一次扣1分	
	酒精灯附近区操作	在酒精灯附近区操作，得5分	
		未在酒精灯附近区操作，扣2分	
	空白	进行，得5分	
		未进行，一个扣1分	

续表

考核内容		考核指标	分值
样品稀释	操作熟练程度	熟练,得5分	40
		较熟练,得3分	
		一般,得1分	
		不熟练,得0分	
培养	琼脂凝固	凝固,得5分	10
		没有凝固,1个扣2分	
	翻转培养皿	正确培养,得5分	
		培养时未翻转培养皿,一个扣1分	
文明操作	实验后台面整理	整理,得5分	10
		未整理,扣1分	
	器皿破损	未破损,得5分	
		破损,扣1分	
结果判断		菌落成稀释梯度、无片状,空白无菌落,得15分	15
		菌落不成稀释梯度,扣2分	
		混合不均匀,片状低于25%,一块平板扣1分	
		混合不均匀,片状高于25%,一块平板扣2分	
		空白平板有菌落,一个平板扣2分	
报告结果规范、正确		清楚、无涂改,得10分	10
		每改1次,扣1分	
合计		—	100

表 11-16   水样中细菌的革兰氏染色操作考核表

考核内容		考核指标	分值
准备	物品摆放及检查、清洁载玻片	物品摆放合理及检查清洁载玻片,得 5 分	10
		摆放的物品影响操作,扣 2 分	
		未检查、清洁载玻片,扣 2 分	
	酒精擦手	取菌前用酒精擦手,得 5 分	
		取菌前未用酒精擦手,扣 2 分	
革兰氏染色	接种环的使用（灼烧灭菌、冷却、取菌、灼烧多余菌液）	操作正确,得 5 分	35
		接种环灼烧不彻底,扣 0.5 分	
		灼烧后接种环未冷却直接取菌,扣 0.5 分	
		取菌时将培养基划破,扣 0.5 分	
		涂片后未灼烧多余菌液,扣 1 分	
	涂片（滴加无菌生理盐水、涂片、干燥）	操作正确,得 3 分	
		涂片区域直径超过 1.2～1.5cm,扣 0.5 分	
		漏液在桌面,扣 0.5 分	
	固定	操作正确,得 3 分	
		未在外焰区来回 3～5 次,扣 1 分	
	染色试剂的使用	染色试剂错用,扣 6 分	
	初染（时间、漏液）	操作正确,得 3 分	
		不正确,扣 1 分	
	媒染（时间、漏液）	操作正确,得 3 分	
		不正确,扣 1 分	
	脱色（时间、漏液）	操作正确,得 3 分	
		不正确,扣 1 分	
	复染（时间、漏液）	操作正确,得 3 分	
		不正确,扣 1 分	
	水洗、干燥	操作正确,得 3 分	
		不正确,扣 1 分	
	操作熟练程度	熟练,得 3 分	
		较熟练,得 2 分	
		一般,得 1 分	
		不熟练,得 0 分	

考核内容		考核指标	分值
镜检	摆放(显微镜摆放、载玻片放置)	正确,得5分	25
		显微镜摆放不正确,扣1分	
		载玻片放置不正确,扣1分	
	观察操作(低倍至高倍、粗细调节、滴加油、图像清晰)	正确,得10分	
		未从低倍镜到高倍镜调节,扣1分	
		在油镜下使用粗调旋钮,扣1分	
		油镜观察时未滴加油,扣1分	
		图像不清晰,扣2分	
	显微镜清洗	正确,得5分	
		镜检结束显微镜未清洗或清洗方法不正确,扣2分	
	操作熟练程度	熟练,得5分	
		较熟练,得3分	
		一般,得1分	
		不熟练,得0分	
革兰氏染色结果判断	革兰氏染色结果判断(看一个视野)	染色结果正确,涂片均匀、菌量合适、无杂菌,得20分	20
		涂片不均匀,重叠低于25%,扣2分	
		涂片不均匀,重叠高于25%,扣4分	
		菌量低于视野的10%或高于90%,扣1分	
		视野过暗或过亮影响观察,扣1分	
		染色结果一个菌不正确,扣10分	
		染色结果两个菌不正确,扣15分	
文明操作	实验后台面整理	整理,得5分	10
		未整理,扣1分	
	器皿破损	未破损,得5分	
		破损,扣1分	
合计		—	100

参考文献

[1]陈剑虹,胡肖容主编.环境微生物[M].北京:科学出版社,2011.

[2]陈江萍主编.食品微生物检测实训教程[M].杭州:浙江大学出版社,2011.

[3]范建奇主编.食品微生物基础与实验技术[M].北京:中国质检出版社,2012.

[4]国际食品微生物标准委员会(ICMSF)编.微生物检验与食品安全控制[M].刘秀梅等译.北京:中国轻工业出版社,2012.

[5]郝涤非主编.微生物实验实训[M].武汉:华中科技大学出版社,2011.

[6]何国庆,贾英民主编.食品微生物学[M].北京:中国农业大学出版社,2005.

[7]江汉湖主编.食品微生物学[M].第2版.北京:中国农业出版社,2005.

[8]刘天贵,张宝芹编著.食品微生物检验[M].北京:中国计量出版社,2009.

[9]闵航主编.微生物学[M].杭州:浙江大学出版社,2005.

[10]叶磊,杨学敏主编.微生物检测技术[M].北京:化学工业出版社,2009.

[11]张春晖主编.食品微生物检验[M].北京:化学工业出版社,2008.

[12]张青,葛菁萍.微生物学[M].北京:科学出版社,2008.

[13]周德庆主编.微生物学教程[M].北京:高等教育出版社,2002.

[14]周建新主编.食品微生物学检验[M].北京:化学工业出版社,2011.

[15]周桃英主编.食品微生物[M].北京:中国农业大学出版社,2009.